JN046499

たたら製鉄の技術論

日本古来の鉄作りが現代によみがえる

永田　和宏

アグネ技術センター

はじめに

たたら製鉄という言葉は現代ではほとんど忘れ去られている．アニメの宮崎駿監督の「もののけ姫」に出てくるたたら製鉄というとそんなのがあったなという程度の認識である．一方，刀剣の製作工程を映すビデオでは，刀剣の材料としてたたら製鉄で作った「玉鋼」が紹介される．不純物濃度の低い優秀な鋼であること，錆び難い性質を持っていること，そしてそれで作った刀剣の表面には美しい模様が現れることなどが紹介され，現代製鉄法で作った鋼にはない性質を持つといわれている．しかし，なぜたたら製鉄で作った鋼はこのような性質を持っているのか謎のままであった．本書はこの謎を解いてゆくことにする．

製鉄法は4000年昔にトルコ半島のアナトリア地方に住んでいたプロトヒッタイトと呼ばれる人達が発見した．彼らの古代の製鉄法はどのような技術であったであろうか．温度や圧力などの概念がまだなく，それらを測定する装置もない時代に何を指標に製鉄を行っていたか．一方，鉄鉱石から鉄ができる条件，温度や雰囲気の還元力は現代でも古代でも同じである．このことは製鉄の基礎になる熱力学が明らかにしている．熱力学は失われた過去の技術を復元し，また新しい技術を開発する上で有効な指針を示す重要な理論である．古代の人たちはこの鉄ができる条件を満足する技術を発見したのである．その製鉄技術は何か．私の製鉄の旅はここから始まった．

いったいどのような作り方をしていたのか．技術の伝承は口伝である．見て覚えろ，技術を盗めという世界である．そして大切なことは，最も合理的でありかつ科学的にも正しい技術しか伝承されない．そうでない技術はうまくゆかないからである．しかし，その技術が使われなくなり，技術を持っている人が絶えるとその技術は完全に忘れ去られてしまう．

過去の原材料の種類や製品の生産量と輸送量は，考古学的古文書の中に記述されていることがあり，遺跡から発掘される遺物はそれを製作した技術の痕跡を残している．しかし，それらを作った技術はわからない．一方，製品が作られる温度や雰囲気などは，現在の製造条件と基本的には同じである．したがって，現在使われている製造技術の中に古代から伝わる技術の遺伝子が残されている可能性がある．

紀元前 1200 年頃，ヒッタイト帝国が滅亡すると，製鉄の技術を持った人が移動してその技術を世界各地に伝えた．製鉄法は，イギリス島には紀元前 500 年頃，インドには紀元前 1000 年頃，中国には紀元前 600 年頃に伝わった．彼らはその土地の鉄鉱石と木炭を使って，その土地に最も適した製鉄法を考案した．したがって，世界各地にさまざまな製鉄法がある．

わが国には，約 1500 年前，6 世紀後半に朝鮮半島を経由して製鉄技術が伝わった．最初は砂鉄あるいは赤鉄鉱石を使って製鉄をしていたが，鉄鉱石は奈良時代後期になると枯渇し，豊富にある砂鉄を原料に用いたたたら製鉄法が開発された．たたら製鉄はその後発展し，江戸時代中期には技術が完成して「永代たたら」と呼ばれるわが国の主要な製鉄法になった．明治時代になると西洋からの現代製鉄法で作った安価な輸入鉄により，たたら製鉄は採算が合わなくなり，大正 12 年 (1923 年) に商業生産を終えた．その後は軍の要請で軍刀製造のために続けられた．第二次大戦後，刀剣の製造が禁止されて，たたら製鉄は行われなかったが，昭和 52 年 (1977 年) に，島根県仁多郡 (現奥出雲町) 横田町に「日刀保たたら」として復元され，現在，毎冬 3 代 (回) 操業されている．日刀保たたらには，過去の製鉄技術の遺伝子が豊富に含まれている．

たたら製鉄は，木炭を燃料に用い，砂鉄という微粉の難還元性磁鉄鉱石を原料に，30 分程度の短時間で銑（ずく） (銑鉄) と鉧（けら） (鋼塊) を製造する．一方，現代の銑鉄を作る溶鉱炉では，塊鉄鉱石を用いて 6 ～ 8 時間かかっている．たたら炉の形は高さ 1.2 m，長さ約 3 m，幅約 1 m の箱型であり，西洋で発達した溶鉱炉の背の高い筒型炉とは大きく異なっている．さらに，たたら製鉄では，炉を築く地下に精巧な地下構造が作られている．西洋の炉にはこのような地下構造はない．炉内の木炭を燃焼させるために吹き込む風も，たたら製鉄では脈動風であるが，西洋の製鉄炉では連続風が使われた．

現代製鉄法は，1857 年にヘンリー・ベッセマーが燃料を使わないで溶けた鋼を短時間で作る転炉を発明して以来，鋼の大量生産を可能とした技術である．しかし，溶鋼には大量の酸素が溶解するため脱酸工程が必要で，現在でも硬い介在物による鋼の劣化が問題である．また鋼の機械的性質に影響を及ぼすリンや硫黄が溶解するため，脱リン・脱硫工程を必要とする．それ以前の製鉄法は前近代製鉄法と呼ばれているがこのような工程はない．なぜ必要がなかったのかを本書で明らかにする．

前近代製鉄法の技術は西洋ではすでに過去のものになっているが，わが国では美術品として日本刀が作られてきており，その材料の製造として少量の生産がたたら製鉄で行われ，技術が伝承されてきた．この技術を保存する方法は映像などがあるが，現象的で本質を記録するものではない．技術を理学的に解明しておくことは将来に再現するためにも重要なことである．また，過去の技術の理学的解明から新しい技術を発想することもできるであろう．

たたら製鉄は前近代製鉄法であるが，微粉の砂鉄から不純物濃度の低い銑鉄や鋼塊を直接，高速で作る方法として非常に特異な技術であり，西洋で発展した塊鉄鉱石を使う溶鉱炉法とは大きく異なっている．

たたら製鉄法は高速高純度銑鉄製造技術である．そして，その技術の中には古代の製鉄技術の遺伝子が詰まっている．本書ではたたら製鉄の技術を解明し，その理論を用いた現在開発中のマイクロ波加熱による高速製銑法も紹介する．

2021 年 3 月

永田 和宏

目　次

はじめに　i

第1章　“たたら”との出会い　1

1　“たたら”との出会いそして失敗の連続　1
2　大野兼正刀匠と“永田たたら”の開発　2
3　包丁作りツアー　5
4　“出前たたら”と“たたらサミット”　6
5　たたら製鉄の広がり　10

第2章　たたら研究への道　13

1　日刀保たたらと木原明村下との出会い　13
2　高橋一郎先生とたたらの研究　18
3　日刀保たたら鈴木卓夫課長と安部由蔵村下　19
4　勉強会　20
5　日本鉄鋼協会「鉄の歴史」フォーラム　22

第3章　日刀保たたら操業見聞録　25

1　出雲へ　25
2　高　殿　25
3　炉の構造　28
4　炉作り　30
5　操　業　34

6　炉況判断　　40

1）炎の観察　　40
2）ホド穴の観察　　41
3）ノロの観察　　42
4）「しじる」音と送風音　　44

7　早種による炉内反応の調整　　44

8　ノロの組成変化と炉内状況　　44

9　生産量と品質　　47

第4章　たたら製鉄復元への道　　49

1　靖国鑪の建設と製錬技術　　50

1）計　画　　51
2）建　設　　53
3）操　業　　58
4）生産性と原価計算　　61

2　日本鉄鋼協会のたたら製鉄復元実験　　64

1）たたら製鉄復元の思い　　64
2）計　画　　64
3）建　設　　67
4）操　業　　70

3　日刀保たたら製鉄の復元　　73

1）計　画　　73
2）復元工事　　74
3）砂鉄の採取　　74
4）たたら炭の製造　　75
5）釜土の採取　　75
6）地下構造の補修　　76
7）炉の構築　　78
8）操業の条件設定　　78
9）操業結果　　81
10）日本鉄鋼協会の復元実験との関係　　84

第5章 村下の技 85

1 堀江要四郎村下の技 85

1) 堀江要四郎村下 86
2) 高殿の立地条件 87
3) 釜 土 88
4) 炉の形状 88
5) 操 業 89
6) たたら歌 91
7) 金屋子信仰 92

2 安部由蔵村下の技 93

1) 安部由蔵村下 93
2) 聞き取り調査 93
3) 砂鉄の装入 94
4) 木炭の装入 95

第6章 地下構造 97

1 地下構造と構築 97

1) 地下構造の大きさ 97
2)「カワラ」から下の構造 100
3)「本床」と「小舟」の構造 103
4) 床焼き 105
5) 本床の仕上げ 106

2 地下構造の歴史的変遷 107

3 地下構造のメンテナス 110

4 本床と小舟の機能 112

1) 本床の試料採取と分析 112
2) 本床の灰の嵩密度，水分濃度，定圧比熱および熱伝導度 113
3) 操業中の小舟の温度，湿度および水蒸気濃度 116
4) 地下構造における熱流と温度分布 117
5) 本床と小舟の役割 118
6) 平成12年および13年の冬季操業実績と本床修復効果 121

第7章　砂　鉄　125

1　砂鉄とは何か　125

1）原料となる砂鉄の見分け方　125
2）砂鉄の性質　126

2　砂鉄の選鉱法　127

3　各地の砂鉄の組成　129

4　籠り砂鉄を用いた操業　132

1）日刀保たたらにおける籠り砂鉄を使用した操業　132
2）明治期のたたら製鉄操業における籠り砂鉄　135
3）日本鉄鋼協会復元たたら操業における籠り砂鉄　137

5　籠り砂鉄の性状　137

6　籠り砂鉄使用の効果　138

1）操業上の効果　138
2）玉鋼の性質　139

7　籠り期の炉内反応　139

第8章　たたら炭　143

1　たたら炭とは何か　143

2　木炭製造の歴史　144

3　たたら炭の製造方法　145

1）伏せ焼法　145
2）炭焼き窯法　146

4　炭焼き窯の中の状態　149

5　たたら炭の反応性　151

第 9 章　鉧と銑の生成機構　153

1　小型たたら炉　154

1）永田たたら炉の構造　154
2）炉内の酸素分圧と温度の測定および試料採取　156
3）操業方法　156
4）操業結果　158

2　炉内の状態　160

1）温度と酸素分圧分布　160
2）羽口上 20 cm における砂鉄の還元と溶解　160
3）鉧と銑の成分組成　161
4）ノロの成分組成と時間変化　165
5）羽口の角度の影響　166

3　鉧と銑の生成機構　166

1）送風速度の影響　166
2）吸炭と溶融　168

4　ノロの生成とその役割　170

1）ノロの生成　170
2）TiO_2 と Al_2O_3 の役割　173

5　炉下部における鉧と銑の状態　176

6「鉧押し」と「銑押し」の操業方法の相違　177

第 10 章　風と炎　181

1　炎の色と高さ　182

2　鞴の送風能力　184

3　風の流れと炎の出方　188

4　木炭の燃焼温度と送風速度　190

5　砂鉄の飛散条件　191

6　送風管内の圧力損失　193

1) 砺波鉱の場合　194
2) 價谷鉱の場合　195
3) 永田式小型たたらの場合　196

第11章　物質収支と熱収支への脈動送風の影響　197

1　たたら製鉄操業における脈動送風の効果　197
1) たたら製鉄の操業と炉況　197
2) 吹き込み空気の利用効率　199
3) 砂鉄の飛散量　201

2　小型たたら操業における脈動風と連続風の比較　204
1) 永田たたら炉と脈動風発生装置　204
2) 操業結果　204
3) 脈動送風による木炭の燃焼効果　204
4) 鉧の状態に及ぼす脈動送風の影響　207

3　たたら製鉄の熱収支　209
1) 発熱量　209
2) 吸熱量　210

4　たたら製鉄の非効率性の原因　211

第12章　たたらを現代に　213

1　第3の製鉄法　213
2　粉鉄鉱石から銑鉄を作る新製鉄法　214
3　マイクロ波加熱連続製銑法　217
4　マイクロ波製鉄による炭酸ガスの排出抑制　224
5　エネルギー利用の革新的転換　225

付　録

1　地下構造の物性値の測定方法（第 6 章）　227
2　酸素センサー（第 9 章）　227
3　炭素の燃焼熱とマグネタイトの炭素還元反応熱（第 11 章）　229

あとがき　231
参考文献　233
索　　引　235

本書は「金属」（アグネ技術センター）に掲載された以下の連載をもとに再構成し，加筆修正したものである。

「たたら製鉄の技術論」 金属，**75** (2005) No.7, p.711 から **81** (2011) No.5, p.435.
たたら製鉄を改良した「角炉」の技術：No.1 ～ 11，18 ～ 22，24，28，29，36
追補 1 ～ 5：No.12 ～ 16，No.26 ～ 27，No.33 ～ 35
大鍛冶の技術：No.17，23，25
銑溶解炉のこしき炉の技術：No.30 ～ 32
「わが国古来の鍛冶の技術論」 金属，**82** (2012) No.2，p.139 から No.3，p.241
および **84** (2014) No.6，p.507 から **86** (2016) No.1，p.69．No.1 ～ 22.

第1章 “たたら”との出会い

1 “たたら”との出会いそして失敗の連続

昭和54年8月，岐阜県関市稲田在住の金子孫六刀匠を，学生を連れて訪問した．暑い夏で，稲穂の揺れる田んぼを見ながら話を聞いた．刀剣の鍛錬を見学する目的であったが，夏場は暑いのと湿気が多いとの理由で刀剣の鍛錬はやっていなかった．話を聞く中で，原料の鋼の調達が話題になった．日本美術刀剣保存協会が出雲地方，島根県仁多郡横田町で“日刀保たたら”を操業しており，そこで作った“玉鋼”を購入しているが，自分でも鋼を作っているという．早速，工房で実演していただいた．

幅20 cm程度の鍛冶炉で製鉄を行った．左手に鞴(ふいご)というピストン式の手動送風機があり，炉の左手の中心に羽口（送風口）がある．羽口前に木炭を高さ50 cmほどに山積みにし，点火後，送風しながら炉内の温度が上がるのを待って最初に“種”となる小粒の電解鉄塊を入れた．続いて砂鉄を少量木炭の上に投入し，その上に木炭を置き，その後，砂鉄と木炭の装入を交互に繰り返した．時々，砂鉄装入時に塩を一つまみ振りかけた．鉄を良く締めるためであるという．砂鉄装入後1時間余りで約5 kgの砂鉄を投入し終え，しばらく木炭の燃焼を待って炉底から約1 kgの鉧(けら)を取り出した．何ということだ，こんなに簡単に鉄ができるとは．現代製鉄法を研究してきた私には驚きであった．

秋10月には東京工業大学の大学祭がある．学生と“たたら”をやることになった．川崎製鉄㈱（現JFEスチール㈱）千葉工場に，耐火レンガをもらいに行った．ついでに厚さ3 cmもある大きな鉄板からバーナーで直径60 cmほどの円盤を切り取ってもらった．この上で，できた鉧をハンマーで叩いてノロというスラグを落とす目的である．この鉄板はまた，炉の残り火でバーベキューをやるのに最適である．耐火レンガで箱型の炉を構築した．内容積はレンガ4枚分である．高さは50 cm程度で，炉壁の真中に内径1インチの鉄管を斜め下に差し込んだ．大学の本館前でやろうというので，アングルで台車を組み，その上に炉を作った．これは大失敗であった．台車の車輪が移動途中で重さに耐え切れず座屈してしまったのである．本館前で炉を組み直した．送風機は，学生が厚手の合板で見様見真似で作った．送風量は十分である．砂鉄は堺市の南海鋼材㈱から購入した．これは島根県の斐伊川の産である．木炭は岩手県木炭組合から購入した．温度は熱電対を炉中心に装入し測定した．

さて，木炭を燃焼させ温度が1200℃以上に上がったのを確かめて砂鉄と木炭を10分間隔で装入した．砂鉄20 kgを投入し終え，しばらく木炭の燃焼を待って炉内から真っ赤に加熱した大きな塊を取りだし，水を張ったバケツに投入した．もの凄い水蒸気の立ち上りとドドドという水の沸騰する音がした．これが静まった頃，塊を取りだし鉄板の上に置いてハンマーで勢い良く叩いた．見事，真っ二つに割れたが，中には何もなかった．すべてノロの塊であった．

大学祭は毎年やってくる．毎年1回，たたら製鉄に挑戦した．学生と昨年の失敗を総括し，今年はどうやるかを議論した．木炭の大きさを調整し，砂鉄の投入方法を考案した．しかし，何度やっても鉄塊は得られなかった．4年目には，灯油を吹き込むことにした．当時，高炉に重油を吹き込んでいることを聞いたからである．残念ながらこれも失敗した．万策尽きて，再び金子刀匠を訪問することとした．

2　大野兼正刀匠と“永田たたら”の開発

昭和58年(1983年)4月，関市の金子刀匠を再び訪問し，今までの試行錯誤を話し，どうしてもうまく行かない理由を質問した．しかし，金子刀匠の口は重く，多くは語ってくれない．前回の実演は，種として投入した海綿鉄が固まっただけではないのか，やはりこのような方法では製鉄は不可能なのではないかという疑念が沸いてきた．最後に金子刀匠は言った．今，実験た

図 1-1　大野兼正刀匠と小型たたら（1984 年 8 月）

たらを公開している刀匠がいる，そこに行ってみなさい（図 1-1）．

その刀匠は大野兼正といった．工房は岐阜県関市富加町加治田，長良川の支流津保川のさらに支流の川浦川の際にあった．貧乏鍛冶を自認するだけあって，バラック工房脇の 2 畳ほどのプレハブが事務所兼休憩所である．初めての来訪者にもかかわらず，親切に質問に答えていただいた．東工大での失敗は話さなかった．

炉の高さは約 1.2 m で，下半分は粘土で作り，上半分は 1 辺 30 cm 程度の四角い鉄板製の筒を載せていた．砂鉄と木炭を交互に入れていた．注目したのは，最初，砂鉄を 1 kg ずつ 2 回装入する間，炉底に設置したもう 1 本の鉄管の羽口から風を吹き込んでいることであった．これは炉底の温度を上げ，溶融したノロを作るためである．このノロの中に鉧が育つのである．3 回目から 1.5 kg ずつ砂鉄を投入するが，その前に底羽口の送風を止め，取り払って，横壁の真中に設置した羽口から送風を行った．結果は，20 kg の砂鉄から約 5 kg の鉧が生成した．

大野刀匠は言った．炎の色は 48 色あり，これで製鉄がうまくいっているかどうかを判断する．素人の我々には48 色どころか色さえわからない．ただ，砂鉄投入開始の前と後では透明な紫から濁った赤に変化する様子が観察できた．また，炎の立ちあがる高さが 1 m 程度あり，合板で作った鞴の風では弱すぎることがわかった．

早速，大学に帰り，学生と新しいたたらに挑戦した．地面に鉄板を敷き，その上に建材用ブロックを並べ，その上に耐火レンガで炉を作った．炉底の箱に木炭粉を詰め炉床とした．その上にレンガを積み，内容積は断面レンガ 2 枚分と高さ約 60 cm の箱型の炉の下部を作った．炉床から 15 cm 上の炉壁に横羽口を設置した．炉の一辺は鉧取り出し口としてレンガを取り外し可能に積み上げた．そしてその第 2 段に底羽口を設けた．炉上部は鉄筒を用いた．ゴミ捨て場から調達した直径 40 cm ほど，高さ約 80 cm の円筒である．送風はやはりゴミ捨て場から拾ってきた電気掃除機の送風出口を利用した．風が漏れないようにするため，ガムテープをぐるぐる巻きにした化け物のようであった．

科学的にやろうと，熱電対を炉底と，横羽口の反対側の壁，そしてレンガ壁の最上部に設けた．炉底温度が 1200℃以上に上がるのを確認し，砂鉄を 1 kg と木炭を交互に 10 分間隔で 2 回投入し，その後羽口を横羽口に切り替えた．後は 1.5 kg の砂鉄と木炭を交互に投入し，砂鉄 20 kg を投入した．

途中，底羽口の跡に穴を開けてノロ出しを行った．溶融したノロがサラサラと流れ出てきた．すべての砂鉄の投入が終わった後，鉄筒内の木炭が燃焼し終わるのを待って筒を倒し，その上にイネ科の雑草を投げ入れた．おまじないである．木炭の燃焼に合わせて前面のレンガを 1 つずつ外した．木炭が羽口上まで燃焼し尽くしたところで送風を止めた．耳を近づけるとグツグツという沸騰する音が聞こえる．“しじる”と言う．この音が静まった頃合を

図 1-2　東工大・永田たたら操業風景（1994 年 7 月）

見て，鉄の棒で壁からノロを外し，真っ赤に加熱した大きな塊をスコップで取り出した．輻射熱で火傷しそうである．ゴミ捨て場で拾った大きな鉄製のタライに水を張っておき，この中に塊を放り込んだ．ゴロゴロという音と同時に水が沸騰した．鉄板の上で塊を叩くとカチンという金属音がした．大きな鉧の誕生である．約 7 kg あった．大成功である．この後，現在まで 700 回以上たたらを行ってきたが失敗はない．このたたら炉は，粘土で作った大野式の炉とは異なりレンガ積なので，「永田たたら」と呼ばれるようになった（図 1-2）．

3　包丁作りツアー

大学祭で年に一度“たたら”を行った．昭和 62 年（1987 年），私は 1 年間米国のマサチューセッツ工科大学（MIT）の J. F. Elliot 教授の所で客員助教授として滞在した．翌年，大学祭でたたらを行った．大きな鉧を並べて見物人に自慢していた所へ 1 人の人が質問してきた．これは何に使うのかと．なるほど，鉧は大きいがこのままではどうにもならない．大野刀匠に電話し，刀の作り方を教えて欲しいとお願いした．電話の向こうで困惑する様子がわかった．それは無理です．答えは簡単だった．粘る私にしばらくして，包丁だったら先生にも作れるかもしれないと言ってくれた．

平成元年８月，学生有志を連れて関市の大野刀匠工房で１週間包丁作りに挑戦した．泊りは安宿で合宿である．初日に，刀を持って初老の男が突然宿にやってきた．岐阜金生山の鉄鉱石を大野刀匠がたたらで鉧にし，それで作った日本刀であるという．鉄鉱石に砒素が入っており，硬くて数回しか鍛錬ができなかったという．焼入れの専門家の尾上高熱工業㈱尾上卓夫社長で，鉄鋼材料の金属組織に詳しかった．私の作った鉧を見て産業廃棄物と揶揄した．当時，私は鋼塊を作ることに満足しており，鉧の冶金学的状態がその後の製品に大きな影響を与えることを理解できていなかった．この指摘は，冶金学者として肝に銘ずるところである．

4 "出前たたら"と"たたらサミット"

包丁ツアーを始めてからは，包丁の材料を作るために２カ月に一度のペースでたたらを行った．すぐに砂鉄の調達が問題となり，鉄鋼会社からいただくことにした．高炉を持つ鉄鋼会社にはニュージーランドの浜砂鉄があった．高炉の炉底の保護に使っていた．砂鉄には酸化チタンが10％近く入っている．斐伊川の砂鉄は2％程度なので，操業には少し工夫がいる．最近では高炉の温度管理が充実しているので砂鉄は使っていない．

東京工業大学大岡山キャンパスの正門を入って，左手に見えるイチョウ並木の道を約300 m行くと，石川台キャンパスに通じるトンネルがある．その手前左手に南６号館がある．この建物に金属工学科鉄冶金学講座永田研究室があった．道路に沿って建物との間に３mほどの幅のスペースがある．ここがたたら製鉄の工房であった．

学生たちと「東工大ナイフクラブ」を作り，永田たたらを始めると，学内の先生方が通り掛ってもの珍しげに話し掛けていただくこともあり，次第に学内でも知られるようになった．また，うわさを聞きつけた学外の人たちが見学に訪れるようになった．この中に，グラフィックデザイナーの朝吹美恵

図 1-3　犬吠埼南，飯岡町海岸での砂鉄採取（1994 年 11 月）．人物は中澤護人氏

子氏や当時保谷市立東小学校の山本隆一教諭，新宿弥生町で代々の鑿（のみ）職人「市弘」の山崎市弘氏がおられた．

朝吹氏はたたら製鉄に興味のある市民に呼びかけ「黒鉄会（くろがねかい）」を立ち上げ，たたらに関する歴史や民俗学，考古学などの講師を呼んで話を聞く勉強会を定期的に開催し，幅広い関心を持って活動している．この会は，非常に活発で，藤野町に土地を借りてたたら製鉄操業に挑戦し，原料も自分たちで作ってしまおうと，炭焼きをやり，砂鉄や炉を作る土を探して山中に分け入ることまでしている．永田たたらを操業した学生が就職した後もこの会で活動している．

山本教諭は，子供達に鉄の勉強をさせるため，犬吠埼南の飯岡町の海岸（図 1-3）まで砂鉄採取に行き，学校でたたら操業を行った． 私も授業とたたら操業の指導に学校に呼んでいただいた．これを契機に，その後，小学校や中学校，高校，さらには大学からも依頼が来るようになり，年に 4，5 回は学校に行き，「出前たたら」を行った．まず，たたら製鉄操業を行い，日を改めて授業を行った．小学校では 5 年生か 6 年生を対象に行った．専門用語を使わずに製鉄の話をわかりやすく行うのは実に大変である（図 1-4）．

鉄は身の周りにある．酸素も空気の成分として知っている．木炭中の炭素もわかる．砂鉄は鉄と酸素がくっついていると説明する．磁石に吸引することも知っている．さて，「還元」の説明は難しい．炭が燃焼すると一酸化炭素ガスを発生すると説明する．一酸化炭素ガスを吸うと中毒を起こし，時には死に至ることがあるというと，何人かの生徒は知っている．一酸化炭素ガスが酸素と結び付いて炭酸ガスになる性質があるので，砂鉄から酸素を奪って鉄を生成すると説明する．

木炭の燃焼温度 1300 ～ 1400℃程度では純鉄は溶けないが，炭素を吸収すると低い温度で溶ける．水に塩を溶かすと固まる温度が下がる現象と同じである．鉄粉が溶けると炉の底のノロの中で互いに濡れてくっつき，大きな鉧になると説明する．ノロの役割も再酸化防止と保温のために重要である．鉄鉱石や砂鉄，コークスや石炭および木炭，鉄製品など，実物を使って説明するとわかりやすい．

ビッグバンの結果，宇宙には鉄がたくさん生成し，隕鉄として空から落ちてくるという話や人類が銅製錬法から鉄の作り方を発見した話も生徒の興味を引く．45 分の授業は汗だくであるが，生徒たちは皆目を輝かせて聞いてくれる．たたら操業では，100 名近い生徒達がクラスごとに交代で来る．遊んでいる子供もいれば，たたら製鉄に夢中になる子もいる．仕切り屋も登場する．ノロ中の小さな鉄粒を探し出して大切に持っている．

桑名工業高校の伊藤茂一教諭からたたら操業を依頼された．生徒達は初め遠巻きに見ていたが，1 人 2 人と炉作りや炭切りに加わってきた．学校の送風機の調子が悪く，温度が上がらない．先生が別の送風機を探し出し，2 台で送風し何とか温度を上げたが，そのうちに上部の筒が溶け始めた．鉄ではなくアルミ板を使ったようである．次々と開く穴をレンガとモルタルで塞ぐうちにアリ塚のようになってしまった．最上部は枠が傾き，さながら「オズの魔法使い」に出てくるロボットのようになった．さらに木炭が降下せず，羽口から中を覗くと反対側の壁が見えた．炉に差し込んだ熱電対の保護管を引き抜くと木炭が落ちた．

図 1-4　練馬区立開進第三小学校でのたたら授業（2002 年 2 月）

操業は不調であったが，その日は東海地方の新聞社やテレビ局が取材に来ていた．夜 8 時頃，炉を解体し出てきた大きな塊をハンマーで割ると約 3 kg の鉧が出てきた．生徒たちと大いに喜び合った．私はこんな劣悪な状態でも鉧ができることに自信を深めた．

黒鉄会の人たちとの交流が深まるにつれ，たたら操業に興味を持っている人たちが全国にたくさんいることがわかってきた．そこで，各地でたたら操業を行っている人たちを集めて，たたら自慢大会を開催することにした．平成 8 年秋に東京工業大学で第 1 回「たたらサミット」を開催した．全国から約 100 名の人たちが集まった．2 年ごとに開催することとし，第 10 回まで行った．たたらサミットは 3 日間行い，1 日目はたたら操業の経験談やその

図 1-5 第 2 回たたらサミット．名古屋市豊田産業記念館にて

土地の郷土史や民俗学などの研究者，刀鍛冶，打ち刃物鍛冶の方たちに話をしていただいた．2 日目は全国からさまざまな形のたたら炉を持ち込んで，一斉にたたら製鉄を行った (図 1-5)．3 日目は「たたら研修」で永田たたら操業を経験した．

たたらサミットの企画に集まった人たちを中心に「NPO ものづくり教育たたら」(2007 ~ 2016) を設立した．鉄鋼会社 12 社の支援を受け，会員 61 名が参加した．ここで「たたら学校」を開催し，多くの方が永田たたら操業の技術を学んだ．「こどもたたら教室」を隔年で開催し，子供たちは砂鉄採取から炭焼き，たたら操業とペーパーナイフ作りを経験した．また，小中高校などの要請に応じ「出前たたら」を実施した．

5 たたら製鉄の広がり

たたらサミットには，地方での開催にもかかわらず毎回 200 人近い人たちが参加した．各地には工夫を重ねたさまざまなたたら炉がある．どうやったらうまく操業できるのか，関心が非常に高い．現在，炉作りから鉧出しまで 6 時間という永田たたらで，さまざまな方たちがたたら製鉄に挑戦している．

鉄鋼会社にもたたら製鉄に興味を持つ人が現れ，住友金属工業㈱鹿島製鉄所や新日本製鐵㈱大分製鉄所（ともに現日本製鉄㈱）で製鉄所祭の際に操業を行った．平成 15 年（2003 年）からは新日本製鐵八幡製鉄所が若手教育の一つとしてたたら製鉄操業を採り入れた．製鉄所では，製鉄プロセス全体を体験する機会がないという．たたら製鉄操業で，砂鉄採取から炉作り，製錬，ナイフなど製品作りまで経験できる．このように次第にたたらに興味のある方が増えてきた．

大正 10 年（1921 年）まで 170 年間操業を行ってきた菅谷たたら山内がある島根県雲南町吉田町では，「たたら」で街おこしを行っている．

平成 15 年（2003 年）からは東京工業大学工学部金属工学科 3 年次学生の創成実験課題の 1 つにたたら製鉄とナイフ・火箸風鈴作りが取り上げられ，前学期に毎週 2 回，学生が鍛冶に挑戦した．これらの活動により，平成 17 年にたたら製鉄を通じて科学技術の啓蒙に果した貢献を認められ，科学技術賞「たたら製鉄によるものづくり教育の理解増進」を文部科学大臣から授賞した．

第2章　たたら研究への道

1　日刀保たたらと木原明村下との出会い

平成5年(1995年)1月，新日本製鐵㈱の古崎宣部長から出雲の日刀保たたらの見学に誘われた．私はまだ一度も見たことがなかった．出雲空港から宍道駅に出て,木次線で出雲横田駅に向かった．雪深い1月29日(金)であった．斐伊川上流の険しい谷間をジーゼルカーがゆっくりと登って行った．駅前はひなびていて，やっと探し当てた古びた食堂で昼食を取った．駅から辺り一面雪景色の田んぼの中をタクシーで20分ほど走ると，字大呂に㈱安来製作所鳥上木炭銑工場があった．この工場の敷地内に日本美術刀剣保存協会(日刀保と略す)のたたら場がある．事務所で挨拶をし敷地の奥に向かうと，左手に小さな展示館があり，その横に金屋子神社の小さな祠がある．その前に高殿と呼ばれる鉄骨造りの大きな建屋があった．小さな木の観音扉を開けて中に入った．

建屋の中は20 m四方くらいの広さがあり，高さが約10 mで屋根の天辺に煙抜きの屋根が設けられている．そこから雪が舞い込んでいた．土間の中央に約50 cm土盛りがしてあり，その上に箱型のたたら炉が作られていた(図2-1)．黄色い炎を2 mほどの高さに間欠的に吹き上げていた．建屋の中は薄暗く，電灯もあるが炎だけが辺りを照らしていた．人の呼吸のリズムに似たゴーゴーという送風の音だけが聞こえてくる静寂な場所であった．

木原明村下(むらげ)(作業長)に挨拶をして，部屋の隅で見学させていただいた．入口の左隅に四畳半の部屋があり，中央に置かれた囲炉裏で暖が取れる．その反対側の隅には畳敷きの四畳半部屋があり，村下が仮眠する部屋である．部屋の間には砂鉄置場がある．村下と裏村下が約30分ごとに小鉄町(こがねまち)で砂鉄を種鋤(たねすき)と呼ぶ木匙で掬ってたたら炉に運び装入した．種鋤一掬い約4 kgの

図 2-1 日刀保たたらの操業風景

砂鉄を数回炉に装入する．炉壁から少し中心寄りに長辺壁に沿って入れてゆく．砂鉄を入れ終わるとすぐに炭担当者が箕に一杯入れた木炭を炉に装入する．

砂鉄と木炭入れを30分ごとに3日3晩繰り返す．入れる時間がくると私には良く聞き取れない島根弁の合図がかかった．砂鉄や木炭の装入量，ノロの排出量，送風量，作業メモなどが克明にノートに記録されていた．

私が初めて見学に訪れた日は，炉に火を入れてから3日目である．この日から見学者が訪れる．炉作りの日や火入れ1日目と2日目は関係者以外出入りできない．炉作りは非公開であり，1，2日目は炉況が不安定で村下が神経を使うからである．当時は1月から2月にかけ年4回操業を行っていた．操業は，月曜日に木炭粉でできた炉床のたたき締めなどの準備に入り，火曜日に炉の下部を作り，一晩乾燥した．水曜日朝に炉上部の仕上げと火入れ，その後木曜日と金曜日にかけてたたら操業，土曜日早朝に炉を取り壊して約2.5トンの大きな鉧を取り出した．

両方の炉の短辺壁の下部に開けられた合計4つの穴から真っ赤なノロ（ス

図 2-2　3 日 3 晩の操業後のたたら炉の取り壊し

ラグ) がとろりとろりと自然に流出していた．村下と裏村下は手分けして，両長辺壁下部に設置された合計 40 本の「ホド穴」と呼ぶ羽口の覗き穴を覗き込み，「ホド突き」で盛んに「ホド (羽口)」を掃除していた．操業終盤近くになると，小さなへらに泥を載せ，ホドの奥に入れて補修をしていた．村下は，常に炎の状態やノロの出方を見て炉の状態を把握し，時には乾いた砂鉄を種鋤に掬い取り炉に入れていた．この砂鉄を「早種」と呼ぶ．

火入れして 4 日目の土曜日早朝，砂鉄の投入は終わった．5 時過ぎると見物人が次々と集まってきた．見学席の四隅は立ち見で立錐の余地もない．村下の挨拶の後，送風が止められシャッターが開けられた．雪交じりの冷たい風が場内を吹き抜ける．炉の解体が始まる (図 2-2)．もうもうとした砂塵と加熱した木炭の猛烈な輻射熱で顔が熱く目が痛い．急いで，手拭で頬冠りした．昔から使っている引っ掛け棒などの道具で炉壁片が手際良く次々と屋外に運び出される．1 時間ほどで炉はきれいに解体され，炉床に幅約 1 m，長さ約 2.5 m，厚さ約 40 cm の真っ赤に加熱した大きな鉧が横たわっていた．村下はじめ作業者，関係者が金屋子(かなやこ)神の神棚の前で拍手を打ち，お神酒を振

図 2-3　たたら操業後，木原村下とお神酒をいただく

図 2-4　鉧出し風景

る舞って操業の成功を感謝した．村下と作業者は疲労の中にもほっとした表情を浮かべていた (図 2-3)．

宿に帰り，朝食を済ませた後，午前 9 時頃再びたたら場へ戻った．いよいよ「鉧出し」である．天井から釣り下がった鎖の起重機で鉧の一方を吊り上げ，その下に丸太を入れる．丸太は炎を上げて燃え上がった．鉧を鎖で縛り，大銅場 (鉧の破砕工場) から伸ばしたロープに掛けてモーターで引っ張り鉧を引き出す．丸太を順次鉧の下に入れ，コロの原理で屋外に引き出した (図 2-4)．

その後，たたら操業に魅せられ毎年見学した．木原村下にたたら炉を使って研究をしたい希望を述べてみた．「私は伝統技術を守るのが使命です．」とやんわり断られた．研究の目的が生産性を上げるとか，もっと良い品質の鋼を作るということにはないので研究の必要はないというのである．毎年，黙って高殿の隅で金曜日から土曜日にかけて見学した．平成 10 年度の見学では，事前に木原村下から工程をすべて見て良いとの返事をもらった．千載一遇のチャンスである．平成 11 年 (1999 年) 2 月 2 日 (火) 夕方から 6 日 (土) まで，炉作りから鉧出しまで詳細に見学する機会を得て克明に記録した．作業の邪魔にならないよう温度測定は放射温度計を使った．

平成 11 年 10 月，取鳥で直下型地震が発生した．11 月初め，木原村下から突然電話があり，地震で地下構造に被害がなかったか調査のため小舟を掘り起こした，見学に来ないかという誘いであった．すぐにたたら場に飛んだ．小舟はたたら炉の炉床の両脇，地下 1.5 m に作られた空洞で幅約 70 cm，高さ約 90 cm，長さ約 3.6 m ある．中は湿気が多くじめじめしていた．調査中に村下から温度計を設置したらどうかと提案された．これは私にとってすばらしいチャンスである．温度計と湿度計を設置させてもらった．再び埋め戻し，翌年 1 月から 2 月にかけて 3 回のたたら操業の間中，小舟の温度と湿度を計測した．

従来の説明では，小舟の役割は地下から上がってくる地下水を遮断するというものであった．しかし，研究の結果はこれとは異なり，炉の粘土中に含まれる大量の水分が熱流に沿って流れて小舟に集まり，さらに周辺へ徐々に散逸することがわかった．すなわち，粘土中の水分が炉内に蒸発することを防ぎ，蒸発熱による温度低下を防止している．

西洋の炉は岩盤の上に作られており，地下構造はない．これは炉が主に石を積み重ねて作られており，粘土は目地に用いられているためである．

2 高橋一郎先生とたたらの研究[1,2)]

たたら場の休憩室で休んでいる時，高橋一郎先生に度々お会いした．先生は長年，出雲の鉄山師（たたら経営者）の一つである絲原家の古文書を研究し，その出荷の記録からたたら製鉄の主要生産物が銑（ずく）であることを明らかにされた．これは私にとっては「目からウロコ」の思いであった．

出雲で現在も冬季操業を行っている「日刀保たたら」では，主要生産物として大きな鉧を作っている．銑は3％程度できるだけである．俵國一の著書『古来の砂鐵製錬法』[3)]には，「銑押し」と「鉧押し」という2通りの方法が紹介されている．日刀保たたらは，鉧押し法であると理解していた．ところが，1801年までは銑は生産物の80％を占めており，操業も1日多い「4日押し」操業であった．その後1826年になると，「3日押し」操業に改良され，銑と鉧は半々になった．この操業は第二次大戦の敗戦でたたら製鉄が中止されるまで，ほぼ同様な操業結果となっている．1787年に書かれたたたらの技術書である下原重仲著の『鉄山必用記事』[4)]では，先に銑を作り，その後炉壁が浸食されるにしたがい鉧生産に移行した様子が書かれている．大きな鉧を割る「大銅」が発明されたのが1770年代で，それから鉧が商品として売買された．それ以前は，小さな鉧は鍛冶屋で処理できたが，大きな鉧ができると破砕ができず放棄していた．

たたら製鉄は銑鉄生産であった．炉高1.2 mの箱型炉で銑を生産していたことは，私の興味を大いにそそった．高橋先生とはたたら場で何度もお会いしたが，横田町のお宅にも伺いし教えを請うた．先生は郷土史に詳しく，月刊紙「奥出雲」に雲伯地方のたたら製鉄史の研究を多数発表されている．この中で，たたら製鉄法による銑鉄生産が輸入鉄に対して経済的に成り立たなくなる明治期には，出雲の鉄山師が大地主でもあったために，山林経営と農畜産業で産業転換を行ったという話を聞いた．同じ時期，山陽地方の広島では官営広島鉄山ができ，たたら製鉄業者の救済を行ったが，結局は廃業した．しかし広島鉄山では，たたら製鉄法の改良の研究が小花冬吉と黒田正暉両技師により行われ「角炉（かくろ）」が発明された．

3　日刀保たたら鈴木卓夫課長と安部由蔵村下

日本美術刀剣保存協会の鈴木卓夫たたら課長には私が最初にたたら操業を見学した時から，毎年，見学を許可していただいた．平成 8 年（1996 年）秋，彼が私の研究室を訪問した．論文博士取得の指導を頼まれた．当時，彼は作刀に関する 2 冊の本を出版していたが，私の専門は民俗学や歴史学ではないので丁重にお断りした．その時，彼は大きな風呂敷包みを持参していた．その風呂敷包みから出てきた資料は，昭和 52 年に日刀保がたたら炉を復元した際の記録であった（第 4 章）．整理されていない資料が山ほど出てきた．昭和 44 年に日本鉄鋼協会が科学研究費で実施した再現実験の報告書「たたら製鉄の復元とその鉧について」[5] は読んでいたが，日刀保たたらの復元の様子はまったく不明であった．

早速，彼にこれらの資料を基に研究論文を書くよう薦めた．私は，熱力学と鉄冶金学が専門なので，復元を工学的に解析するよう指導した．彼の本職は日本刀の鑑定である．科学的研究のオリジナリティー，発想の仕方，研究のやり方，推論の方法，図面の描き方や研究論文の書き方，すべてが彼にとって初めてのことであった．忍耐強く勉強された甲斐があって，平成 13 年 9 月東京工業大学から博士（学術）学位が授与された．学位論文の題目は「たたら製鉄の復元と「日刀保たたら」の操業技術の解明」[6] である．

日刀保たたらは靖国鑪（やすくにたたら）の跡地に，その地下構造を修復して作られた．第二次大戦の敗戦の後 32 年間たたら製鉄は行われていなかった．たたら製鉄の作業責任者である村下（むらげ）はすでに高齢であり存命者も少なくなっていた．日本鉄鋼協会の再現実験はあったが，復元は目的にしていなかった．日本刀の原料として玉鋼（たまはがね）を用いる刀鍛冶の要請を受け，国の重要無形文化財に指定されている日本刀の作成技術を使用材料の面から保護し，併せて伝統文化財であるたたら製鉄技術者の伝承者を養成する目的で，文化庁の補助事業として日刀保がたたら炉を復元することになった．

この時，復元に協力したのが安部由蔵村下と久村寛治村下である．鈴木課長は最初からこの事業に携わっており，多数の貴重な資料を収集していた．筆者は安部村下に平成６年の冬季操業中に一度お目に掛かったことがある．昔ながらの黒の着物の作業着を着て，頭から顔を手ぬぐいで覆っておられた．足袋を履き，下駄履きであった．炎の状態を指の隙間から見ておられた．高齢にも拘らず，かくしゃくとして指示をされていたのが印象的であった．

復元に当たって，最も大きな問題点は，昔と同じ原料が入手できなかったことである．伝統的なたたら操業方法は，火入れから順次，「籠(こも)り」，「籠(こも)り次(つぎ)」，「上(のぼ)り」，「下(くだ)り」の４工程で異なった状態の砂鉄を使った．初期に還元しやすい砂鉄を使い銑を作った．しかし，復元時には，「籠(こも)り砂鉄(こがね)」が入手できず，炉が上り，下り期に入って使う「真砂砂鉄(まさこがね)」しかなかった．また，刀鍛冶は刀剣製作用に銑ではなく玉鋼を必要としていた．このような事情の中で，安部村下たちが真砂砂鉄のみを用いて大部分鉧の大きな塊を製造する方法を開発したことは賞賛に値する．このとき村下の後継者として協力されたのが木原明村下である．

鈴木課長の記録は詳細を極めており，安部村下の一言一言を記述している．たたら製鉄は，直径 0.5 mm 程度の砂鉄粉を原料とし，約 30 分で銑鉄を生成する．この反応は吸熱反応なので反応が速いと熱の供給が律速となり，炉が冷え込んでしまう．村下は，炉の状態を炎の色や羽口の状態，炉内から聞こえる音，ノロの色と流れ方で判断し，装入する砂鉄の量と分布および送風量を調整する．ここに，古代の製鉄の遺伝子があるに違いない．

4　勉 強 会

学生と包丁作りツアーに出かけるようになって勉強会を始めた．毎週１回午後５時から２時間程度行った．参加する学生は新入生を含め４,５人である．R. F. Tylecote 著の “History of Metallurgy”[7] のテキストを読み，当番を決めて和訳した．それに私が解説を加えた．この本は世界の金属製錬の歴史を扱っているが，特徴は金属製品や遺跡から発掘されたスラグなどの化学分析値が豊富に掲載してあることである．ただし，アジアに関係する記述は詳しくない．

この勉強会で，面白いことに気がついた．14 世紀後半にヨーロッパで高炉が出現するまでは，ルッペと呼ぶ炭素濃度の低い軟鉄塊とスラグの混在した塊を作っていたが，その炉はドーム炉やシュトック炉，レン炉で，いずれもその高さは約 1 m である．また，スラグは一様に酸化鉄を多く含むファイヤライト系シリケートスラグである．一方，たたら製鉄も炉高 1.2 m の箱型炉でスラグは同様であるが溶融銑鉄を作っていた．同じような反応機構なのに，ヨーロッパでは溶けた鉄は作れず，中国と日本に伝わった製鉄法は銑鉄を作っていた．

この答は，16 世紀頃書かれたアグリコラ著の『デ・レ・メタリカ』[8) の挿絵にあった．炉にクルミ大の塊鉱石を装入している図である．ヨーロッパ大陸には鉄鉱床があり，地下に潜って採鉱している挿絵がある．一方，たたら製鉄では，細かい砂鉄粉を装入している．わが国は火山国であり，河川や浜で容易に砂鉄を採掘できた．鉄鉱石の大きさが，異なった製品を作り出していた．

ヨーロッパでは軟鉄から製品を作り，浸炭という表面処理で強度を高めた．一方，アジアでは高炭素鋼を鍛錬により脱炭して製品を作るため，炭素濃度の濃淡やノロが残り，ダマスカス刀や日本刀のように表面に美しい模様が現れる．ヨーロッパとアジアに伝わった技法が，原料の違いによってまったく異なった製品を生み出したことは非常に興味深い．

ヨーロッパではルッペ製造の過程で銑鉄が得られることもあったが，脆くて利用価値はなかった．中国では紀元前 7 世紀頃，春秋戦国時代に伝わり銑鉄を製造していた．14 世紀頃，モンゴル帝国がドナウ川近傍まで支配しており，銑鉄の利用法がヨーロッパに伝えられたと考えられるが証拠はない．

塊鉄鉱石から銑鉄を製造するには，反応時間を長く取るために炉高を高くしなければならない．炉高を高くすると空気が通り難くなるので，人力では送風できず水車動力を利用した．当時，すでに小麦を製粉する水車動力のミルが使われていた．一方，たたら製鉄では微粉の砂鉄を利用するため反応時間が短く炉高は1.2 m で銑鉄を製造できたが，砂鉄の飛散を防ぐためのさまざまな工夫がなされた．

“History of Metallurgy” に採録してある化学成分データは，冶金学的考察をする上で非常に役に立つ．炉高が世界共通の 1.0 ～ 1.2 m なのはなぜか．しかもファイヤライト系のスラグも共通である．炉高が 2 m を越え銑鉄を製造するようになると，スラグの組成は激変し酸化鉄成分が数％に減少した．溶鉱炉法と古代製鉄法の製鉄原理が分岐したのはこの炉高が大きく効いている．

一方，遺跡から発掘される製錬炉の高さを調べてみると，意外と低いものが多い．羽口からの高さは 60 cm 位である．炉底からの高さでは 80 cm 程度であろう．本当にこの炉の高さで銑鉄あるいは鋼塊が製造できていたのだろうか．スラグ組成と鉄成分の 2 価と 3 価の比を調べると温度と炉内雰囲気が推定できるので，鉄ができていたかどうか判別できる．これらの実験条件で再現実験を行ってみることが重要である．大昔であろうと現代であろうと化学反応の原理は同じである．熱力学の法則に従わない現象は起きない．筆者は，「実験考古学」と称して，出土遺物から推定できる炉の形や操業方法を，冶金学，熱力学の立場から検証し，自然の摂理に矛盾しない結論を得ることが重要であると主張している．

5　日本鉄鋼協会「鉄の歴史」フォーラム

日本鉄鋼協会に社会鉄鋼工学部会があった．この中に「鉄の歴史―その技術と文化」フォーラムがあった．この研究グループには，冶金学者や考古学者，民俗学者，歴史学者，分析学者など多彩なメンバーが集っていた．大学関係の研究者より市井の研究者が多かった．毎月の研究会で恥も外聞もなく質問して勉強させていただいたおかげで，門外漢の筆者にも考古学など「文系」の人たちの考え方が少しは理解できるようになってきた．このフォーラムの中に「近世たたら製鉄法の歴史」研究グループがあり，館充東大名誉教授が主査をされた．筆者もそのメンバーに入れてもらった．5 年間の研究成果報告として平成15年に『近世たたら製鉄の歴史』[9]が刊行された．筆者の分担は，明治以降のたたら製鉄の衰退を研究することであった．この研究で出会ったのが「角炉（かくろ）」である．

明治期，怒涛のように押し寄せる西洋文明と西洋諸国の圧力の中で，たたら製鉄が衰退の一途を辿っていたとき，それに抗して，たたら製鉄で作られる鋼の優秀さに注目してたたら製鉄法の改良を行った小花と黒田両技師の活躍を知った．その技術は雲伯地方に移転され，砂鉄吹きの角炉として大正以降日本初の電気炉製鋼の銑鉄原料を供給し，「ヤスキ鋼」として刃物鋼のブランドとなった．しかし，明治34年（1901年）に八幡の銑鋼一貫製鉄所ができ，わが国はその後世界有数の製鉄国になった．その近代製鉄の歴史の陰で，角炉はほとんど注目されてこなかった．たたら製鉄が冶金学的に研究されてこなかったためではなかろうか．この他，このフォーラムの研究活動の中で，江戸後期に書かれた下原重仲著『鉄山必用記事』が館充先生により現代語に訳された[4]．たたら操業技術の歴史の研究に重要な一冊である．

このフォーラムの研究会は，毎回盛況であった．前近代製鉄実験たたら研究グループの他，鉄関連遺物の分析評価研究グループ，中国製鉄史研究グループ，西洋鉄鋼産業遺産研究グループがあり，活発な研究会を催していた．たたら製鉄法が6世紀後半に朝鮮半島からわが国に伝わったが，それ以前の歴史を解明することがさらにたたらを理解する上で重要である．製鉄法はトルコ半島のアナトリアの地から発し，シルクロードを経て，中国，朝鮮，日本へと伝わり，一方，ヨーロッパへ伝播した．これらの製鉄法を研究し，両者を技術論的に比較することは，製鉄の本質に迫る面白さがある．これについては，拙書『人はどのように鉄を作ってきたか』[10]を参照されたい．

第3章　日刀保たたら操業見聞録

1　出雲へ

平成11年(1999年)2月2日火曜日，午後3時からの学部金属工学科2年次学生の「高温反応の熱力学」の講義を終え，さらに学生の質問に答えて研究室に戻ったのは午後5時であった．この日は後学期最後の講義で来週は期末試験である．大急ぎで羽田に向う．午後6時，キャンセル時間ぎりぎりでチェックインした．午後6時20分発JAS279便に飛び乗った．飛行機は真っ暗な空に飛び立ち，午後8時に出雲空港に到着した．空港には三上貞直刀匠が車で迎えに来てくれていた．島根県仁多郡横田町は船通山山麓の温泉宿斐乃上荘へと走る．暗闇を照らすヘッドライトの灯りの中に雪がちらつき始めていた．道中，三上刀匠から日刀保たたら操業の話を聞いた．今年(平成11年)は，操業を3回にしたというのである．今回は3代の最後の操業である．「代(よ)」は操業の回数を表す．昨年までは年に4回行っていたが，不景気で刀鍛冶からの玉鋼の需要が減ったためであるという．今回は，炉作りから鉧出しまでの一連の操業の見学を木原明村下のご好意で許可されたが，観察だけという約束である．温度は放射温度計で測定した．

2　高　殿

町営温泉宿斐乃上荘の湯はアルカリ性で気分が良い．朝風呂を浴び朝食を終えたところに，午前8時工場から車が迎えに来た．雪が激しく降り始めた．谷間の狭い雪道を車は走り下り，20分ほどで字大呂の鳥上木炭銑工場に到着した．小さな工場の事務所の前を抜けると，たたら操業を行っている高殿が見えた(図3-1)．高殿は昭和8年(1933年)に建設された「靖国鑪(やすくにたたら)」当時からの鉄骨の建屋である．屋根上部には煙り抜きの「煙出し(けむだ)」屋根がついて

図 3-1　日刀保たたらの高殿

いるが，昔の高殿は木造で藁葺き屋根の上部に「ほうち」という開口部があった．江戸時代以前は屋外で行われており「野だたら」と呼ばれた．

高殿に近づくと，雪に覆われたたたら場の窓からたたらの炎が見えた．しんと静まり返ったたたら場にグーゴーという風を吹く音が，まるでたたらが呼吸しているかのように聞こえてくる．その呼吸に合せて黄金色の炎がたたら炉から燃え上がる．小さな木製の観音扉を押し開けて中に入り，木原村下に挨拶した．中は薄暗く，小さな照明はあるが炎の明りが辺りを照らしていた．中央の盛土の上にたたら炉が築かれており，人の呼吸のように間欠的に黄金色の炎が 2 m ほど立ち上っていた．

村下と裏村下は黙々とホドの手入れを行っている．30 分ごとに「やってらっしゃーい」という合図がかかり，頃合を見計らって村下たちが砂鉄を小鉄町（こがねまち）から木鋤で掬って炉に入れる．続いて炭焚が箕に一杯に盛った木炭を炉に入れてゆく．

図 3-2 に日刀保たたらを復元した当時の高殿内部の見取り図を示した．たたら炉を中心にして，村下座（むらげざ）(村下の休憩室)，小鉄町（こがねまち）(砂鉄置き場)，炭町（すみまち）(木

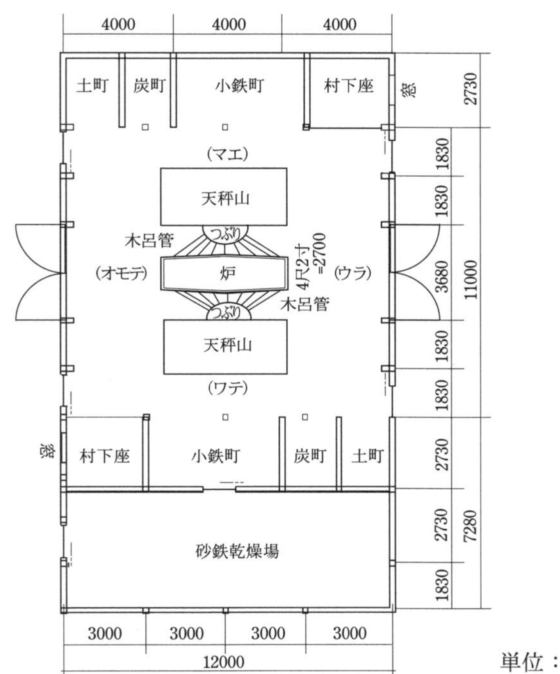

図 3-2 日刀保たたら復元当時の高殿の平面図[6)]
(現在オモテとウラは逆になっている)

炭置き場)，土町（つちまち）(炉を作る粘土置き場) が両側に炉を中心に点対称に並んでいる．これは，村下が 2 人いて，炉を 2 つに区分して対等の立場で操業していたことを示している．砂鉄乾燥場のある方を「ワテ」，反対側を「マエ」，乾燥場を背にして左側を「オモテ」，右側を「ウラ」と呼ぶ．村下は，表村下と裏村下がそれぞれ「オモテ」側と「ウラ」側を半分ずつ担当して操業した．そして互いに競争関係にあったという．現在は，マエ側の村下座は炭町に，小鉄町は土町に，その横は炭町，ワテ側の炭町と土町は四畳半の休憩室になり，小鉄町との間に通路ができている．砂鉄乾燥場では小型コンクリートミキサーで砂鉄に水分を加えている．さらに，休憩室の近くに木製の観音扉の入口が作られている．操業中両側のシャッターは降ろされており，炉を解体する時だけ開放する．観音扉からはノロをネコ車に積んで運び出す．

3　炉の構造

炉の地下構造は昭和初期から第二次大戦敗戦前年（1944年）まで操業された靖国鑪の遺構を改築したものである．図3-3に地下構造を含むたたら炉の断面図を示した．この構造を「床釣り（とこつり）」と呼ぶ．地下構造は，深さ3.18 m，幅5.45 m，奥行き6.36 mの長方形の穴で，底に排水溝があり，下から荒砂，坊主石，砂利，木炭，粘土（カワラと呼ぶ）の層が重なり，その上に中心に木炭層の本床，その両脇に空洞の小舟が配置されている．

本床の上に構築された箱形炉の構造を図3-4に示す．炉の長さは2.70 m，高さは両端で1.20 m，中頃で1.10 m，幅は両端で76 cm，中頃で87 cmと中が少し低く膨んでいる．ホド穴（羽口）は片側20本ずつ両側に合計40本が炉下部に一列に開けられた．炉底（元釜）はV字型になっており，ホド穴

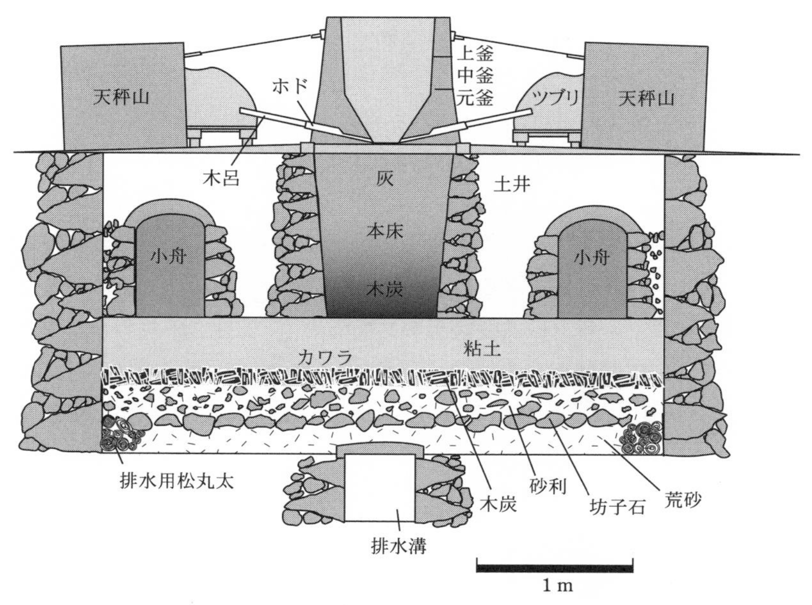

図3-3　日刀保たたらの地下構造（鉄と鋼, **86**(2000), 64）

の角度は19 ～ 24°で炉底に向かって斜めに開けられている．俵國一は，「銑押し」操業ではホド穴の位置は低く角度も小さいが，「鉧押し」では角度は大きいと述べている．炉は1代目ごとに壊される．

送風は別棟に設置された4台の鞴（ふいご）(ピストン型電動送風機，送風能力750

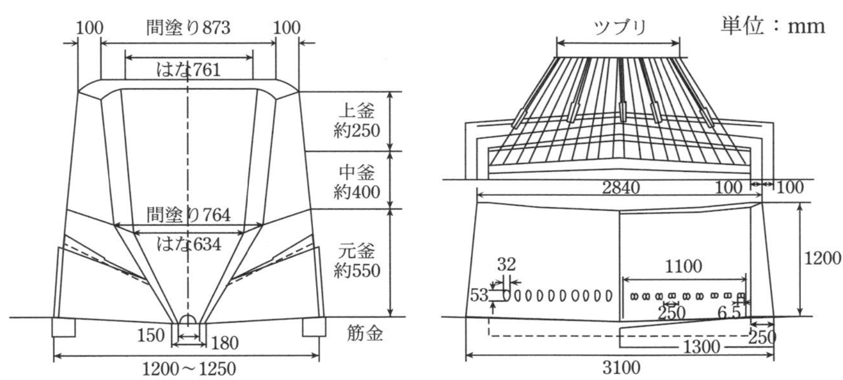

図 3-4　日刀保たたら炉の図面（鉄と鋼, **86** (2000), 64)

図 3-5　日刀保たたらの電動吹差鞴 (4台が同期して脈動風を作る)

～950 m^3/時）を同期させ脈動風で送られる（図3-5）．炉の両脇には天秤山と呼ばれる炉と同程度の高さの台があり，ここにそれぞれ送風管がきている．天秤山の位置には当初人力送風機である天秤鞴（てんびんふいご）が設置してあった．送風管の出口は「龍（りゅう）の口」といい，ここに「ツブリ」と呼ぶ風分配箱を接続する．ツブリから「木呂管（きろかん）」と呼ぶ送風管を通してそれぞれのホド穴に送風される．木呂管は竹製である．

炉の両端の炉底にはノロを流出させるための直径10 cm程度の穴が中心と左右にそれぞれ3個ずつ開けられており，通常は木炭粉を詰めて塞いである．中心の穴を「中湯路（なかゆじ）」と呼び，操業の初期に開けられる．両脇の2つの穴を「四（よ）つ目湯路（めゆじ）」と呼び，中湯路を粘土で閉じた後，操業中頃から使われる．

4　炉作り

平成9年（1997年）度と10年度は炉作りの見学を許可された．火曜日の朝，炉作りに先立って本床の表面を叩き締める．下灰（したばい）と呼ぶ作業である．まず木材を井桁に積み重ねこれを燃す．燠（おき）となったところを村下が「炭掻き熊手」で掻きならし準備をする．続いて「しなえ」と呼ぶ長柄の木の棒（約3.5 m）で叩き締める．しなえは弾力性のあるリョウブの生木で作られている．本床のオモテとウラ側の縁に4人ずつ並び，しなえで交互に「そうれ」と号令を掛けて打ち下ろす．バタンと打ち下ろす度に，細かい火の粉が飛び散る．

村下が「灰えぶり」（木製）や「灰もそろ」（頭は金属製）の道具で燠を平らに掻きならし，しなえで叩き締める．約1分間隔で20回ほど叩き締める．これを村下が納得するまで何回も続ける．炉床を固く叩き締めておくことにより炉床の損耗を少なくすることができる．それでも2.5トンの鉧は20 cm程沈む．特に，操業の2代以降は前代に残ったノロを取り除くことが重要である．引き続き操業を行う場合は，前回の炉中に残った木炭を最初にしなえで叩き締めておく．

炉を作る粘土は「釜土（かまつち）」と呼ばれる．「真砂（まさ）」などの良質の粘土を配合しセメントミキサーで水と混錬する．それを土町に広げてさらに素足で踏む．粗粒を除くと同時に中の空気を抜くためである．空気は高温になると膨張し釜土塊を破砕する．昔は，素足で踏んでは鍬で切り返しまた踏むという作業を「から練り」から「本練り」の順で10時間近く行ったという．

炉下部の「元釜」に使う釜土には良質な粘土を用い念入りに混錬した．混錬された釜土は厚さ20 cm位にし，乾燥を防ぐためにシートが掛けてある．炉作りの時，「土刀（つちがたな）」で約20 cm角に切り出して使う．この作業は月曜日に行われる．

炉床の上に元釜，中釜，上釜を築く．炉床の輪郭は「筋金（ずじがね）」と呼ぶ鋳鉄製の角棒（幅12 cm，厚さ9 cm）で囲んであり，炉の高さは筋金を基準にして決める．まず炉床全体に篩（ふるい）に掛けた焼き粘土を薄く散布する．次に炉床のオモテからウラにかけ中心に幅15 ~ 18 cmの「中板（なかいた）」を2枚繋げて敷く．この幅が初期の炉底の幅であり，元釜内部をV字形に作る．中板の位置は筋金より少し低くなっている．俵による砺波鑪（となみたたら）の記録では，4.5 ~ 9.0 cm低くなっている．中板と筋金の間に「はぐれ」と呼ぶ炉壁の溶解・焼結した5 ~ 10 cmの大きさの塊を30 ~ 50個並べる．

ノロ出し口となる湯路を作るため，直径10 cmの「トモ木」と呼ぶ丸太をオモテとウラ側に3本ずつ並べ，切り取った釜土塊で固定する．トモ木は元釜が完成後抜き取る．

土刀で切り取った釜土塊を積み上げて元釜を築く．約200個使い，総重量は3トンにもなる．「横尺」と呼ぶ物差しで炉の厚さを決め，「水縄」と呼ぶ墨を塗った紐で元釜の形を決める．この紐に従って「釜がえ」と呼ぶ木製の鋤（すき）で余分の釜土を削り取り成形する．最後に中板を取り除く．

元釜ができ上ると両長辺壁にホド穴を20本ずつ計40本開ける．穴の位置は，壁外側は下から20 cm，内側は15 cm，間隔約12 cmである．まず細長い円錐形の「おいだし」棒で外側から一気に差し込み開ける．穴の内側の径は数mmである．次に太くて短い「ふききり」で穴の外側を約6 cmの大きさに広げる．最後は細くて長い「しらべざし」で整形し清掃する．

ホド穴の大きさや角度は操業に大きく影響するので村下が季節や製品を勘案して決め，その開け方は秘伝とされてきた．下原重仲は『鉄山必用記事』[4]（釜塗之事）の中で，「先つ元釜程塗，中板を取残し土を掃除して，他の役人は休，其間に村下は保土を切なり，秘密秘伝といふ，此保土穴の事也.」と述べ，また俵は『古来の砂鐵製錬法』[3] 第4章「炉の築造」で，「保土配りをなす等は爐(ろ)築中最も重要なるものとし，其技術は一家相伝にして秘密を守り村下一人之を司るものとす.」とあり，さらに「爐の内外を乾燥する為夜を徹して一人之を司る.」と述べている.「日刀保たたら」においても代々表村下がこの任にあたり，炉の乾燥からくる炉体の変形，とくにホド穴の変形に常に注意を注ぎ，このあけ方を秘伝としてきた.

元釜の上に中釜が築かれる．釜土塊に土の粉をまぶして塀状に高さ 40 cm ほど積み上げる．内外の壁面を，「とうじ」と呼ぶ粘土水を「藁箒(わらぼうき)」(わらの束）で塗って綺麗に仕上げる．この段階で炉を乾燥する．中釜には1トン以上の釜土が使われており，元釜と合せ4トンにもなる．炉内壁にホド穴保護のために丸木を立てかけ，炉内に燃焼している木炭と薪を充填する．外側は木炭と薪を積み燃焼させる．乾燥は火曜日昼過ぎから17時間，翌朝7時までかかる. 釜土は水分を23％程度含んでいるので1トン近くの水分を含んでおり，この程度では元釜の中までは完全に乾燥しきれない．この水分の除去に本床や小舟が機能している.

水曜日朝，釜土塊を用いて上釜を 25 cm の高さで塀状に築く．藁箒でとうじを塗り，壁を綺麗に仕上げる．平成11年2月3日午前8時20分，筆者がたたら場に着いた時，ちょうど上釜を築くところであった．炉ができ上がると，炉周りには前回使用した釜土を砕いた土を敷き「床しめ」(曲木(まがりぎ)）と呼ぶ太い木の棒で叩き締めていた.

炉の両側の龍の口にそれぞれ木製の風の分配箱のツブリを設置し，木呂管で扇状にホド穴と繋げる(図3-6)．木呂管の角度は炉中央で 10 ～ 13° ホド穴側に下がっている．木呂管の長さは炉の中央で短いが，炉の端になるほど長くなる．木呂管の先端は「鉄木呂」と呼ばれる鋳鉄製の管がはめられており，これをホド穴に置く．ホド穴は密閉されておらず上に穴が開いており，「ホド蓋」と呼ぶ木栓で塞いである．ホド蓋はホド穴の掃除や補修，操業の状況観察時および下りの操業状態の良い時に開けられる.

ツブリの構造は2枚の扇状の板で，弦側を並行にして，弧の中央を狭く両

図 3-6 日刀保たたらのツブリ，木呂管およびホド穴

脇を広くしてある．ツブリを載せる木製の台はホドの高さで，ツブリの高さはその上に厚く敷いた粘土の厚みで調整する．ツブリの上に「雲板」を置き，全体を粘土で厚く固め，空気漏れがないようにとうじを塗る．また，ツブリの頂上には窪みを作り，水を溜めて粘土の乾燥を防ぎ，空気漏れを防止する．

上釜を「かなしばり」と呼ぶ鉄の帯で補強する．なお，炉壁は最初内側が膨張し外に反るので天秤山との間に「押し棒」と呼ぶ鉄パイプを入れ，反りを防止する．操業が進行すると今度は逆に内側が収縮し内に反るので「かな引張り」と呼ぶ鉄線で引っ張る．

5 操　業

木炭を上釜の中ほどまで装入し，午前11時30分送風を開始した．乾燥の際の火種が残っているのですぐに木炭の燃焼が始まり，徐々に炉の温度が上昇する．ホド穴にホド蓋をし，火勢を強くして木炭を炉一杯に装入する．ホド蓋は木炭の燃焼が盛んになり空気がホド穴から吸引されるようになると取り外される．ホド穴からはホド先の炉内が観察でき補修も行う．ここで作業員は皆着替えに行った．

午前12時30分，送風開始より約1時間後に金屋子神（図3-7）に拝礼し，「初種」と称する最初の砂鉄が装入された．小鉄町に集積してある砂鉄を数回種鋤で掬っては落して混ぜ，種鋤に半分ほど（約4 kg）掬ってたたら炉に運ぶ（図3-8）．オモテとウラのワテ，マエにそれぞれ各1杯ずつ計4杯装入し，その後木炭を竹簑（1杯で約15 kg）でオモテ，ウラ各1杯ずつ装入した．砂鉄は長辺の壁際から約15 cm辺りに壁に沿って入れる．木炭は壁際から装入するので炉の長辺壁に並行に中央は凹んでいる．この後30分ごとに砂鉄と木炭の装入を繰り返した．砂鉄と木炭の装入量および送風量には標準的な値があるが，村下がすべて判断し，数回小鉄町と炉の間を往復し砂鉄を装入する．それが終わると村下の合図で炭焚が木炭を炉一杯に装入する．

操業は木原表村下と渡部裏村下で炉の長手方向に対し半分ずつ担当する．木炭と砂鉄の装入量の記録は，炉をオモテとウラ，ワテとマエに4分割して行った．

砂鉄は羽内谷鉱山から採取された真砂砂鉄で磁力選鉱されている．砂鉄乾燥場でミキサーにより適当な水分が加えられる．木炭はナラやクヌギ等の雑炭で，炭町でスコップなどにより拳大に粗く砕かれる．

標準操業では，送風開始より約20時間までを「籠り」，以後16時間までを「上り」，以後28時間30分を「下り」に3区分し，各区分で砂鉄に含ませる水分量を調整している．靖国鑪までは「籠り」を「籠り」と「籠り次」に分けて4区分で操業しており，それぞれに異なった種類の砂鉄を用いた．

午後4時，ホド穴から温度測定を行った．1250℃であった．村下がホドを「ホド突き」と呼ぶ先の尖った細い鉄棒で常に掃除をしていた（図3-6）．午

図 3-7　高殿内の金屋子神の神棚（ワテ側小鉄町の上にある）

図 3-8　小鉄町の砂鉄

後6時，車で宿に帰った．夜間の状態調査はたたら場の記録帖を利用した．午後7時に初ノロが出た．午前0時15分に中湯路を閉じ，四つ目湯路に切り替えた．2つの湯路を繋いで深さ10 cm位のU字型の溝を掘る．ここにノロが自然に流れ出す．湯路は木炭粉で堰を築く．隙間からイズホセと呼ぶ炎が勢い良く噴出している．この頃上りに入った．

2月4日木曜日午前9時，ウラとワテの湯路の温度は1358℃を示した．炎は山吹色で炉の状態は順調である．昨日の大雪で積った雪が大きな音を立てて落下していた．午後7時，ホド穴からの温度は1377℃で徐々に上昇している．

2月5日金曜日，早朝から炉況は良くない．オモテの炎が弱い．10時40分回復，下りに入る．午後も操業が不安定である．ノロの温度は1250℃程度に下がっている．筆者は少々疲れ気味である．

2月6日土曜日午前3時にたたら場へ行くと，炉の調子が悪くウラ側の炎が出ていない．木原村下の話では，午前0時頃，突然このような状態に陥り，結局回復しなかった．午前3時半砂鉄装入終了，両村下は金屋子神に一礼した．5時17分送風止め，6時多くの見学客が見守る中で炉の解体が始まった(図2-2)．

炉壁の底部，筋金近傍を先端の尖った道具で突く．数cmで真っ赤に加熱した壁土が見えた．シャッターが開放され，解体が始まった．まず，かな引張りと木呂管を外し，ツブリを撤去する．引掛棒でワテ側の壁を崩す．崩れ落ち真っ赤に焼けた大きな塊は，木製の大きなえぶりで引掛けて，てきぱきと建屋の外に運び出される．次にマエ側の壁が崩される．ワテ側にトタンを敷き，その上に鉧の上に残っている真っ赤に燃えている木炭を落とす．これは再利用する．最後に側面の壁を崩す．炉底に横たわる大きな鉧の半分は炉床に沈んでいた．すべてが終わり，関係者一同金屋子神に礼拝し，お神酒を頂戴した．

9時，クレーンを使って鉧出しが始まった(図2-4)．外に引き出した鉧塊はまだ熱い．年度最後の「代」の操業後は，炉床をかまぼこ型(半円筒)の「ナメクジ」で覆い密閉して1年後の操業まで保存する．

表 3-1 に操業の記録を示した．また図 3-9 には，砂鉄，木炭および早種の装入量を操業時間に対して表した．操業を見ると，送風開始から 9 時間後（1 日目 19：00 頃）に初ノロが出ており，また，23 時間後には鉧が成長している時に発するチンチンあるいはジジジという「しじる」音が聞こえ操業は順調に進んでいることがわかった．しかし，33 時間目（2 日目 20：40）から約 6 時間ウラ・マエの砂鉄量が減量され，40 時間目からはオモテ，ウラともに 5 時間ほど木炭の装入量を減らしている．その後は砂鉄，木炭ともに装入量が非常に不安定になっている．58 時間目にはついにウラへの砂鉄と木炭の装入を一時中止するが炉況は回復せず，67 時間目で送風を停止した．結局，この時の操業は実質 2 昼夜半で終了している．これは通風に支障を来したためである．また，今回の操業では最後までホド穴の木栓は外されなかった．

炉解体後の元釜の炉壁は羽口上約 10 cm の辺りで最も厚さが減っていたが，まだ 10 数 cm の厚さが残っていた．また，羽口での厚さは 15 cm 程度であった．鉧は幅約 90 cm，長さ約 2.5 m，厚さ約 50 cm あり，オモテの方

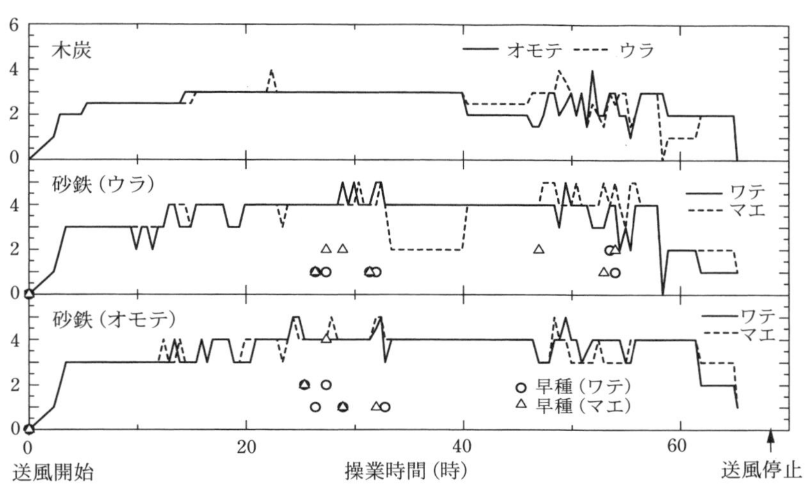

図 3-9 日刀保たたら操業（平成 11 年 2 月 3 日～6 日）における木炭，砂鉄および早種の装荷量（杯）（鉄と鋼, **86**（2000）, 64）

表 3-1　日刀保たたら操業の記録（1999年2月3日～6日）
（鉄と鋼, **86** (2000), 64）

1日目

8：30	乾燥した中釜の上に上釜を築く.
9：13	長目の木炭の燃焼した方を下にしてV字型の炉壁に並べる.
9：30	拳大の木炭を中釜まで入れる.
10：00	ツブリ台，木呂管設置完了.
10：17	送風開始（ホド穴に木栓をする.） 12回 / 分 (775 m^3/hr)
10：30	上釜中程まで木炭を入れる.
11：30	上釜一杯に木炭を装荷.
12：33	初種（オモテとウラに種鋤で砂鉄各1杯）と木炭を簑に各1杯装荷.
13：17	砂鉄各2杯と木炭各2杯. 中湯池に粘いノロ. 中湯池温度1175℃. 中湯池から出る炎に鉄が酸化する時発する沸花あり. 送風量12回 / 分 (775 m^3/hr) 送風圧12 cm水柱.
13:40	砂鉄各3杯と木炭各2杯. 以後30分ごとに砂鉄と木炭を装荷.（“籠り”に入る）
14：50	中湯池から鉄棒を挿入し炉底に風が回るようにした. ノロ粘く珪石粒多い.（試料No.1）頻繁にホド穴の掃除をする.
15：38	以後木炭量を各2.5杯に増加. ホド穴より燃焼している木炭上に還元した砂鉄が炭素を吸収して液化し丸く光って見える.
16：15	表湯池付近に溶融ノロの溜まりがある. 黒くガラス化しているが珪石粒多い.（試料No.2）
17：00	この頃頻繁にホド穴の掃除を行う. 村下がウラの木炭の大きさが大きいと注意.
19：00頃	オモテより初ノロ流出.
23：40	この頃から砂鉄各4杯木炭各3杯に様子を見ながら徐々に増加させた.（“上り”に入る）

2日目

0：15	中湯路から四つ目湯路にノロ出し口を変更.
8：38	送風量12.5回 / 分に増加. 炎は山吹色で操業は順調. 送風量約775 m^3/hr 送風圧6.5 cm水柱. オモテワテとウラマエのノロ流出. ノロの出ている側の炎は大きい.（試料No.3）
8：55	ウラワテ湯池温度1358℃
9：22	ホド穴より“チンチン”と“しじる音”が聞こえる. 炎は山吹色.
10：07	送風量13.5回 / 分に増加 (872 m^3/hr). 炎が少し赤みを増す.

11：30　この頃より“早種”を度々使用する.
14：03　送風圧 12 cm 水柱.
18：59　オモテマエ端のホド穴温度 1377℃.
20：40　ウラマエの砂鉄装荷量を 2 杯に減量．以後回復するが，木炭量をオモテとウラそれぞれ 2 杯と 2.5 杯に減量.

3 日目
～ 2：10 まで　早朝から炉況悪い．表の炎が弱い．9：28 頃回復.
9：14 ～ 10：10　オモテワテとマエの砂鉄量各 3 杯に減量．木炭も 1.5 杯に減量．送風圧 9 cm 水柱.
10：40　回復．砂鉄オモテワテ 4 杯, マエ 5 杯, ウラワテ 4 杯, 5 杯マエ.（“下り”に入る）以後砂鉄量をそれぞれ 3 ～ 5 杯に調整し，それに伴って木炭量も 1.5 ～ 4 杯の間で調整.
11：37　オモテワテのノロ温度 1266℃.
13：00　ウラワテの木炭が順調に落ちない.
13：40　回復.
14：25　オモテワテ，ウラマエ湯池ノロ温度 1248℃．オモテワテホド穴 No.1 温度 1274℃．送風圧ワテ 9 cm, マエ 6 cm.
16：30　オモテマエ湯池温度 1300℃，ウラワテ湯池温度 1245℃.
17：40　ホド穴からの噴出し弱い.
18：09　送風量 14 回 / 分（904 m^3/hr）に増加したが, 20：00 に 13.5 回 / 分（872 m^3/hr）に戻した.
20：30　ウラワテ，マエともに砂鉄，木炭装荷せず．以後，砂鉄各 2 杯に木炭 1 杯に減量．ウラの通風状態が悪化.
24：00　砂鉄と木炭をオモテ，ウラともに減量.

4 日目　状態回復せず.
3：37　通風状態が全体に悪化．青い炎が少し出る程度．オモテはしじれ音弱い．ウラは風の音のみ．砂鉄をオモテ，ウラのワテ，マエに各 1 杯を装荷し，終了．木炭装荷せず．送風量 13 回 / 分（839 m^3/hr）．送風圧ワテ 8 cm，マエ 7 cm 水柱.
4：15　オモテマエよりノロ流出．（試料 No.4）
5：00　送風量 12 回 / 分（775 m^3/hr）に減らす.
5：17　送風停止.
5：50　炉の解体開始.
9：15　鉧出し.

がウラより厚かった．なお，オモテ・ワテ側に「やまぶし」と呼ばれる突起が生成していた．これは，操業の終わり頃装入された砂鉄が還元して積もったものである．

6　炉況判断

1）炎の観察

木炭は炉壁近傍に装荷されるため炉中央部分は凹んでおり，炎は中央部と炉壁近傍で勢い良く上がる．炎の上がり方は両壁近傍で対称でなく，オモテとウラでも偏っていた．炎の色も場所により微妙に異なりこれらを均一にするべく砂鉄や早種の装入量が調整された．村下は多年の経験から，炎の色は「ヤマブキボセ」あるいは「キワダボセ」（木の名前で黄色をしている）とも呼んで，赤みが少なく黄色の強いものを良い炎としている．これは，銑とノロが順調に生成していることを示している．そして状態を持続するために砂鉄の装入量と送風量に気をつけている．操業初期では赤みの多い炎で次第に山吹ボセに移行する．この時期は，昭和 56 年日刀保たたら 1 代目の操業において実施した炎の色の推移調査から，送風開始後 8 ～ 9 時間で起きており，以後の操業においてもほぼ同様であることが確認されている．

炉の状態と対応について木原村下から聞いた．

①操業が順調の場合

ヤマブキボセあるいはキワダボセのときは砂鉄・木炭・風の量が適当で操業が順調なことを示す．操業 4 日間において炎の色は多少異なり，籠り期は赤黄色であるが，上り期は赤色が少なく黄色が強くかつ火勢が強くなる．下り期は上り期とほぼ同じである．

②操業が不調な場合

炎の色が，黒みがかる場合「黒ボセ」といい，砂鉄の装荷量が多すぎるときにおこる．これをヘビーチャージという．一方，炎の色が赤みがかる場合「赤ボセ」といい，砂鉄の装入量が少なすぎるときに起こる．これをライトチャージという．炎が紫色がかる場合「ヤカンボセ」といい，風が足りないときあるいはライトチャージのときに起こる．このとき木炭の表面に灰が残り白く見える．

③回復の仕方

黒ボセのときはやや砂鉄を減量し，赤ボセのときはやや砂鉄を増量し，ヤカンボセのときは風をやや強くし，砂鉄は増量しながら様子を見るが，早く回復させる必要があるときは早種と呼ぶ乾燥した砂鉄を使用する．

2）ホド穴の観察

①操業が順調な場合

村下はホド穴が満月色の状態で続くことが最も良いとしている．この色は炎が山吹色をしているのと同様に砂鉄がよく炉内で還元し，炭素を十分吸収していることを示している．そのために村下はホド穴の管理を入念に行う．通風状態が良い場合，ホド突きをホド穴から炉内へ挿入したとき炉の奥深くまで通る．ホド突きをホド穴から引き抜いたときホド突きの先に火花が確認できる．ホド穴にノロが垂れ下がるように付着する場合でも，ホド突きの先に着いたノロはパリパリと剥れるような感触で簡単にとれる．鉧の成長の具合は，ホド突きをホド穴深く差し込んだとき，磁石のように吸い付くような感触によって判断する．

②操業が不調な場合

ホド穴から覗くと中が黒い色をしているときはまったく不調な場合で，砂鉄が足りないか逆に「生鉱降（なまこおり）」と言って砂鉄が溶けないでそのまま降りてきているときに起こる．赤黒く見えるときはヘビーチャージを起こしており，黄白色で光り輝き過ぎるときはライトチャージを起こしている．ホド突きは炉の奥深くまで通らず，ホド穴にノロが粘りついてホド突きで突いても粘って取れない．ホド突きでホドを突き引き抜いたときに先端に粘いノロが多量に付着している．

③回復の方法

ヘビーチャージを起こしているときは，やや軽めに砂鉄を装入し，また砂鉄に湿り気を与えて，砂鉄の降下を遅らせる．ライトチャージを起こしているときは，やや多めに砂鉄を装入するか，早種を使用する．ホド穴が黒く見える場合には，ホド突きと「打ち貫き」という道具を用いて，ホドの中のノロを完全に除去して通風を良くし，同時に隣の状態の良いホドを保全して状態の悪いホドを蘇生させる．ホドの状態は連鎖的に回復させることができる．逆に不良のホドをそのまま放置しておくと，吹けが悪くなり温度が低下してバランスが崩れ，送風を阻害するので次々と隣のホドへ伝染することがある．

④ホド穴の管理方法

操業約 70 時間におけるホド穴の管理で重要なことは，良い通風状態を常に保つことであり，そのためにはノロの除去の他，次のことが心がけられる．

i) 細長いホド穴の底部（カワラ）は常に平らに保ち，風が滑らかに送られるようにする．常にホド穴の中を観察しカワラに凹凸が生じたときはホド突き，竹ベラなど用い粘土で平らに補修する（ここで言うカワラは地下構造のカワラと異なる）．

ii) 炉の乾燥が進み，または炉壁が浸食されてホド穴の大さや形が変形すると，場合によっては順調な送風ができなくなる．細くなったときにはホド突きで削って広げ，太くなったときはホド穴の内側に竹ベラで粘土を塗って細くする補修作業を行う．

iii) 木呂管からの風漏れに注意する．木呂管は竹製で，その上に紙がまかれ，さらに粘土を塗って仕上げてあるが，ときにはひび割れを生じて風漏れが起こり，ホド穴へ適量の風を送ることができなくなることがごく稀にある．

3) ノロの観察

①操業が順調な場合

30 分おきに自然に安定して流出し，粘らず流動性の良いものが出る．色は黄赤色で，外観からは蟹の甲羅のような皺（しわ）が見える．これを「蟹ノロ」という．蟹ノロを最も良いノロとしている理由は，イズホセに勢いがあるとき，つまり湯路穴からの風の抜けが良いときに押し出されるように流出し，十分溶融しているからである．なお，外観が蟹の甲羅のようになるのは，溶融した軟らかいノロの表面を強い風が流れることによって起こる現象である．

②操業が不調の場合

ノロが出ない，あるいはあっても少ない，また道具を用いても粘ってなかなか流れ出ない場合は，ライトチャージ，ヘビーチャージ等が考えられる．多く出すぎる時はヘビーチャージを起こしているときで，この状態が長く続くと鉧が十分成長せず，玉鋼の歩留りが低下する．赤味色が強く，輝きが弱く，ノロの塊を重く感じる場合は，主に未還元の砂鉄がノロへ流出している．総じて湯路からのイズホセの出が弱い．

③回復の仕方

「湯ハネ」という道具を用いて湯路を突き，固まったノロを除去し，ノロの流れを良くする．ノロの出が悪いときは，同時に湯路に近いホド（1番目から5番目くらい）もノロの付着，ヘビーチャージ，ライトチャージなどが原因で不調なときである．ホド穴の管理を十分に行い，ノロの通る道を作る．つまり風の通りを良くし，イズホセの出を活発にさせることによって出滓を促進させる．ただしあまりノロを出し過ぎると炉の温度が下がるので注意する．ノロ出しを終えたあとは湯路に木炭または粉炭を詰め，湯路を常に高温に保ちノロが固まらないようにする．

4)「しじる」音と送風音

砂鉄の溶ける音と炎の上る音を聞く．炉内で砂鉄が溶け鉧に成長していることを「しじる」という．良く鉧が育っているときは炉の外側で静かに聞いていると，2日目の始め頃より，ジジジという音がする．これを「しじる」と言い，多く聞こえるほど良い．音が聞こえないあるいは聞こえても小さいときは鉧の成長が不調なときである．またしじる音が高いときは同時に炎の上りも良く，「ゴー，ゴー」というリズミカルな送風音をたてる．反面音が不良のときは炎の上りも悪く，「グーゴー，グーゴー」という炉がきしむような音となる．これは炉が風を嫌い，風を受け付けない感じで，このときは木炭の降下も悪くなる．これらを回復させるにはすべての観察を総合的に行って判断する．

順調なときは同時に風の吸収（炉上への吹き上がり）と排出（湯路からの吹き出し）が良好であるときでもある．

鞴(ふいご)と電動ファンによる送風の基本的な相違は，鞴は脈動送風で強い風圧を出せるのに対し，ファン送風の場合は連続送風で風圧が弱いことにある．強い送風では，風が炉内へ送られたとき，充填されている木炭が，この風の力によって押しやられ，風の通りが良くなり燃焼効果が上がる．送風圧は水柱で6から12 cmある．たたら製鉄の送風，特に大型炉では，燃え上がった炭が風力によって押しやられ，次の弱風時に効率よく新しい炭が降下する状態をつくる．連続送風の場合はこの効果が少ない．そしてこれがたたら製鉄における「正しい呼吸法」と言われ，その音のあり方に注意が払われる．

7　早種による炉内反応の調整

早種は通常30分ごとの砂鉄装入時間の合間にホド穴や炎の状態等から判断して，砂鉄がうまく降下していない所に局部的に装入し炉況を早く回復させる．早種には十分乾燥した真砂砂鉄が用いられ，これは降下が早いことから早種と呼ばれている．基本的にはなるべくこの早種に頼らず，適度な湿り気を帯びた真砂砂鉄だけで通常の操業が行われる．日刀保たたらでこの技法を活用する重要性と理由については前述したが，これにはホド穴や炎の正しい見方が要求される．

早種を必要とする判断基準は，ホド穴の色（砂鉄の降りの少ないところは燃えが強く温度が上がり過ぎて黄白色に強く光り輝く），ホド突きで突いたときの感触（ノロの中に酸化鉄が少ないため粘りを感じる），炎の状態（炎の高さが低い）などにある．万一この診断に誤りがあった場合，逆効果となる危険性がある．特に最も注意を要する操業初期の籠り期にあっては基本的な技術を順守し，早種をなるべく使わないよう心がける．

8　ノロの組成変化と炉内状況

表3-2に操業の各段階で採取したノロの分析値を示した．試料No.1は送風開始後約4.5時間後に中湯路で採取されたもので，ノロは粘く珪石粒と金属鉄が多い．この時期，元釜の炉壁はまだほとんど浸食されていない．空気はV字形の炉底近傍の羽口から漏斗状に吹き上がっており，装入された砂

表 3-2 ノロ組成変化（日刀保たたら操業（平成 11 年 2 月 3 日～ 6 日））
（鉄と鋼, **86** (2000), 64）

No.	時間	T.Fe	M.Fe	FeO	Fe_2O_3	TiO_2	SiO_2	Al_2O_3	MgO	CaO	S
1	1 日 /14:50	72.71	62.72	5.31		3.27	12.79	3.07	0.45	1.52	0.022
2	1 日 /16:15	62.67	51.53	6.81		3.84	17.25	4.24	0.66	2.59	0.024
3	2 日 /8:38	12.40	1.82	11.11		1.67	59.39	13.50	0.89	3.01	0.012
4	4 日 /4:15	42.85	0.13	52.67		2.32	28.69	6.55	0.54	1.86	0.029
砂鉄（羽内谷産）		60.23		23.10	62.83	1.11	7.88	2.01	0.87	1.06	0.021
釜土（真砂）		4.11		1.58	4.12	0.47	64.00	17.69	0.99	0.19	0.016

鉄は還元されて鉄になる一方，砂鉄に混じっているアルミナを含む珪石粒などは酸化鉄と反応して，低融点スラグを形成する．しかし，温度が十分上がっていないため，未反応の珪石粒や，細かい金属鉄粒がスラグ中に懸濁する．永田たたら（第 9 章参照）のように炉を耐火レンガで構築し内部に粘土を内張りしない場合，生成するスラグは砂鉄中の成分だけで生成するので酸化鉄飽和に近いファイヤライト組成に近くなる．

試料 No.2 は 6 時間後の試料である．黒くガラス化しているが珪石粒がまだ多い．炉の温度が上がり，オモテ湯路付近にノロの溜りができ，ノロは生成しているが，未反応の珪石粒や，細かい金属鉄粒が懸濁している．この時点でも元釜の炉壁の浸食はほとんど進んでいない．

試料 No.3 は約 22 時間後に湯路から流出したノロである．すでに完全に溶融し，金属鉄成分が非常に少なく，シリカ飽和に近いファイヤライト組成近傍のノロが生成している．この時期では，炉底に鉧が成長しており，元釜の炉壁も 20％程度溶けている．その分だけホド穴も後退し鉧が厚くなっている．時間が経つと，羽口から漏斗状に上昇する空気は炉壁近傍を通るようになり，壁際の木炭を燃焼して壁の温度を上げるとともに，砂鉄中の酸化鉄と炉壁が反応してシリカ飽和に近いファイヤライト組成のノロを生成する．この反応は解体後の炉壁を見ると，羽口上約 10 cm 辺りで起こっている．羽口近傍に流れ落ちてきたノロと羽口上部で炭素を吸収した銑鉄粒は鉧と炉壁の間を流れ落ちる．銑鉄粒の一部は鉧に固着して成長させ，残った銑鉄は炭素濃度が上がって融点を下げ炉床に溜る．ノロは元釜の炉壁を溶解しながら炉床に溜まり湯路から流出する．鉧はこのようにして成長するので次第に厚くなり，横幅も広くなる．玉鋼は鉧の真中ではなくマエとワテ両側のそれぞれの中心部分に生成する．

試料 No.4 は，66 時間後に採取されたもので，この時期は炉の状況が悪くほとんど炎が立っていない状態で，最後にオモテ・マエから流出したノロである．溶融しており，金属鉄もほとんど含まれていないが，酸化鉄飽和に近いファイヤライト組成近傍のノロである．これは炉壁の温度が十分上がってなく，装荷した砂鉄が還元されずまた炉壁とそれほど反応しないでそのまま降下してノロになったものである．実質 58 時間で操業が終わったため，羽口における元釜の壁の厚さは 15 cm 程度残っていた．

たたら操業で最も重要なものは一に土，二に風，三に村下としている．そしてこの重要性について俵は『古来の砂鐵製錬法』[3] 第 4 章「鉧押し」の中で釜土の効用について「鉧は十分溶融する能はず従って自から爐(ろ)外に流れ出ずることなく漸次爐内に蓄積する．製錬作業の進むに従ひ爐壁の材料たる粘土は次第に浸蝕され一種の媒熔剤の働をなすべし．」と説明している．そしてさらに，「爐材は適当なる酸性媒熔剤に当たるべし．実地操業に於て之等熔剤の不足来し生成せる柄実の流動性悪しき時は，別に珪石の粉を砂鉄と共に加ふ．」と述べていて，土の選定には SiO_2 が重要な役目を果たすことを説明している．『鉄山必用記事』[4] は「水晶砂の交る土なをよし．」と述べているが，水晶砂とは SiO_2 のことである．釜土は風化の進んだ花崗岩から採取される．表 3-2 に釜土に用いる真砂の成分組成を示す．アルミナ約 18％を含む珪石であることがわかる．花崗岩と流紋岩は SiO_2 と $A1_2O_3$ がそれぞれ 70.18％と 14.47％，72.80％と 13.49％で，釜土のアルミナの組成はこれらの岩石より高いことがわかる．炉壁中の SiO_2 と還元した砂鉄中の FeO が反応してファイヤライト組成近傍にある 1178℃の共晶点のノロがでる．これに $A1_2O_3$ が溶解して 1083℃の共晶組成 48％FeO-40％SiO_2-12％$A1_2O_3$ に近づく．すなわち釜土は砂鉄と反応して 1083℃で溶解する．炉壁の温度が上昇すると SiO_2 濃度が増加し，SiO_2 と平衡するムライトが生成する（図 3-10）．

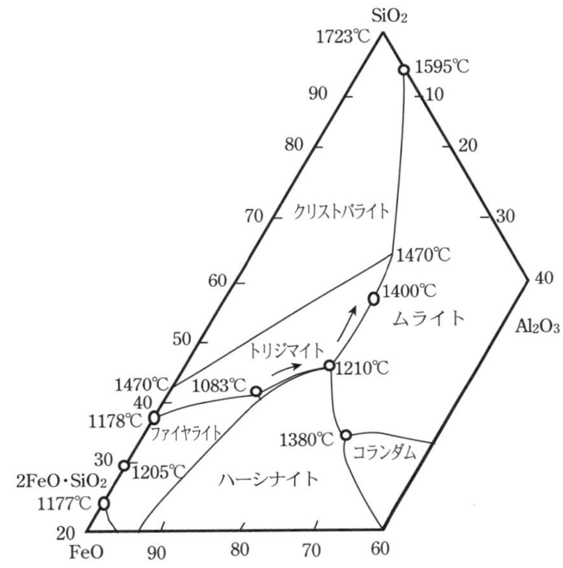

図 3-10　SiO_2-Al_2O_3-FeO 系状態図で示した釜土の溶解挙動

9　生産量と品質

炉を解体した後取り出される鉧は，玉鋼の 1 級品（炭素濃度 1.0 ～ 1.5%），2 級品（0.5 ～ 1.2%）および 3 級品（0.2 ～ 1.0%），玉鋼の小粒の目白，品質が劣る銅下と卸鉄用，さらに鉧の下部に生成する鉧銑からなっている．銑にはこの他，鉧の下に液体で溜まる裏銑と，ノロとともに流出する流れ銑がある．

平成 10 年度（平成 11 年 2 月）の 3 代分の操業での生産物とその重量を，平成 8 年度（平成 9 年 2 月）の 4 代分の平均と 9 年度（平成 10 年 2 月）の 4 代分の平均とともに表 3-3 に示した．銑はほとんどが鉧銑で流れ銑はない．各年度の平均値と比較すると，平成 10 年度の 1 代と 2 代の全生産量は例年並みである．3 代だけ操業状態が悪く生産量が落ちている．しかも，銑の生産量は極端に少ない．平成 8 年度と比べると，9 年度，10 年度と次第に玉鋼が少なくなり，銅下や卸鉄が増加している．また銑の生産量も減少している．

表 3-3 鉧から採れる製品の重量（平成8年度～平成10年度）(kg)
（鉄と鋼, **86** (2000), 64）

種類		平成10年度				平成9年度	平成8年度
		1代	2代	3代	平均	平均	平均
玉鋼（タマハガネ）	1級	277	360	237	292	497	811
	2級	397	363	301	354	570	504
	3級	972	854	618	815	601	228
目白（メジロ）		104	136	107	116	136	254
銅下（ドウシタ）		298	338	287	308	317	275
卸鉄（オロシガネ）		449	455	317	407	179	52
銑（ズク）		41	52	8	34	49	133
合計		2,538	2,558	1,875	2,326	2,349	2,257
使用全砂鉄					10,233	10,325	10,375
使用全木炭					10,545	10,725	10,413

玉鋼の1級，2級，3級は結晶性の良い不純物の少ない部分で，それぞれ炭素濃度(mass%) 1.0 ～ 1.5，0.5 ～ 1.2，0.2 ～ 1.0である．目白は玉鋼の小粒のもの．銅下や卸鉄用は炭素濃度が低い鋼で，大鍛冶で軟鉄にする．銑は鉧の下部にできた「鉧銑」である．

すなわち，還元した鉄への炭素の吸収量が減少している．この原因について考えられることは，炉内温度が低くなっており，炭素を吸収する領域および時間が短くなっていることである．このことは地下構造が築後20年以上経過しており，湿気の遮断効果が悪くなってきていることが考えられる．

日刀保たたらを復元した安部由蔵村下は，たたら操業の秘訣について次のように述べている．「人間飯を食べ過ぎても腹が減っても体調が狂う．たたらも同じで，砂鉄や木炭を入れ過ぎても足らなくても炉の調子は悪くなる．いかに無理なく砂鉄や木炭を入れることが大切」つまり「快食，快便が大切」である．

第4章　たたら製鉄復元への道

わが国古来の砂鉄製錬法であるたたら製鉄は，明治初期まで主要な製鉄方法であったが，安価な輸入鉄により経済的に成り立たなくなった．明治後期から電気炉精錬用銑鉄を製造するため，たたら炉を発展させた角炉が山陰地方に建設され，それまでの銑と鉧を生産していたたたら炉は，大正12年に商業生産を止め，大正14年頃を最後にほとんどが廃業した．

俵國一は，昭和8年に発行された著書『古来の砂鐵製錬法』[3]の緒言でたたら製鉄に寄せる思いを述べている．「砂鐵を原料とする古来の製錬法所謂たたら吹製鐵法は現時本邦に於いて全くその跡を絶ちたるものなるが，往古より明治初年に至るまで本邦所要鐵鋼類の全部を供給せしのみならず，製鐵原料として砂鐵のみを使用せしこと，製鐵爐(ろ)，送風装置の構造及其製造品の種類等，其方法たるや蓋し世界に於ける製鐵技術上獨特なる地歩を占めたるものとす.」

昭和6年に軍部の軍刀製作の要請により枯渇していた玉鋼を作るため砺波鑪，金屋子鑪，樋ノ廻(ひのさこ)鑪，叢雲(むらくも)鑪，八雲鑪が復活した．さらに昭和8年に靖(やす)国鑪(くにたたら)が設置され昭和19年まで118代操業された．昭和20年の敗戦による占領で進駐軍により日本刀の製造が禁止され，同時にその原料を供給するためのたたら製鉄操業はすべて終わった．

俵は，昭和21年に安来市の㈱日立製作所（現日立金属㈱）安来工場（現 日立金属工業㈱安来製作所）付属の展示施設として建設された和鋼記念館（現和鋼博物館）の設立を指導した．俵のたたら製鉄への思いは，戦後，弟子である雀部高雄東京大学教授によるたたら製鉄復元実験の実施へと繋がり，昭和44年10月25日から11月8日にかけ社団法人日本鉄鋼協会は，たたら製鉄の技術を解明すべくたたら製鉄の復元実験を行った．

一方，昭和23年に財団法人日本美術刀剣保存協会が設立され，昭和28年に日本刀の製造が許可されたが，たたら製鉄は再開されなかった．しかし，次第に日本刀の原料である玉鋼が不足し始めたため，日本美術刀剣保存協会は，島根県仁多郡横田町にある鳥上木炭銑工場内に残されていた靖国鑪（やすくにたたら）の遺構を利用したたたら炉の復元を行った．そして，昭和52年，敗戦から32年経ってたたら製鉄を復元することに成功した．その目的は，国の重要無形文化財に指定されている日本刀の製作技術を材料の面から保護し，あわせてたたら製鉄技術者の伝承者を養成することであった．主要生産物は鉧であり，それまでの銑と鉧を半々作っていたたたら製鉄とは異なっている．ここに復活したたたら製鉄を「日刀保たたら」と言う．この技術は，国の選定保存技術に指定され，平成31年2月までに160回の操業が実施された．

本章では，これらのたたら製鉄の復元に情熱的に関わった人々と，30年近くの操業の空白と，使用する原材料や操業条件が大きく異なった中で，たたら製鉄を成功させた村下の苦労を辿る．なお，たたら操業の記録作成については，社団法人日本鉄鋼協会が昭和46年に発刊した，「たたら製鉄の復元とその鉧について」と題する報告書にみることができ，これは，昭和44年10月から11月にかけて同会が実施した3回のたたら操業の記録を克明にしるしたもので，36年経た今日にあっても不動の大作の書となっている[5)]．そしてその内容は，物質精算，鉱滓の組成，熱精算，炉内反応について解析している．

1　靖国鑪の建設と製錬技術

靖国鑪は，たたら製鉄が大正12年に商業生産を終えた後10年間の空白をおいて，軍部の要請で軍刀の材料となる玉鋼を製造するために新たに建設された施設である．すなわち復元たたらである．その操業技術は，明治期の鉧押し法の砺波鑪（となみたたら）をほぼ踏襲しており，生産品は銑と鉧半々である．しかし，採算は取れていなかった．当時すでにたたら製鉄は行われておらず，残っている玉鋼は劣等品であった．この建設は陸軍省を主務官庁とする（財）日本刀鍛錬会が㈱安来製鋼所（現 ㈱日立金属安来製作所）と協議の上行われた．

菅谷たたらを経営していた田部長右衛門に依頼することも検討されたが，同製鉄所所長の工藤治人工学博士が中央刀剣会（明治38年設立）の評議員であったことも影響していると考えられる．玉鋼は日本刀鍛錬会に納められ，終戦までに8,100振の軍刀が作られた．当時，昭和6年に満州事変が起こり，昭和8年にわが国は国際連盟を脱退している．昭和13年には「原炉（はらろ）（叢雲炉（むらくもろ））」と「砺波炉（となみろ）」が再興された．

明治後期におけるたたら製鉄操業の記録は俵が主に銑を製造する「銑押し法」と銑と鉧を半々製造する「鉧押し法」に分類して記録している．一方，日刀保たたらは日本刀の材料を刀鍛冶に供給する目的なので9割が鉧である．生産物が異なっているので当然操業方法も違っている．そこでこれらの中間にある靖国鑪と日本鉄鋼協会が復元したたたら製鉄の操業を調査することは戦前と戦後の技術的な繋がりを解明する一助となるであろう．しかし，現在，靖国鑪の詳細を示す資料は多くはない．工藤治人が昭和9年に著した『日本刀の原料』[12]と日立金属工業㈱安来工場（現㈱日立金属安来製作所）の小塚寿吉が昭和41年に発表した「日本古来の製鉄法“たたら”について」[11]，および日本美術刀剣保存協会たたら課長の鈴木卓夫の学位論文[6]を基に，復元された靖国鑪の技術を明らかにする．

1）計　画

靖国鑪は，陸軍省が管轄する財団法人日本刀鍛錬会（理事長は柳川平助陸軍中将，常務理事は沖縄守備軍司令官となる牛島満中将，理事は靖国神社宮司賀茂百樹）が建設した．その目的は，将校等に軍刀を供給するためであった．たたら製鉄業者は昭和14年頃にはすべての操業を完全に終え廃業しており，また，昭和8年当時その材料となる玉鋼はほとんど枯渇していた．昭和8年3月11日に提出された日本刀鍛錬会主事の倉田七郎の報告書「玉鋼及蹈鞴（たたら）現状概要」によれば，当時，玉鋼の優良品は売り尽くしており4等品以下の物しかなかった．同鍛錬会に約300貫匁（1.2トン），安来町松浦弥太郎商店に500から600貫匁（2.0～2.4トン）あったが4等品はその1割であり，雲州（島根県）仁多郡吉田村の田部長右衛門の倉庫に110トンあったが4等品はその1から3割，すべて合わせても20トン程度しかなかった．4等品で名刀を作製できるか疑問視している．

村下も65から75歳で老齢化しており，技術伝承を考えると時間がないとしている．当時村下は亀山秋蔵，安藤仙太郎，細木文之助，後藤林市，安部由蔵がいた．

砂鉄は風化した花崗岩中に1%程度含まれており，「鉄穴流し（かんなながし）」という方法で谷や川の水流を利用して比重の大きい砂鉄を川底に沈殿させ濃縮させた．そのため大量の土砂が下流に流れるため，水質汚濁と川床埋堆が問題となり昔から流域の農民と紛争になっていた．そこで，春夏は川で採取し，秋冬に山を崩して砂鉄を採取することで折り合いが付いていた．これを一旦中断して再開すると抗議が起こる．実際，安来製鋼所鳥上分工場の砂鉄採取に抗議が起こっていた．したがって，慣習的権利として速やかに再興すべきであるとしている．

たたらの設置場所について，当時，伯州（鳥取県）日野郡印賀村近藤寿一郎経営のたたらの土台（地下構造）と大中小の銅場（どうば）等と，吉田村の田部長右衛門経営のたたら小屋（高殿）と大中小の銅場等が残っていた．しかし，当時周辺の山林はほとんど伐採されており，角炉を操業していた安来製鋼所鳥上分工場や木次工場では木炭不足に陥っていた．田部家は当時でも広大な山林を所有しており，大正10年にたたら製鉄業を廃業した後は村下等技術者をその山林で製炭業に従事させていた．また，その山林内で鉄穴流しを行うこともできた．

たたら設備をすべて新設すると当時の金額で約1万円掛かると見積っている．現在の価値では4,850万円である．実際には予算11,200円に対し14,806.47円（同7,200万円弱）かかった．一方，田部家の既存設備を使うと2,3千円の経費で済む．この当時のたたら製鉄操業では1代で鉧1.5トンと銑2トンを生産したが，日本刀製造に使える玉鋼は0.5トンである．残りは安来製鋼所に洋式製鋼の原料として引き取ってもらわねばならない．1代の操業経費は約1,000円を見込んでいた．実際は888円，現在の価値で430万円なので，トン当たり123万円になる．安来製鋼所に引き取ってもらうためには採算を無視した相当な廉価で売却しなければならない．当初，資産家である田部家に国家的事業として名誉なことであるからとして経済的な負担を期待していた．

結局，安来製鋼所に採算可能な価格で買い取らせることにして，鳥上分工場にたたら製鉄の設備を新設することになった．この時の所長は中央刀剣会評議員でもあった工藤治人で，日本刀鍛錬会から名指しで工藤に依頼があった．

昭和 8 年 5 月 6 日に第 4 回理事会が靖国神社遊就館で開催され，たたら再興に関する件が論議された．第 5 回理事会が 6 月 30 日に開催され予算の変更がなされた．そして，7 月 21 日に（財）日本刀鍛錬会と㈱安来製鋼所との間で玉鋼生産に関する協定が締結された．なお，靖国鑪は地名から「大呂(おおろ)鑪(たたら)」と仮称されていた．靖国鑪という名称は昭和 9 年 3 月の第 7 回理事会で命名された．

2) 建　設

建設工事は昭和 8 年 7 月頃より始まった．「大呂鑪設置予算書」には，この地が「水路小河の間落差平均貳拾(にじゅう)尺を有する土地を切崩埋立をなす」場所であり，水車動力を使う水利の便がある．昭和 9 年 3 月の第 7 回理事会で報告された「靖国鑪工場建設勘定」によると，高殿は木造鉄骨小屋組立平屋 36 坪となっており，6 間角とすると一辺 10.9 m である．小塚は，鉄骨トタン葺でその大きさはたたら炉を構築する主家が約 10.1 m 角で軒高 8 m，これに幅 3.6 m の下家を 3 方向に張り出した形であると述べている．下家には砂鉄置き場の小鉄町，釜土置き場の土町，木炭置き場の炭町および作業員休憩所が設けられている．これを図 4-1 に示す．図 3-2 は現在の日刀保たたら復元時の高殿で，主家は靖国鑪より少し広く下家は改造されている．主家はマエ–ワテ方向が 11 m，オモテ–ウラ方向が 12 m であり，下家は両天秤山のワテとマエ 2 方向に 2.73 m の幅で設置され，ウラ側下家は撤去されている．さらにワテ側下家に続けて砂鉄乾燥場がある．

靖国鑪では他に水車設備付き大小銅場，吹子(ふいご)水車と送風設備のある吹子場，砂鉄乾燥場，木炭倉庫，水路設備，金庫（鋼置き場）と事務所および金屋子(かなやこ)神社が作られた．

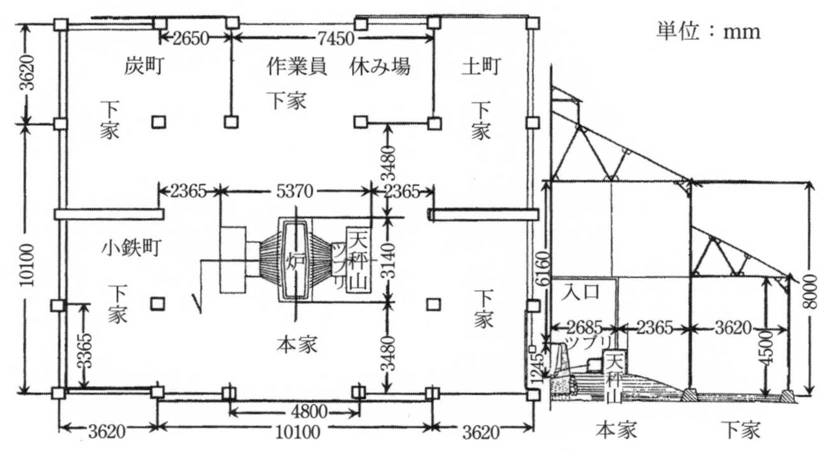

図 4-1　靖国鑪高殿[11)]

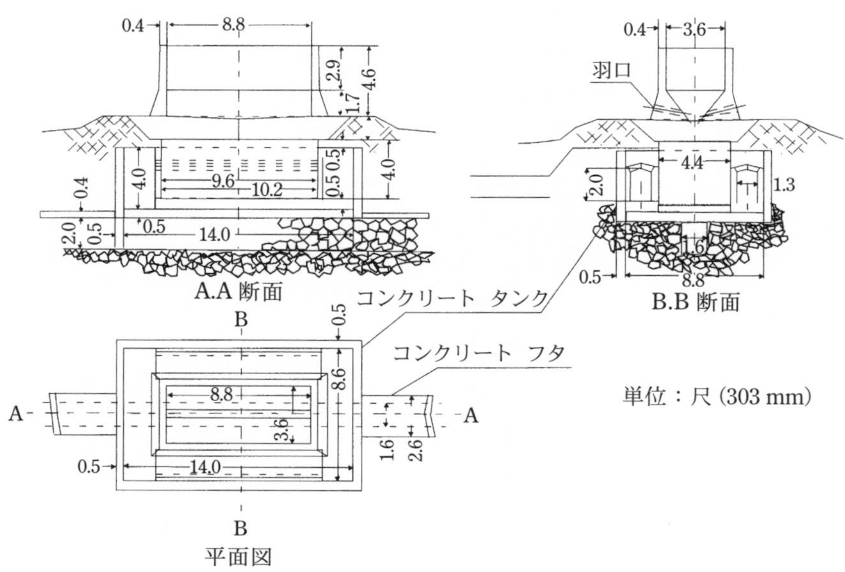

図 4-2　靖国鑪の初期のたたら炉の構造[12)]

靖国鑪の設計は工藤が担当した．地下構造について工藤は次のように述べている．「昔は爐を築く場所は排水の都合の良い處を選み基礎を大きく掘って捨石を澤山入れて湿気を抜くことと熱を保つことに非常に骨を折って居ります．尤もそれは「セメント」やコンクリート及び鉄板等のない時代のことでありますが，今日は之れ等を利用して防湿及断熱に適宜の方法を取れば工事は簡単に済みます.」そこで地下構造は工藤の考案により図 4-2 に示すように，内法マエ-ワテ方向 8.8 尺 (2.67 m)，オモテ-ウラ方向 14 尺 (4.24 m)，深さ 4 尺 (1.21 m)，厚さ 5 分 (15.2 cm) のコンクリート製箱の中に，幅 4.4 尺 (1.33 m)，長さ 9.6 尺 (2.91 m)，深さ 4 尺 (1.21 m) の鉄板製箱を置き本床とした．鉄板の厚さは 3.2 mm である．そしてコンクリート箱内の鉄箱の両側に高さ 2 尺 (60.6 cm)，幅 1.3 尺 (39.4 cm)，長さ 10.2 尺 (3.09 m) の小舟を配した．コンクリート製箱の下には幅 1.6 尺 (48.5 cm)，高さ 2 尺 (60.6 cm) の排水溝を設置した．コンクリート製箱の上には 1.5 尺 (45.5 cm) の盛土をし，本床上部は燃焼した木炭をシナエで叩き締め下灰作りを行った．この灰床の構造は，結局十分締めることができず銑鉄が侵入した．昭和 9 年 (1934 年) 時点では，工藤は「何等故障は起こりませんでした.」と言っているが，その結果は表 4-1 に示すように玉鋼の生産量は非常に少なく，昭和 11 年 (1936 年) 11 月に従来の床釣り様式に改築工事が行われた．

表 4-1　昭和 8 年～ 19 年に操業された靖国鑪の各年の操業回数と銑と鉧の全生産量および 1 代の平均生産量
(鉄と鋼, **87** (2001), 665)

年	玉鋼の全生産量 (kg)	操業回数 (代)	1 代の平均生産量 (kg)
昭和 8	1,500	7	214
9	1,687	7	241
10	1,650	7	236
11	1,913	7	273
12	3,563	9	396
13	5,399	11	491
14	8,061	15	537
15	5,500	12	458
16	5,500	12	458
17	5,812	12	484
18	4,500	9	500
19	5,625	10	563
合計	50,710	118	

注) 昭和 11 年 11 月に地下構造を作りなおした．

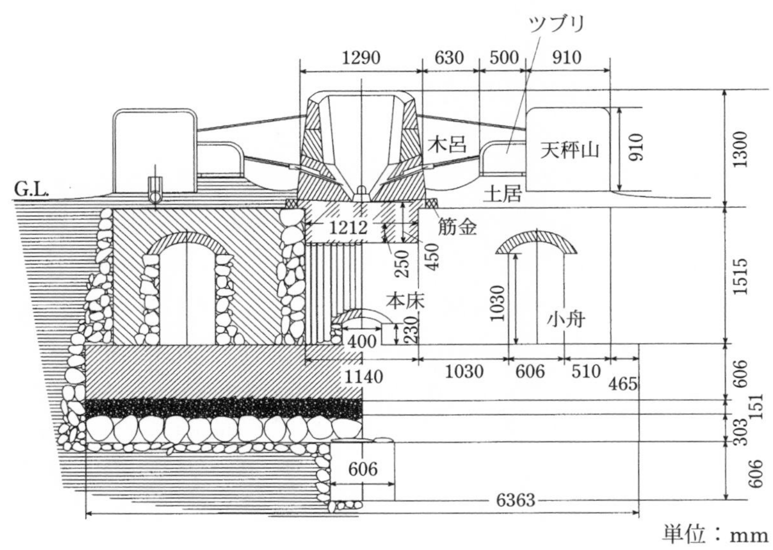

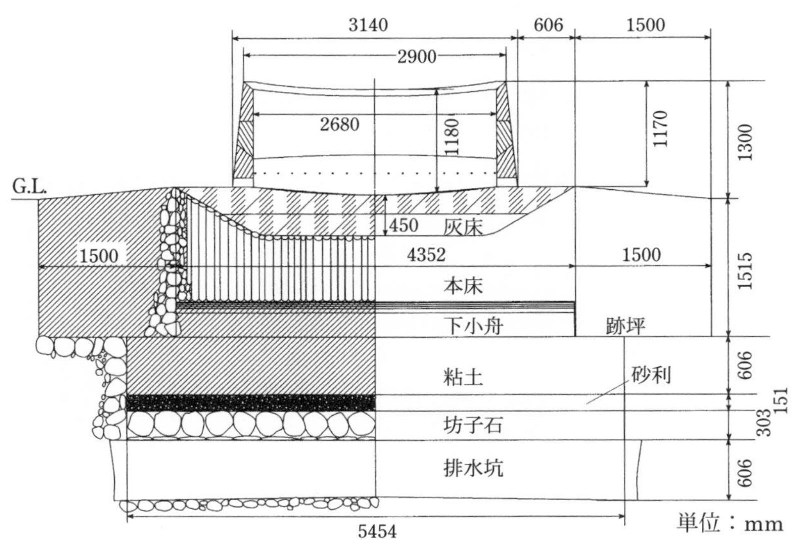

図 4-3 靖国鑪の改造後のたたら炉の構造 [11)]

改築した地下構造は小塚が記録している．図 4-3 に示すように，マエ-ワテ方向 21 尺 (6.36 m)，オモテ-ウラ方向 18 尺 (5.45 m)，深さ 10.5 尺 (3.18 m) に掘り下げ，その中央のオモテ-ウラ方向に 2 尺 (60.6 cm) 角の排水溝が設置してある．この上に坊主石，砂利，透水性のない粘土層のカワラがある．さらにその上に，中央に石組の本床 (長さ 15 尺 (4.35 m)，幅 4 尺 (1.2 m) 高さ 5 尺 (1.52 m) とその両脇に小舟 (幅 2 尺 (60.6 cm)，高さ 3.4 尺 (1.03 m)，長さ 15 尺 (4.35 m) が設置してある．小舟の両端にはそれぞれ 5 尺 (1.50 m) の跡坪がある．図 4-3 には，本床の底に「下小舟」が書かれているが，小塚が昭和 11 年に復元の模様を詳細にスケッチしたという「靖国鑪爐床および釜詳細図」にはない．日刀保たたらの復元時の調査ではこの下小舟は記載されていない．

工藤は銑押しを計画していた．そこで，最初のたたら炉は炉内があまり高温にならないよう，炉の高さも低く築いたとある．そこで炉の内法は幅 3.6 尺 (1.09 m)，長さ 8.8 尺 (2.67 m)，高さ 4 尺 6 寸くらい (約 1.39 m) とした．この炉の高さは従来の炉の高さ 4 尺 (1.21 m) と比べて非常に高い．昭和 11 年に改築した炉 (改築炉) は 4 尺の高さになっている．炉の土は硅石質の粘土を用いるが銑の成長に応じて次第に浸食されノロになるので耐熱耐火を目的としていない．

送風には直径 10 尺 (3.03 m) の水車を動力とするピストン型鞴(ふいご) 4 台を用いた．鞴は木製で幅 1 尺 2 寸 (36.4 cm)，高さ 2 尺 5 寸 (75.8 cm)，長さ 4 尺 (1.21 m) でピストンのストロークは 2 尺 (60.6 cm) である．1 ストロークの風量は 0.17 m^3 で，改築炉の鞴の 0.24 m^3 と比べると非常に小さい．改築炉ではストローク 3 尺 (90.9 cm) である．工藤は，波状送風は羽口を塞がれても圧力を上昇させて吹き飛ばせるが，連続送風式の「トロンプ」や「ファン」では圧力が掛けられないのでそれができないことを指摘している．風は鞴から直径 1 尺 (30.3 cm) の土管で天秤山に導かれ，風配りから木呂管で羽口に送られた．

初期の炉では羽口を両長辺壁にそれぞれ 20 本ずつ設置したが，改築炉ではそれぞれ 19 本の羽口が設置された．改築炉の羽口の穴の形状は管の中央まで断面が広がっている (図 3-4)．この羽口の形状は俵が記録している銑押し法の砺波鑪と同じである.

3) 操　業

昭和8年(1933年)12月13日火入れ式が催された. 村下は亀山秋蔵(島根県仁多郡鳥上村大字竹崎)と安藤仙太郎(同), 村下見習兼炭焚が安部由蔵(同), 他炭焚職2名, 小廻職2名であった. 昭和9年からは村下は細木文之助(仁多郡比田村大字西比田), 安部由蔵, 後藤林市(鳥取県日野郡多里村)に代った.

真砂砂鉄の採取は谷の流れを利用した比重選鉱法である鉄穴流しで, 昭和18年当時, 羽内谷等に41カ所あり, 鉄穴師(かんなじ)が290名いた.

第1日目, 午前6時頃に木炭を装入し送風を開始した. 水車を毎分10回転させるとしている. 日刀保たたらでは毎分12回転である. 小塚は, 地下構造改築炉で毎分23回転させているとしているが速すぎる. 約30分後, 火が炉の上面に上ってきたら初種である籠り小鉄の砂鉄を100 kg, 次いで木炭120 kgを入れた. 改築炉では最初, 砂鉄30 kgと木炭を100 kg装入した. その後30分間隔で, 2回目は70 kg, 3回目以降は90 kg装入した. 日刀保たたらでは, 真砂砂鉄48 kgと木炭約72 kgを入れており少なめである(砂鉄は種鋤1杯4 kgで, 木炭は箕に1杯10 ~ 15 kgである).

工藤は籠り小鉄について例として「出雲八川村鳥越砂鉄4分と比田村東比田の後山の砂鉄6分を混ぜたもので, 極めて柔らかい砂の多い砂鉄で鳥越の方は稍々(やや)赤目掛って居りますが後山の方は軟らかい良い砂鉄であります」とブレンドしていることを述べている. 籠り小鉄は鉄板の上で焙焼しておく. これは還元を容易にする手段である. この他の砂鉄は焙焼をしないが乾燥はしておく. 工藤は, 湿気を含んだものは装入の際うまく分散しないと言う. これに対し, 日刀保たたらでは真砂砂鉄を籠りに使う時適当な湿気を持たせている. 籠りは午後2時か3時頃まで続いた.

8時間から9時間で, 籠り小鉄を400から500貫(1.6から2.0トン)使った. 小塚は改築炉で7.5時間と記録している. 装入開始後, 調子が良いと約2時間で中湯路から初ノロが少し出始めた. その下に少量の銑があった. 改築炉では4時間後に初ノロが流出した. 日刀保たたらでは7, 8時間後に初ノロが出るが銑は出ない.

籠りの後，籠り次に入った．この小鉄は例として「東比田の一岩砂鉄5分と鳥越砂鉄5分を混合する．一岩の真砂（砂鉄）は上等で稍々軟らかい.」と述べている．この期間は8から10時間続き，砂鉄を400から500貫（1.6から2.0トン）装入した．水車の回転数は同じである．改築炉では7.5時間で，1回に砂鉄90 kgと木炭100 kgを装入した．日刀保たたらでは，籠りと籠り次を区別せず約20時間としており比較的長い時間であり，砂鉄64 kgと木炭約96 kgをやはり少なめに装入している．籠り次の終わり頃には湯路から銑が流れ始めるがまだ極めて少量であるが次第に多くなった．籠り次の終わり頃，中湯路を塞いで四つ目湯路を開ける．そして1日目夜半，「錬」（上り）に入った.

上りでは「錬小鉄」を装入した．これは例えば，「伯耆山上砂鉄7分と鳥越砂鉄3分を混合」したものである．この砂鉄は重いので1回の装入は30貫（120 kg）とし，水車回転数を毎分14回にした．改築炉ではこの期の終わり頃砂鉄を増量した.上りは約15時間続き2日目の午後3時頃までになった.改築炉では18時間であり，日刀保たたらでは16時間としている．この時期にはノロと同時に銑も多く流れ出るようになり，流銑は1回に10 ～ 20貫，全体でおおよそ300貫（1.2トン）になる．流銑はすべて蜂目銑で無数の小さな穴を持った非常に粘り気のある極優良な低燐銑である．この他，炉の中に溜まった銑は裏銑と呼び，硬い白銑で氷目銑と呼ばれる．これは長く炉内に置かれたため，燐濃度が高く品質が落ちる．日刀保たたらではすべて裏銑あるいは鉧の裏にできる鉧銑である.

この後，下りに入り，下り小鉄を装入した．硬い真砂砂鉄で，例えば「伯耆日野郡の牛首を6分，さらに出雲東比田の一岩同じく鳥上の林および萬歳の混合」を用いる．装入量は上りと同じである．風は毎分14から15回転と少し増加させる．この頃になると流銑はたくさん出てこない．主に鉧が生成する．釜出しの際に中湯路を開けて銑を流し出すこともあり，200貫（800 kg）位出て蜂目銑になるが品質は良くない．どのようにしても裏銑は20から30貫（80 ～ 120 kg）残る．3日目の午後12時頃終わるのを「夜仕舞」と

表 4-2　明治期のたたらと復元たたらの操業比較

たたら炉	操業段階	時間	砂鉄 (kg)	木炭 (kg)	流れ銑鉄 (kg)	鉧塊 (kg)	ノロ (kg)
砺波鑪 (天秤鞴) 明治 32 年 (1898 年)	籠り	5 時間 7 分	787.5	4,500	4：40 初出銑 33 時間 30 分；225 40 時間 30 分；170 46 時間 30 分；22.5		4 時間 40 分 初ノロ
	籠り次	4 時間 50 分	562.5				
	上り	17 時間 40 分	3,375	2,250			
	下り	38 時間 50 分	8,100	6,750			
	合計	66 時間 27 分	12,825	13,500	1,575*	2,137.5	15,200
價谷鑪 (天秤鞴) 明治 32 年 (1898 年)	籠り	約 24 時間	最初 2 回 洗い滓装入		1,125$		3 時間 15 分 初ノロ
	明押し	約 24 時間			1,125		
	降り	37 時間 20 分			2,250&		
	合計	85 時間 20 分	18,075+	18,000#	4,500	337	—
靖国鑪 (吹差鑪) 昭和 10 年 (1935 年)	籠り	7 時間 30 分	(籠り) 1,260	1,600			2 時間初ノロ
	籠り次	7 時間 30 分	(籠り) 1,350	1,500			
	上り	18 時間	(真砂) 3,378	3,600			
	下り	36 時間	(真砂) 8,923	8,200			
	合計	69 時間	14,911	14,900	1,600**	1,900**	—
鉄鋼協会% (連続風) 昭和 44 年 (1969 年)	籠り	22 時間 46 分	(赤目) 1,900	2,150.5			686.5
	下り	48 時間 35 分	(真砂) 5,328	5,538.9			4,117.5
	合計	71 時間 21 分	7,228	7,689.4	310	1,380	4,804
日刀保 (7 代) (吹差鞴) 昭和 53 年 (1978)	籠り	約 20 時間	(真砂) 1,997	3,752			
	上り	16 時間	(真砂) 1,983	2,988			
	下り	32 時間 55 分	(真砂) 3,907	5,575			
	合計	68 時間 55 分	7,887	12,315	(裏銑) 170	1,320	6,516

＊：裏銑を含む．＋：山砂鉄 2,775 kg と浜砂鉄 15,300 kg を混合これに少量の洗い滓を加えた．＃：内松炭 1,125 kg (最初の 3 時間使用)．$：6 時間 20 分初出銑．&：84 時間 55 分ヤリキリ (最後の出銑)．%：2 代．＊＊：靖国鑪地下構造改造後の平均値．

呼び，4 日目の午前 2，3 時頃終わるのを「中差」，明け方 6 時頃終わるのを「大差」と呼ぶ．大差では 3 昼夜 72 時間である．改築炉では下り 36 時間，全体で 69 時間である．日刀保たたらでは下りは 28 時間半，全体で 64 時間半である．

靖国鑪の操業経過を鉧押し法の砺波鑪と日本鉄鋼協会たたらおよび日刀保たたらで比較する（表 4-2）．銑押し法の價谷鑪も比較のため含めた．操業時間は，砺波鑪は 66 時間 27 分で他のたたらの約 70 時間より短い．また，生産量は砺波鑪と靖国鑪は銑と鉧合わせてそれぞれ 3.7 トンと 3.5 トンで多く，銑と鉧が約半々である．一方，戦後復元された鉄鋼協会たたらと日刀保たたらは，操業時間が長く，生産量は銑と鉧合わせてそれぞれ 1.69 トンと 1.49 トンと少なく，8 割が鉧である．明らかに操業方法が変化している．これは，後述するように，原料の砂鉄の種類にもよるが，需要が非常に少ないことにもよる．

4） 生産性と原価計算

靖国鑪の地下構造改築炉の生産物は操業全体で 1 代平均 3.5 トンのうち，流銑 1.3 トン，裏銑 0.3 トン，玉鋼 1.0 トン，歩鉧（銅下）0.7 トン，砂味（破砕の際出る粉鋼）0.2 トンである．玉鋼は全体の 29％である．これに対し，日刀保たたらでは，全体平均 2.5 トンの内，裏銑は 3 ～ 10％程度，玉鋼 1，2 級品合わせて 30％程度である．砺波鑪では全量 3.7125 トンの内，銑 1.575 トン，玉鋼 1.125 トン，鉧 1.0125 トンであり，銑が 42.4％，玉鋼が 27％である．このように比較してみると，靖国鑪は砺波鑪の技術を再現している．一方，日刀保たたらは，銑の生産量が非常に少なく玉鋼を主生産品とする操業である．

靖国鑪の製品の生産額予想と原価を表 4-3 に示す．これは昭和 8 年（1933 年）度の 7 代について昭和 9 年 2 月に作られた．松から梅（上）までの製品の単価は kg 当たり 1.64 円，平成 13 年では 7,967 円に相当し，現在の日刀保たたらの玉鋼 1 級品の値段 8,000 円とほぼ同じである．小塚によると昭和 19 年（1944 年）に日本刀鍛錬会に納めた 7 トンの玉鋼の単価は 1 kg 当たり 8 円である．彼は，昭和 41 年（1966 年）当時に年間 3 トンの玉鋼を作りその他を

表 4-3　玉鋼生産額予想ならびに原価（昭和 8 年 7 代分）（昭和 9 年 2 月末調べ）

<table>
<tr><th>品　名</th><th>数量
(kg)</th><th>合計数量
(kg)</th><th>製造費（円）</th><th>単　価</th><th>備　考</th></tr>
<tr><td>鶴</td><td>412.5</td><td rowspan="4">1,819</td><td rowspan="7">6,214.09
[30,188 千円]</td><td rowspan="4">6.15 円 / 貫
(1.64 円 /kg)
[7,967 円 /kg]</td><td rowspan="4"></td></tr>
<tr><td>松</td><td>412.5</td></tr>
<tr><td>竹</td><td>787.5</td></tr>
<tr><td>梅（上）</td><td>206.3</td></tr>
<tr><td>梅（下）</td><td>206.3</td><td rowspan="3">19,181</td><td rowspan="3">170 円 / トン
[825,860 円 / トン]</td><td rowspan="3">包丁鉄製造用</td></tr>
<tr><td>等外品</td><td>2,962.5</td></tr>
<tr><td>その他</td><td>16,012.5</td></tr>
</table>

注：[　] 内は平成 13 年の価格に換算した値である．

全部電気炉原料として使うと仮定すると，1 kg 当たり 1,077 円となり，昭和 9 年当時の価格と比較してそれほど違いはないとしている．

表 4-4 に 1 代の操業経費を示す．操業経費は 718 円で，その中で原材料費は 80％に上り，特に木炭代は 50％に達する．砂鉄代は 20％である．人件費は村下他や監督の報酬を入れて 10％程度である．鋼造り人件費に 10％である．一方，昭和 8 年操業開始時では表 4-3 から製造費が 1 代平均 888 円で，全製品が売れたとすると収入は 923 円なので 35 円の儲けである．表 4-3 の梅（下）以下の製品を安来製鋼所はトン当たり 170 円で電気炉用原料として引き取った．これは破格な値段である．表 4-4 の操業経費は 1 代当たり 718 円なので，その後の操業では 170 円の経費を節減している．888 円は平成 13 年では約 430 万円に相当するが，日刀保たたらでは約 700 万円掛かっている．表 4-3 の梅（下）からその他は 1 代で 2.74 トン生産されたが，その一部は大鍛冶で包丁鉄にされ，日本刀鍛錬会に納められて日本刀の芯鉄(しんがね)に使われた．

表 4-5 に明治 30 年の砺波鑪 1 代分の操業経費と生産品価格を示した．操業経費の内 46％が木炭，32％が砂鉄で原材料費は 83％になる．これは靖国鑪と同じである．人件費は番子や小鉄洗い，手代を入れると 11％であるが監督の報酬が入っていない．鋼造りと銅場関係での人件費で 6％である．操業経費は 121.3 円で，製品価格が 126.4 円なので 5 円ほど利益が出ている．

靖国鑪の操業は昭和 19 年までであり，その間の全生産量は不明であるが，

表 4-4　靖国鑪１代の操業経費

項　目	品　名	数　量	費用（円）	単　価
原　料	木　炭	3,000 シメ	387（53.8%）	10 シメ 1 円 29 銭
	楢割木	1,000 シメ	30　（4.2%）	10 シメ 30 銭
	籠砂鉄	2,000 kg	24　（3.3%）	1,000 kg 12 円
	真砂砂鉄	12,000 kg	120（16.7%）	1,000 kg 10 円
	釜　土	1,000 シメ	8　（1.1%）	10 シメ 8 銭
	小　計		569（79.2%）	
操業費	村　下	2 人	4.00 × 4 日	1 人 2.00 円
	炭　焚	2 人	2.00 × 4 日	1 人 1.00 円
	小回り	2 人	1.80 × 4 日	1 人 0.90 円
	人　夫	3 人	2.40 × 4 日	1 人 0.80 円
	小　計		40.80（5.7%）	
	鋼作り	60 人	54.00（7.5%）	1 人 0.90 円
	道具直し		3.00（4.2%）	
	小　計		57.00（7.9%）	
	箱　等		10.00（1.4%）	
	監督人件費		40.00（5.6%）	
	総　計		718.80（100%）	

吹き入れの際，3 日間，1 日 1,000 シメの楢割木（ならわりき）を焚き下灰となす．また，1 代毎に下灰の補給として楢割木を 1,000 シメ焚く．3,500 kg とする．

表 4-5　砺波鑪１代の操業経費と生産品の価格（明治 30 年）

項　目	品　目	量	金額（円）	割合（%）
原　料	木炭	13,500 kg	55.8	46
	砂鉄	12,825 kg	38.5	32
	薪，用土，雑費		6.1	5
	小計		100.4	83
操業費	村下	2 人	11.0	9
	炭焚	2 人		
	番子	6 人		
	小鉄洗い，手代	2 人	2.4	2
	鋼造り	4 人	4.8	4
	銅小屋人足	4 人	2.7	2
	小計		20.9	17
	合計		121.3	100
生産品	鋼	1,125 kg	65.0	51
	銑	1,575 kg	37.1	29
	鉧	1,012.5 kg	24.3	20
	合計	3,712.5 kg	126.4	100

玉鋼は50,710 kg生産した（表4-1）．等外品やその他は銑鉄で特に昭和14年以降は大量の包丁鉄が作られた．ここで生産された玉鋼は東京九段の靖国神社に設けられた鍛錬所で鍛えられ，終戦までに8,100振の軍刀が作られた．

2　日本鉄鋼協会のたたら製鉄復元実験

1）たたら製鉄復元の思い

日立金属工業㈱の小塚寿吉は，昭和41年に「日本古来の製鉄法“たたら”について」[11]という技術資料で昭和19年まで操業していた靖国鑪の操業技術を紹介している．小塚は戦前，工藤治人博士（国産工業㈱専務）を主導者として軍部の委託を受けて操業していた靖国鑪の技法を体験している．当時の状況を次のように述べている．

「このたたらが現在どうなっているか．これに使う要具はできうる限り保管しているが，その建家や設備は終戦時毀（こわ）してしまい今は何も残っていない．また，終戦まで10年の長きに渡って靖国鈩（たたら）で玉鋼を作っていた村下細木文之助もすでに3年前物故し，今残っているのは当時の炭坂，安部由蔵外1～2名，鋼作りの方も健在なのは2～3名である．彼等はいう「自分達は血の出る思いで，この技法を師匠から習った．しかし今は時代も違う，若者がこの技術を学び得度いというならいくらでも手に取って教えたい，それより，この技法が私達の代で絶えてしまうことを思う時実につらい」と．この小塚のたたらの技法再開を願う思いは非常に強かった．

2）計　画

雀部高雄教授は，炉内での還元・吸炭反応と鋼の粒状化（Nodulizing）を考えていたようで，将来は，必ず原子力エネルギーによる直接製鉄法の時代が来る，そのためにたたら炉内の反応の解明は必要であると言っていた．雀部の指示により昭和41年2～3月頃，小塚と東京大学生産技術研究所雀部研究室助手の中根千富と大蔵明光は再三にわたって島根県のたたら製鉄跡地を現地調査し，山砂鉄の採取方法の調査を行った．これはジェット採取法と称する手法で，山を崩壊させ雪解けで増水した小川に流し，山砂鉄が小川や斐伊川で比重選鉱されて良質な砂鉄が選別される．この砂鉄が日立金属工業㈱

の安来鋼に使用された（この「鉄穴流し」は昭和 47 年 3 月水質汚濁防止法により廃止された）.

雀部によりたたら製鉄復元計画の原案が作成された．これによると予算 1 億円程度で高殿の他，水車動力による鞴，鉧を割る大銅場などフルセットで建築する内容になっている．これは昭和 41 年に日本鉄鋼協会に提案されたが保留になった．雀部は計画実施前に他界した．

昭和 41 年 12 月中旬，東京大学教授松下幸雄，日本鉄鋼協会専務理事田畑新太郎，同会技術部員鈴木重治は，島根県菅谷地区，靖国鑪跡，砂鉄採取地区，和鋼記念館などを見学し，島根県知事田部長右衛門と懇談した．この訪問には小塚始め日立金属工業㈱安来工場の関係者が尽力した．当時，たたら製鉄操業の記録は同社鳥上分工場に設置した靖国鑪のデータしかなかった．安来工場側の提案で当時の冶金研究所に隣接する丘を整地して復元たたらを実施し，電源，分析，諸設備も借用が可能と考えた．しかし，実施場所決定寸前に変更を余儀なくされ，同社からの土地提供，諸設備の借用もできなくなった．

昭和 42 年に松下教授を委員長として「たたら製鉄法復元計画委員会」が設置され，7 月 11 日に「第 1 回たたら製鉄法準備委員会」が開催された．委員は，的場幸雄（富士製鉄），浅井浩実（八幡製鉄），堀川一男（日本鋼管），山本真之助（日立金属工業），小塚，蜂谷茂雄（日本ドラム缶），黒岩俊郎（アジア経済研究所），山口潔（鉄鋼連盟），大蔵である（代理出席の中に鉄鋼連盟から窪田蔵郎が参加している）．ここで，雀部教授の指示で作成された復元計画の原案が示され自由討議された（図 4-4）．このときの原案は小塚が作った．昭和 43 年 1 月 12 日第 2 回準備委員会と，第 1 回総務委員会（委員長蜂谷）が開催され，3 月 6 日の第 2 回総務委員会で予算の大綱について相談された．

4 月 11 日に第 1 回拡大幹事会が開催された．委員は松下，峰谷，田畑，神野修一（中国鉄鋼業協会専務理事），山口，山本，小塚，中根，窪田，鈴木，松原格（事務局）である．以後，復元実験終了後まで事業を担った．第 1 回と第 2 回（5 月 22 日）では建設場所の候補地選定が行われた．

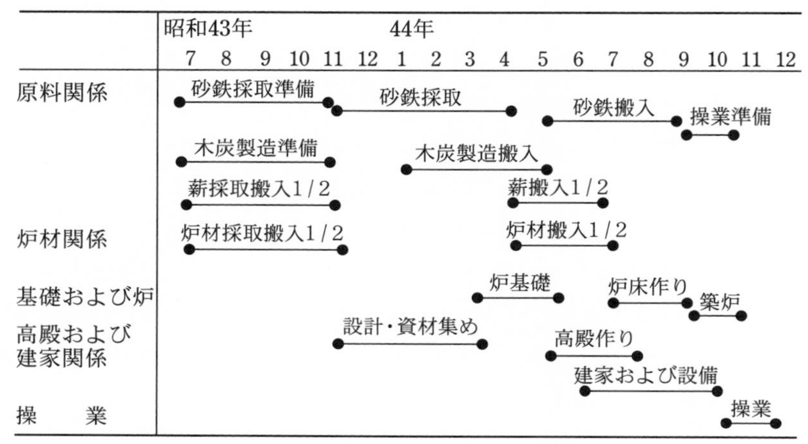

図 4-4 日本鉄鋼協会たたら復元計画工程表[5)]

予算は鉄連から復元実験事業に2,000万円(第3回(6月28日)), 記録映画作製のために鋼材倶楽部から400万円(第4回(9月3日))が援助された. 第4回では原料の手配, 建設土地の選定, 村下以下作業員の手配を始めることとした. また, 文部省の後援を依頼することも決定された.

これを受け昭和43年秋, 小塚は吉田村教育委員会を訪れ教育長の田部清蔵に会った. 建設場所は安来市の松浦氏角炉および銅場跡で, ここに高殿, 大銅場等を復元し, 5代を操業し記録映画を撮り, あわせて操業の究明を行うことが話された. この施設は復元実験後取り壊し, 安来の和鋼記念館の付属展示物として利用するとのことであった. 彼がここを訪れたのは当初予定していた村下が予想以上に体に障害をかかえ操業への参加が難しいことがわかり, また, 菅谷たたら村下堀江要四郎(当時82歳)が健在であったからである. 堀江は非常に乗り気であった. 小塚から送られた「たたら製鉄法の復元計画書」は予算総額3,622万円(記録映画撮影費含む)であった.

11月4日, 第5回拡大幹事会で, 場所が菅谷たたらに変更になった. 菅谷たたらは文化財に指定されているので11月2日文部省に高殿の使用許可を依頼したが認められず, 結局12月27日の第6回拡大幹事会で場所は別の場所を探すことになった．

昭和44年1月中旬，神野は田部県知事に協力要請をした．その結果，この事業に田部家が協力することになり，知事の指示で島根県教育委員会から吉田村教育委員会へ協力要請があった．堀江村下とたたらの修理経験がある大工の岡田好右(76歳)が協力することになった．田部家の協力は神野が知事に相談したことによる．

2月，県庁文化財係分室で協議が行われ，神野と小塚，石塚(県係長)が出席した．ここで2月中に場所を決定し3月中に工事に着手したい旨伝えられた．詳細な計画書と設計書は後日小塚が持参して説明することになった．2週間後，小塚は設計書を県庁に持参し，田部清蔵と石塚に説明した．田部は持ち帰り，岡田に検討を依頼した．設計書には水車動力や鞴送風，大銅場その他の施設が記されていた．

2月28日神野が来村し，関係者とともに場所の選定を行った．鞴や銅巻上げの水車動力のための水利，高殿建設のための広さ等を勘案し，菅谷たたらの高殿から約500m上流の菅谷川の畔に決まった．この経緯は3月14日第7回拡大幹事会で神野から報告された．しかし,工事は始められなかった．

5月中旬，鉄鋼協会の植木米吉総務部長が来村した．そこで，資金調達難のため計画変更が伝えられた．その内容は事業費1,500万円，映画撮影費500万円，場所の再決定，炉の小型化，それに伴う地下構造の縮小，水車動力鞴は取り止め，モーターによる連続送風，銅場は止め高殿のみ建設，たたら用木炭ではなく市場炭使用というものであった．結局，当初予算の半額以下になってしまった．連続送風と堅い市場炭，これで鉧吹きを行えるのか，田部は操業困難であると言った．植木は「専門家が検討した計画ですから風や木炭が違っていても鋼の質のことはわからないが鉧はできると思う」と述べている．翌日，田部は堀江にこの計画変更を伝えた．村下は絶句した．このような条件でたたらを吹いた経験はもちろんない．ここに植木も遅れて訪ねてきた．植木の事業実施の決意は固い．ついに堀江は協力を決意した．

3) 建　設

場所は，堀江の協力を得て菅谷たたら高殿から約500m町寄り，県道寄りの松原に決まった．高齢の堀江の自宅から 500 m 以内であった．この結果を受け，5 月 22 日，第 8 回拡大幹事会で，たたら建設，操業計画および予算案が審議された．送風機，分析機器，温度測定機器，その他諸設備は富士製鉄㈱広畑工場より借用することになった．鋼の破砕，分析，電顕解析も広畑研究所（神原健二郎所長）が全面的に協力した．

5 月 25 日，日本鉄鋼協会から植木，玉井金治（経理課長），吉田道一（技術部長，堀江要四郎の話を記録した『語り部』[14] では松平となっているが実在しない）が来村した．田部林産が薪，木炭および作業人夫賃を 240 万円で，岡田建設が敷地造成，地下構造，築炉，高殿の他，元小屋や事務室等の建設を 1240 万円で請け負った．請負契約は合計 1480 万円である（田部は「語り部」で合計 1740 万円と述べている）．5 月 27 日，田部，岡田およびその実兄の中村佐助は近郷の村下に協力を要請し，4 名の協力者，堀江（村下，83 歳），本間建次郎（炭坂，70 歳），福庭太造（村下，83 歳），中村（金造り，89 歳）を得た．

5 月 28 日敷地造成，6 月 4 日地鎮祭，6 月 5 日から本格的に工事に入った．7 月 3 日に高殿上棟式，地下構築を開始した．工事の進捗が速いため小舟乾燥用の材木や薪が間に合わなくなり，パルプ工場のチップ材を使った．地下構造と炉の断面図を図 4-5 に示す．図 4-3 に示す靖国鑪の本床と比べると少し異なっている．本来，150 cm 近くの高さで土居表面まで四方を石垣で積み，この上部の深さ 45 cm の舟底形の窪みに灰床を作る．しかし，鉄鋼協会たたらでは，石垣の高さが 130 cm で上部ほど薄い．この上部深さ約 40 cm に灰床が作られた．堀江はこれでは本床が締まらないと強く主張したが設計図どおり施工された．この結果は，やはり本床の締まりが悪く，3 代の操業後，灰床中心部深さ 37 cm の所に長さ約 170 cm，幅約 77 cm，厚さ 2 ～ 5 mm，重量約 60 kg の銑が侵入しているのが発見された．小塚は報告書の感想に，堀江に聞いたところ「人夫が灰床を締めるシナイ棒を重いからと言って勝手に 2 ～ 3 尺切り捨てて使ったためである」と書いている．

地下構造の工事が終わり，築炉作業が始まろうとする頃，当初計画時から確定していた真砂砂鉄が入手不可能となった．砂鉄はこれ以外にないことは

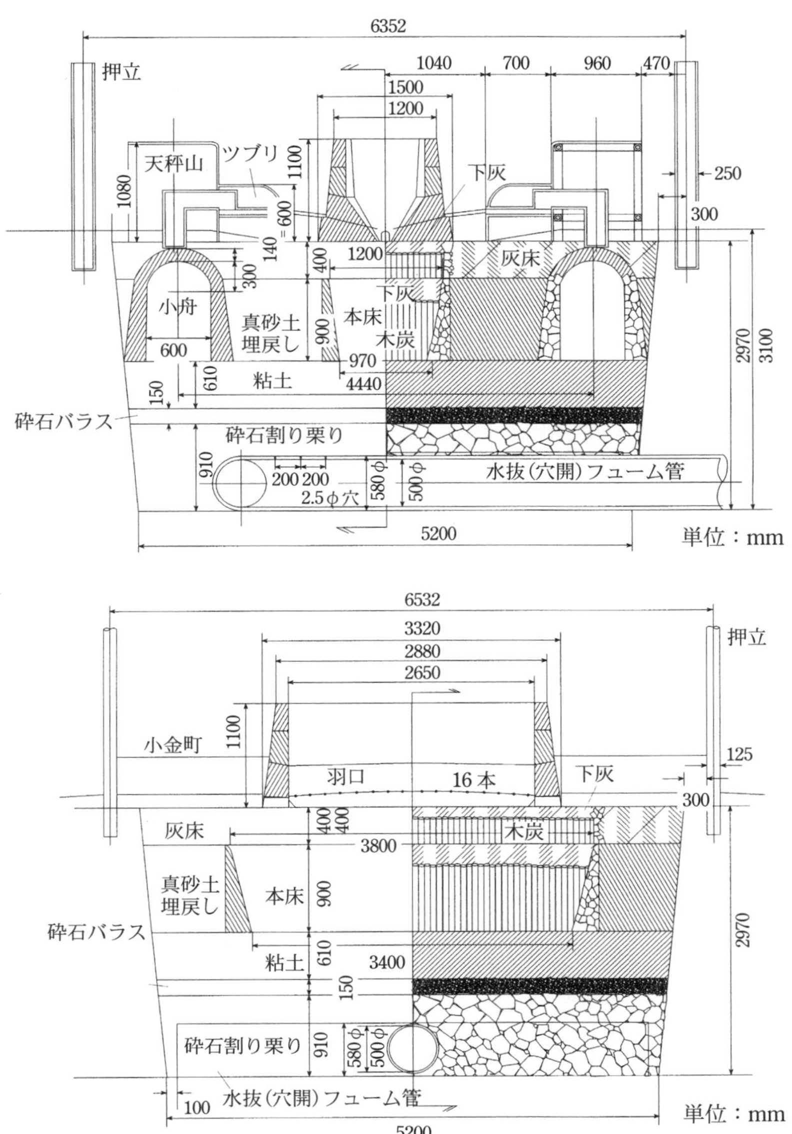

図 4-5　日本鉄鋼協会復元たたらの設計図（地下構造とたたら炉）[5)]

わかっているはず．岡田は急遽三刀屋に飛び，同業の土建業者から斐伊川の川砂鉄を 1 升 7,000 円で交渉してきた．この川砂鉄は堀江が菅谷たたら時代常時使っていたものである．しかし，この砂鉄も結局入荷しなかった．堀江は，大正 6 年頃第一次大戦の影響で大量に注文を受けた時，すでに鉄穴場は閉鎖しており砂鉄不足に陥ったことがある．このとき伯州弓ヶ浜の浜砂鉄を使ったことを思い出した．そこで急遽，皆生の浜砂鉄を入荷した．堀江は，「軽い砂鉄で飛んで使い難い砂鉄で使いたくはないが」と述べたと言う．籠り砂鉄は，村下の記憶で，菅谷たたら場跡の大根畑を掘り起こすと約 10 トン出てきた．これは大正 12 年に採掘された赤目砂鉄であった．

釜土は復元たたら場の裏山から採取した．木炭はたたら用に特に生産した炭ではなく，田部家の山林で作られた普通の販売用木炭（楢炭，松炭）を購入した．

炉体は通常菅谷たたらでは長さ 9 尺 (2.7 m)，羽口片側 19 ～ 20 本であるが，このたたらでは 8 尺とし，羽口 16 本とした．図 4-5 の炉の長さは計画縮小前のものと思われる．また，村下は炉の高さに非常に神経を使い，上釜を築く時わずかに低くした．堀江はその日の風の温度や湿度および吹き方等の具合で炉の高さを決めていた．村下の技である．浜砂鉄は細かく，還元が早く進行するので銑押しに使われる．堀江はこのことを勘案し，反応時間を短くするためにも炉高を若干下げたと考えられる．小塚は，これが砂鉄（生鉱）が直接羽口前に落ちた原因であると述べている．3 代の操業時たまたま研究員がホドを覗いていた時，砂鉄が赤熱した木炭に乗って降下し，鉧に達する直前にピラミッド型になって赤熱して鉧に入る状態を発見したことを指している．これは，還元した砂鉄が赤熱した木炭と接触して炭素を吸収し溶融する状態と思われる．

4) 操　業

操業は 10 月 25 日午前 10 時半に堀江村下の指示で 1 代の送風機のスイッチが入れられた．午後 3 時半ノロは流出しない．午後 5 時 44 分ウラ側の湯路から多量の出滓があった．しかし，オモテとウラの出滓は均等でない．午後 10 時 49 分やっとオモテからの出滓がウラと同じようになったが，やはりウラの方が少し多い．研究員が村下に話しかけるが返事がない．操業の籠り期は炉が不安定で村下は気を張り詰めている．24 年間のブランクの後，しかも異なった条件下での操業である．研究班は村下の操業の邪魔にならぬよう観察と記録に重点を置いた．

翌 26 日午前 8 時頃ウラのノロの出も悪くなった．裏村下は「この調子なら明朝まで良かろうと思って夕べから若い者に任せたら今朝はこのザマだ．」と言って 20 分も経たない内に流動性の良いノロを流出させた．午前 10 時 52 分，籠り次期に入り，赤目砂鉄に川砂を混合したものを装入した．午後 5 時 50 分，川砂鉄に切り替え上り期に入った．

27 日午前 1 時 44 分，砂鉄の装入量が急増した．この頃からが下り期か．炎の長さや色調によって砂鉄に川砂を添加したものを装入する．炉体の消耗を防ぎノロの流れを良くするためという．村下の秘伝らしい．

28 日午前 12 時 40 分，最後の砂鉄を入れ，午後 1 時半送風停止，炉の解体に入った．

田部清三が後に村下から聞いた話では，「安定操業に入った時点で何とか鉧はできると感じた．だが，堅い炭だから鉧に炭を案外かんでいないか，いわゆる鉄糞（かなくそ）鉧を出したと言われることが心配であった」という．

堀江は後に「風は波風（状）でなかったので特に籠り期に炎がさっと上らないので，火の粉が少々色や“はしれ”が少なく加減を見るのに困った」，「あげな堅い炭で吹いたことはないので加減が全然取れなかった．釜の高さ，ホド穴で加減はしたが，初釜では苦労した．一心に金屋子さんを拝んでいた」，「皆生（かいけ）の浜粉鉄を使ったのは 50 年以前で 5 千駄だけで，その時粉鉄（こがね）は軽くて飛んで困った．その当時は地元の粉鉄が幾分あったのでそれと混ぜて使ったから助かっていたが，今度は浜粉鉄だけだったから初釜では難儀をしました」などと語っている．村下は薄氷を踏む思いで操業を行っていたことがわかる．

鉧は「かぐらさん」（おいと巻け）に人力で巻きつけるワイヤーや鎖で牽引し，炉からコロの上に乗せて引き出し，鉄池（かないけ）に投入し冷却された．

2 代は 10 月 31 日から 11 月 3 日にかけて操業され，村下は「初釜より良

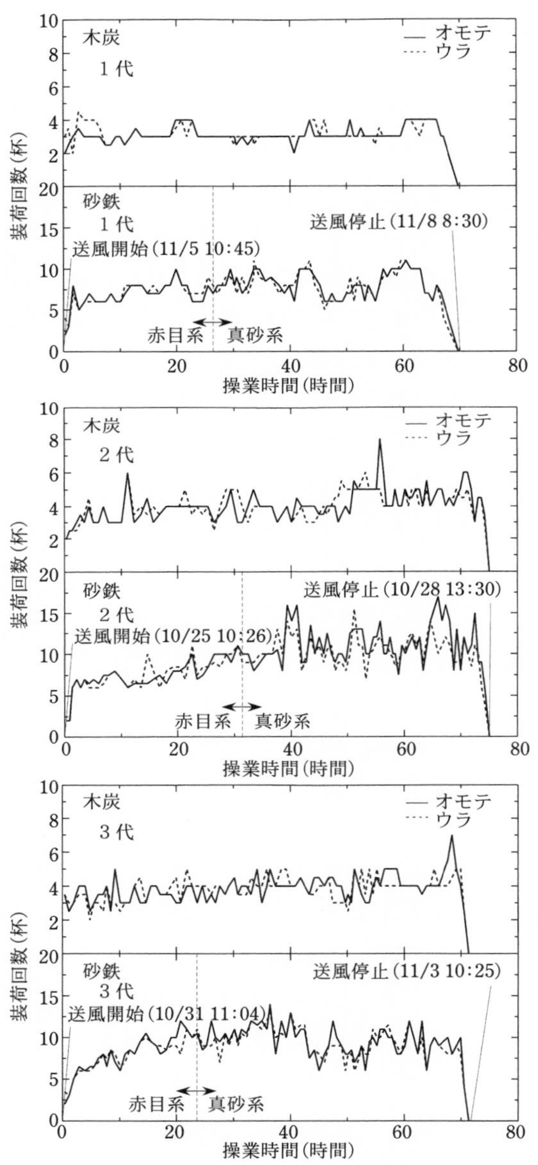

図 4-6 日本鉄鋼協会復元たたら1代～3代の操業経過(砂鉄は種鋤1杯3 kg, 木炭は箕1杯約11.3 kg).

いです」と田部に語っている．3代は少し小ぶりの炉で，11月5日から11月8日まで操業し，研究班がさまざまな測定を行った．

操業経過を図4-6に示す．また，操業結果は3代合計で，銑685 kg，鉧3,830 kgを得た．

鉧の破砕は広畑工場で行われた．それを中村が選鋼した．中村は「この度原料である浜砂鉄はよほど軽かったようで，村下さん達はやりにくかったと思われる．真砂砂鉄でない粗末なあんな砂鉄で鋼の質そのものはわからないが，これだけの鋼が作れたのは名人だと評判は聞いていたが，堀江村下はたいした村下だと感嘆している」と田部に語っている．

たたら操業が始まった2日目，10月26日にたまたま帰省していた松山の医師常松篤は，彼らの健康状態を診察した．堀江は高血圧症であり，他の者も持病を持っていた．福庭は左半身の運動麻痺を認め，脳卒中の既往症が判明し，2代から途中帰休した．

3　日刀保たたら製鉄の復元

1）計　画

昭和49年（1974年）7月，宮入昭平刀匠（日刀保所属，日本刀匠会幹事長，重要無形文化財保持者）は，月山貞一刀匠（重要無形文化財保持者），川島忠善刀匠（島根県無形文化財保持者）等と協議し，日立金属工業㈱安来工場から自家製鋼用に砂鉄を分与するよう要望書を提出した．当時すでに靖国鑪で生産した玉鋼はほとんど払底していた．12月，日本美術刀剣保存協会は会議を開催した．出席者は，木村篤太郎（元防衛庁長官），稲葉秀三（産経新聞論説委員），佐藤寛一（日刀保専務理事），河端照孝（同理事）である．この会議で，日立金属に砂鉄を電気炉で還元して鉄を作ることが提案された．「新玉鋼」と呼ばれたが期待された物はできなかった．昭和49年当時，砂鉄から銑鉄を製造していた「角炉」は操業を行っておらず，スウェーデンのウィーベルグ法で海綿鉄を製造し，それを電気炉で二次精錬して鋼を作っていた．海綿鉄法は1000℃以下の低温還元で還元地金の優秀性は玉鋼以上であるが，二次精錬によってせっかくの優秀な鋼もその価値が半減した．

結局，古来の製鉄法であるたたらを復活させることになった．佐藤は陣頭指揮を執った．前述の会議で「新作刀を育てる会」が発足した．会員は，岸信介（元内閣総理大臣），木村，中山貞則（元防衛庁長官，通産大臣他），鯨岡兵輔（元環境庁長官），本間順治（日刀保会長），佐藤，河野典夫（日立金属工業㈱社長）である．

2）復元工事

靖国鑪は日立金属工業㈱安来工場鳥上分工場（現 ㈱安来製作所 鳥上木炭銑工場）が管理していた．当時の工場長は並河（なびか）孝義であった．並河は昭和11年から鳥上工場に勤務し，靖国鑪の操業を支援してきた．磁力選鉱による砂鉄採取のための鉱山開発と（横田町竹崎羽内谷鉱区5万 m^2），高殿と炉床の改修，および鞴による送風室，大銅場，小銅場，鋼造場などが設置された．靖国鑪の詳細図は「靖国鑪爐床及び釜詳細図」と題する縮尺25分の1の図面が鳥上分工場に残されていた．この図は小塚による図4-3と本床の構造が少し異なっており，下小舟がない．これは昭和8年に分工場に入社した福本確が靖国鑪の復元の模様を詳細にスケッチし，それを後に詳細図として昭和11年に完成させたものである．

昭和51年（1976年）9月11日から12月25日にかけ高殿の増改築が行われた．また，昭和51年12月に行われた地下構造の発掘調査の結果，保存状態が良いことがわかり，昭和52年5月26日から10月8日にかけ安部由蔵村下と久村歓治村下の指導により，炉床近辺が幅6.5 m，長さ5.5 m，深さ3 mにわたり掘り出された．そして排水設備の補修，粘土と木炭による炉床の補修，小舟と本床が修復された（図3-3）．同時期に他の設備も作られた．

3）砂鉄の採取

砂鉄の採取場は島根県仁多郡横田町竹崎羽内谷（はないだに）にある．ここは日立金属㈱安来工場の関連会社である鳥上木炭銑工場が角炉操業用に長年採取してきた場所である．黒雲母花崗閃緑岩，花崗岩などで構成されており，真砂砂鉄は酸性で3.46％含まれている．この含有量は，通常平均1％程度といわれている砂鉄鉱脈と比べると多い．品質には定評があり当地の特産品でもあった．日本美術刀剣保存協会はここに500アールの粗鉱権を設定した．選別は磁力

表 4-6 靖国鑪と日刀保たたらの真砂砂鉄の平均成分 (mass%)

たたら	T.Fe	FeO	Fe_2O_3	SiO_2	TiO_2	Al_2O_3	MnO	CaO	MgO	V_2O_3	P	S
靖国鑪	59.00	22.03	61.46	7.68	1.96	3.37	0.40	0.56		0.28	0.070	0.018
日刀保	61.64	23.69	62.47	6.31	0.76	1.96	0.26	0.86	0.33	0.33	0.073	0.028

選鉱で行われた．昭和52年5月から10月にかけて選鉱場，スライム堆積場，砂鉄置場，貯水池，鉱石運搬路などを新設した．雑木の伐採や風化した花崗岩地帯のため作業は手間取った．

砂鉄の採取は，鉱床に切羽を設置し，長さ 30 ～ 50 m，奥行き 10 ～ 20 m，深さ 1 ～ 5 m を単位としてブルドーザーやショベルカーで掘った．採掘粗鉱はサンドポンプで選鉱場に流送され，磁力選鉱された後，再びベルトコンベアーで送られ，比重選鉱された．表 4-6 に砂鉄の平均組成を靖国鑪で用いた砂鉄と比較して示した．この砂鉄は伝統的な水流を用いた比重選鉱方法である鉄穴流しで行われた．日刀保たたらで用いた砂鉄は磁力選鉱のため酸化鉄が多く，SiO_2 や Al_2O_3，MnO が少ない．特に TiO_2 が少ない．

4) たたら炭の製造

たたら炭は，広島県庄原市の友川寿が経営する製炭所（鳥取県日南市阿毘縁（あびれ））で製造した．当時，たたら炭を焼く技術は友川が唯一保有するのみであった．友川は鳥上木炭銑工場の角炉用に昭和 30 年頃から角炉の操業が終わる昭和 40 年まで木炭を供給した．木炭はクヌギ，ナラ等の落葉樹の雑炭で拳大の大きさに砕いたものを用いた．

5) 釜土の採取

炉を作る釜土には，仁多郡横田町須山産出の須山土と羽内谷で砂鉄を磁力選鉱した残りの真砂土を混練して用いた．安部村下は，良い釜土について，①築炉のための適度な粘性，②適度な耐火性および，③生成した鉧を覆うノロ形成のための浸食性を持つことと述べている．須山土は「ネバ土」で粘りの強い粘土である．これに粘り気の少ない真砂土を加え，粘りを調整した．表 4-7 に釜土と須山土および真砂土の成分組成を示した．須山土の成分組成はばらつきが大きく，特に酸化鉄は 6% 近くある．

表 4-7 昭和 53 年度 1 ～ 7 代のたたら炉に用いられた釜土と須山土および真砂土の成分組成 (mass%)

代	SiO_2	Al_2O_3	TiO_2	Fe_2O_3	FeO	T.Fe	MgO	CaO	Fe_2O_3/FeO
釜土 1	60.56	18.08		8.50	1.84	7.35	1.17	1.45	4.62
2	55.88	20.10		8.62	1.78	7.42	1.24	1.52	4.84
3	55.96	20.23		9.01	1.52	7.48	1.26	1.30	5.93
5	56.68	19.92		9.45	1.98	8.15	1.27	1.21	4.77
6	58.08	18.97	1.53	4.65	0.98	4.01	1.29	1.62	4.74
7	56.96	19.80		9.26	1.58	7.71	1.24	1.23	5.86
須山土	56.20	20.86	1.60	5.17	0.93	4.34	1.38	1.11	5.56
真砂土	62.24	16.04	5.55	2.66	1.19	2.78	1.07	2.13	2.24

注）4 代のデータは欠落している．6 代は須山土と真砂土を 2：1 で混錬している．組成は一致しない．

6）地下構造の補修

日刀保たたらでは，昭和 8 年 (1933 年) から 19 年にかけて操業が行われた靖国鑪の床釣り型地下構造を補修して使用した．本床と小舟は一部破損していたがかなり良い状態で保存されており，再構築することとした．「カワラ」から下の構造は排水機能を持っているが，経費の問題からそのままとし，「カワラ」の粘土を若干入れ直す程度にとどめた．この作業には村下を始め 10 名が 3 カ月を要した．

本床は底部幅 90 cm，頂部幅 1.20 m，高さ 1.55 m，長さ 3.64 m の溝で，木炭が詰めてあり，この上に炉を築く．まず穴の長手方向に溝を作る．溝の内側の壁は石垣で作り，途中からレンガ積みとなり，表面を釜土で塗る．この中に主にクヌギの大中口径の丸太 (径約 45 cm, 25 ～ 30 cm, 長さ約 1.5 m) 約 40 トンを横に寝かせて頂部まで積む．頂部は枝木を詰め込んで平らにし，藁ゴモで覆う．溝の両端に粘土で 25 cm 厚の壁を作り，それぞれの壁に 40 × 50 cm の下部焚口と 25 cm 角の上部焚口を作る．次に釜土で厚さ 25 cm の天井を作る．両側の下部焚口に着火し，塞ぐ．炭焼きと同じ方法である．上部焚口は煙突の役目をする．

本床中央から両側 1.83 m の位置にそれぞれ小舟の中心がある．幅 75 cm，高さ 95 cm，長さ 3.64 m の溝の壁は石垣で作られている．その中に径 10 cm，長さ 1.5 m の生木約 9 トンを詰め込み，上を藁ゴモで覆い，その上に釜土を約 25 cm の厚さに叩き締め，天井とした．生木を 2 週間かけて燃焼させ空洞を作った．空洞の両端をレンガと石で塞ぎ，天井の上に粘土を積み本床の高さにした (図 4-7)．

本床の天井を撤去し，炭化して位置が約 50 cm 下った木炭の上で 1.2 トンの生木を燃やし，熾炭(おきずみ)を「かけや」と呼ぶ道具で叩き締め，約 3 cm の木炭層を作る．この作業を下灰と呼ぶ．これを 1 日 2 回，8 日間かけて 17 回行い，木材約 20 トンを使って灰床(はいどこ)を作った．

毎年，最初の操業 1 代では，灰木(はいぎ)と呼ばれる檜(ひのき)材 500 kg を長さ 1 m，直径 5 cm 以下に割り交互に積み重ねて燃焼させ，熾炭を「しなえ」と呼ぶ長い棒で叩き締める．2 代以後は，前代の鉧出しの後，炉床に残った鉱滓や裏銑を除去し，燃え残りの木炭約 300 kg を入れ，しなえで叩き締める．次に灰木約 300 kg を積み上げて燃やし叩き締める．次の日，灰木約 600 kg を燃やし叩きしめる作業を 2 回行う．さらに 3 日目朝，灰木約 600 kg を用い再度行う．この一連の作業で最初 15 cm ほど下がっていた炉床は 5 cm ほどになる．この下灰作業は操業ごとに行われる．

図 4-7 靖国鑪の本床と小舟の改修風景 (昭和 52 年)．中央は本床で炭焼きを行っている．両側に小舟がある．(鈴木卓夫氏提供)

7) 炉の構築

下灰作業の終わった炉床の上に炉が作られる．炉の長さは2.70 m，高さは両端で1.20 m，中ほどで1.10 m，幅は両端で76 cm，中ほどで87 cmと中が少し低く，膨らんでいる．ホド穴（羽口）は片側20本ずつ両側に合計40本が一列に開けられた（図3-4）．炉は1代ごとに壊され，再構築された．送風は4台のピストン型電動送風機を用い，脈動風（波風）が送られた．

8) 操業の条件設定

昭和52年（1977年）11月8日火入れ式が挙行され，11月18日に第1回のたたら操業が開始された．以来，国庫補助事業として毎年冬季3，4代実施されている．村下は安部由蔵（明治35年生）とその弟子の久村歓治（明治36年生）である．現村下木原明（昭和10年生）は日刀保たたら復元当時からの弟子である．操業は炉の長手方向に2分割し，表村下は安部，裏村下は久村が努め，さらに木原等が加わって操業が行われた．

昭和52年11月の第1回のたたら操業までに，2回の実験が行われた．しかし，これらは途中で炉の温度が下がってしまった．安部は水車動力の鞴による送風機を用いた経験があったが，電動による鞴送風は経験がなかった．そのため，送風状態がつかめず砂鉄を多めに入れたためにヘビーチャージが起こり炉の温度が低下したという．

砂鉄は羽内谷から真砂砂鉄が採取できたが，籠り砂鉄は入手できなかった．真砂砂鉄は難還元性である．このため安部は砂鉄の湿り気を調整することにより砂鉄が木炭上に滞留する時間を調整し，還元と吸炭して溶融する時間を制御して籠り期の操業を行った．

昭和53年度において実施した1代目から7代目までの7代の操業につき，30分ごとに砂鉄と木炭の装入量，出滓量，送風量，風圧，炉壁厚，高殿室内温度などが記録された（図4-8）．

①操業条件

i）羽口の角度：1代目の炉は24～30°で最も大きく炉底中心に向かって開けられたが，2代目は9～10°で最も小さく，結局，平均19～24°の角度になった．

ii）送風量：通常 850 m^3/hr で行い，後半に 950 m^3/hr に増風した．その時期は代により異なり，4 代では 24.5 時間後，2 代では 31.5 時間後，5，7 代では 50 ～ 56 時間後である．1 代と 6 代ではこの増風が行われていない．

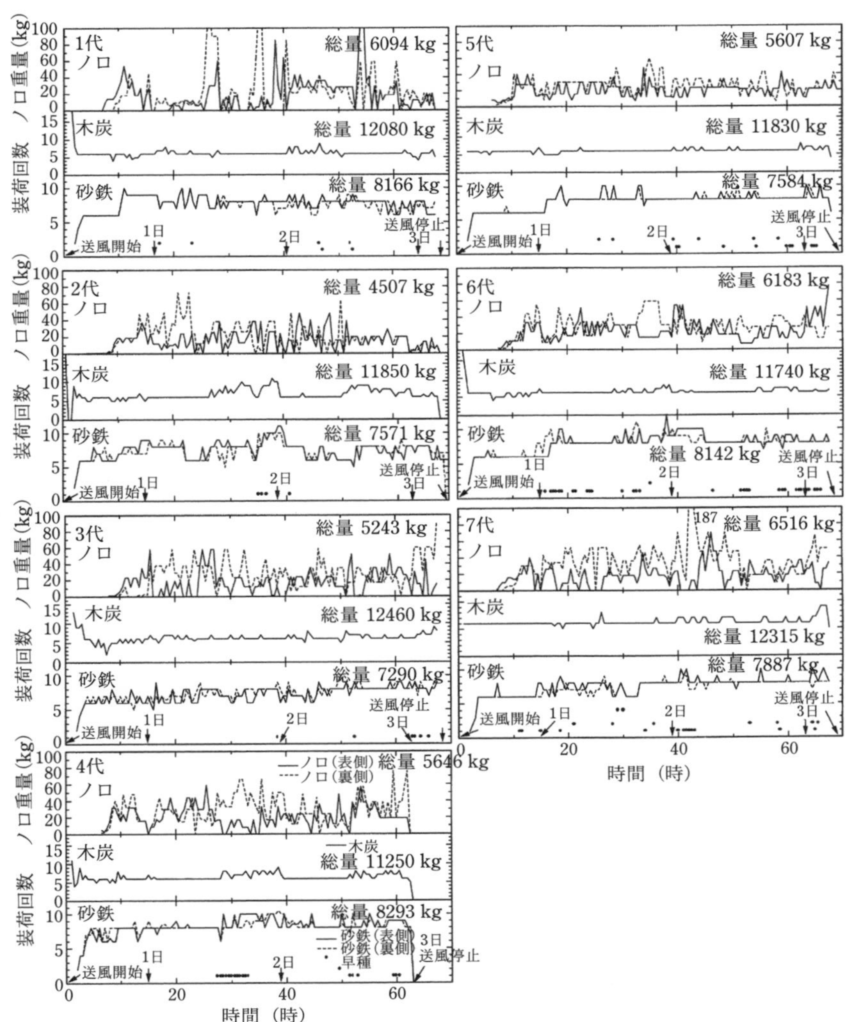

図 4-8　昭和 53 年度 1～7 代の日刀保たたら操業の経過記録（鉄と鋼, **85** (1999), 905）
（ノロと砂鉄の実線はオモテ，破線はウラ，点は早種）

また，操業の前半から中頃までに徐々に送風量を上げる場合もあり，3 代では 8.5 時間まで 750 m^3/hr で，6 代は 10.5 時間まで 750 m^3/hr でその後 23 時間まで 825 m^3/hr で，7 代は 9.5 時間まで 750 m^3/hr でその後 32 時間まで 800 m^3/hr の送風を行った．

②砂鉄の装入条件

i）操業第 1 日目第 1 回目の砂鉄の装入を初種（はつだね）と呼ぶ．これは 7 代の操業のほとんどがオモテとウラ各 2 杯ずつの計 4 杯（1 杯は約 4 kg）である．これは 4 日間の操業（約 70 時間）において最も量が少ない．そして初種から 1 時間ないし 1 時間 30 分経過した時，つまり装入回数が 3 ～ 4 回目以降の装入量は計 12 杯程度に急増されている．この理由は，装入開始時では炉温も十分上がっていないことから，初種はなるべく少量とし，炉温が上ってきた頃を見計らって増量されたものである．

ii）1 代の操業約 70 時間にあって，操業第 1 日目，もしくはその前半が最も装荷量が少ない傾向にある．この期間は籠り期と言い，炉内温度の上昇に専念する時期である．そのため，熱を吸収する砂鉄の装荷量を最小限にとどめている．

iii）砂鉄は操業第 2 日目，もしくは第 1 日目後半からさらに増量され平均 16 杯となっている．不規則ながらもその量は第 4 日目まで推移する．この間の装入量の増減については，特に 7 代全体に共通した特徴というものは見られない．この間は，その時の炉況に応じて村下が臨機応変の措置をとっている．

③木炭の装入条件

i）操業の開始に先立って，大量の木炭（1 代平均 580 kg），杯数にして約 46 杯（1 杯は 10 kg から 15 kg，平均 12 kg）が充填されている．これは，構築直後の炉は事前に乾燥を行ったとはいえまだ水分を多く含んでいるので，炉の乾燥を促進させるための策である．

この技術については，『古今鍛冶備考』[13]「鉄山略弁」は，「ことごとく成就したる上にて再三火をもって水気を去るすべて新釜の吹きかかりには鉄砂も焼けて炉へ納まるなり．これはいささかも水気ある時は鉄湯速く塊りて鉧鉄（ナマガネ，俗に下鉄，また地鉄という）多くできるゆえに忌むなり」と説明し，この技術の目的とその重要性を知ることができる．なお，ここに見られる「鉧鉄」とは，鉧押し法における鉧＝鋼の意味とは異なり，「ナマガネ」すなわち炭素濃度の低い鉄をこのように表現している．

ii）第1回目の木炭の装入は，第1回目の砂鉄の装入に先立って行われた．5代と7代を除いては，11杯から18杯が装入され，これは4日間の操業中最も量が多く，初種の砂鉄装入量と正反対となっている．この理由は，操業の開始に先立ち大量の木炭を用いて炉が乾燥されるが，それでもまだ少し湿気が残っていて，炉温も十分上がっていないことから，砂鉄装入に先立って炉の保温と乾燥を十分はかり，砂鉄の溶冶（製錬）を容易に促進させるためである．

iii）最初の木炭の装入から1～2時間経過したとき，つまり装入回数の3～5回目に木炭は減量され，以後は1回の装入量6杯を基軸として行われている．これは，炉の保温と乾燥に目途が立ったため，通常の装入量にしている．なお，これ以後，木炭の装入量は砂鉄の装入量に追随して増減している．

9）操業結果

約68時間の操業の結果得られた各代の砂鉄と木炭の使用総量，排出鉱滓の総量，鉧に含まれる鋼と銑の総量を表4-8に示した．

表4-8 昭和53年度1～7代の日刀保たたら操業の結果
（鉄と鋼，**85**（1999），905）

代	砂鉄（kg）	木炭（kg）	ノロ（kg）		鋼（kg）	銑（kg）	収率（%）
			表	裏			
1	8,166	12,080	2,355	2,739	1,133	260	16.4
2	7,571	11,850	1,942	2,565	1,239	200	19.0
3	7,290	12,460	2,073	3,170	1,065	230	17.8
4	8,293	11,250	2,356	3,290	1,195	129	16.0
5	7,584	11,830	2,494	3,113	1,154	125	16.9
6	8,172	11,740	2,777	3,406	1,253	175	17.5
7	7,887	12,315	2,203	4,313	1,320	170	18.9

注）鉧の重量は約2.0トンである．表にはこの中の良質な鋼と銑の重量を示した．

①鉧と銑の生産

鉧の重量は裏銑と鉧銑を合わせて約 2.0 トンである．砂鉄に対する鋼と銑の合計の生産収率は 16.0 ～ 19.0％である．4 代が 16.0％と最も少ないのは炉壁の減肉が早く 63.5 時間で操業を中止したためである．

②ノロの排出状況

i）出滓は送風開始から 6 ～ 8 時間後に中湯路から，また 12.5 ～ 14.5 時間後に四つ目湯路から自然に流出し始めた．ただし，1 代目は 16.5 時間，2 代目は 15.5 時間と少し時間がかかっている．

ii）鉱滓の総流出量は 4.5 ～ 6.5 トンで，オモテよりウラの方が平均 40％多い．特に 7 代は約 2 倍になっている．

iii）鉱滓は炉壁が砂鉄と反応してファイヤライト組成近傍の低融点スラグ（ノロ）となって流出する．図 4-9 に操業中の各代の羽口長さの変化を示した．また表 4-7 に 4 代を除く各代の釜土の組成を示した．ホド穴で計測した壁の厚さは約 45 cm から操業の終了する約 68 時間後には 10 cm 以下にまで減肉した．特に 4 代では送風量を増加させた時間が早かったため炉壁の減肉が早まり 63 時間で終了した．

4 代と 6 代の結果は図 4-9 の実線で示した明治後期の砺波鑪の結果に最も近い．他の代の壁の浸食は籠りの段階でほとんど浸食されていないものもある．結局，6 代の浸食状況が最も良いとしている．このときの須山土と真砂土の混合比は 2：1 であった．砺波鑪における炉壁の浸食は 4.5 cm まで減肉している．その状況を図 4-10 に示す．この炉壁の浸食は，鉧の成長に伴って進めることが重要である．

俵は『古来の砂鐵製錬法』[3)]の「炉内反応」の節で，炉壁の浸食は砂鉄中の酸化鉄を消耗し鉧の製造には不経済であるが，炉内に固体の鉄塊が生成するとき炉壁が浸食されるので押されて炉壁が損傷することを防いでいると，その重要性を指摘している．

砂鉄を多く入れ過ぎると，ヘビーチャージになり温度が下がるばかりでなく，炉壁が浸食されてノロが多くできて，その結果炉の寿命を縮め，鉧の生産量も落ちる．砂鉄が少ないと「炉がすくむ」と言って木炭の燃焼による下

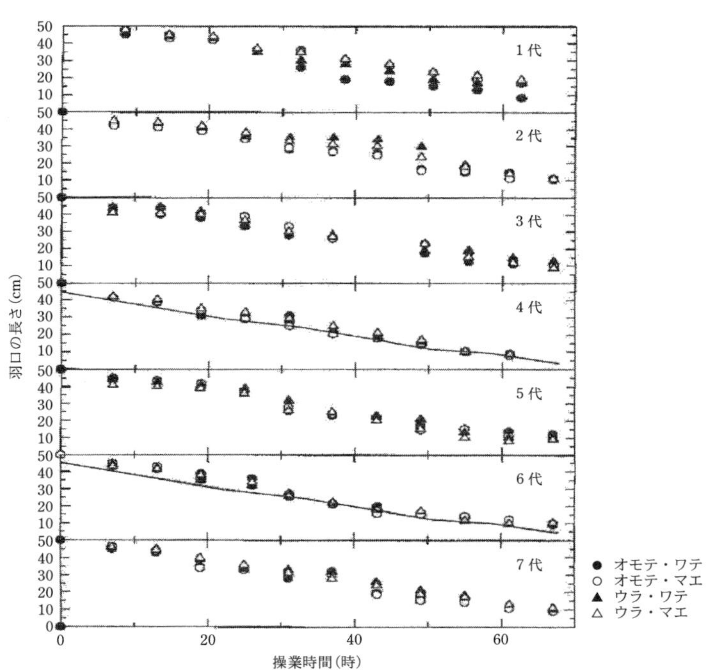

図 4-9　昭和 53 年度 1 ～ 7 代の日刀保たたら操業中の炉壁厚 (羽口長さ) の変化 (実線は砺波鑪の実測値) (鉄と鋼, **86** (2000), 64)

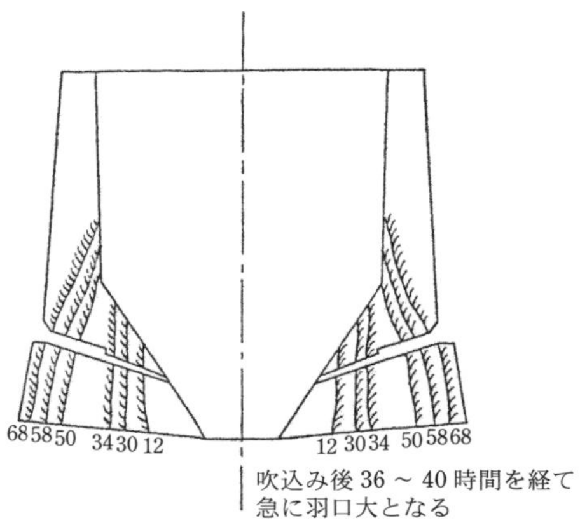

図 4-10　砺波鑪の炉壁の浸食状態 [3)]

がりが遅くなり，鉧の生成も少なくなる．鉧の成長と炉壁の浸食の絶妙なバランスを取ることが要求される．

銑の生成とともに炉壁の浸食に伴って鉧が成長する．図 4-11 に示す鉧のように，中心部の両脇に上質の鋼塊ができる．操業の初期は銑を製造するが，炉壁が浸食されて羽口先端が後退し，木炭の燃焼領域が中心から離れるに伴い鉧の製造に切り替える．そのため羽口先端領域に比べ中心は温度が低下し，鋼の品質も劣る．

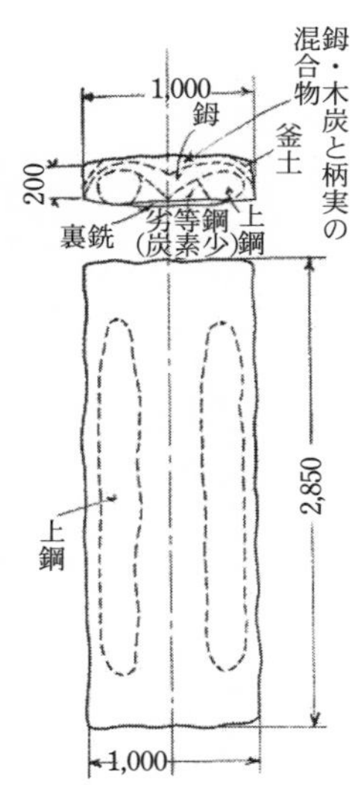

図 4-11　砺波鑪の鉧と品質[3)]

一方，銑押しでは，炉壁をなるべく浸食させないようにしてできるだけ長く操業して銑鉄を多く生産する．

安部は，昭和 44 年に実施された日本鉄鋼協会による復元たたらでの堀江村下の苦労は聞いていたであろう．第 1 回の操業が成功裏に終わった後，「32 年間も空白があり，もし失敗したらその場で腹を掻っ切る覚悟であった」と話している．

10) 日本鉄鋼協会の復元実験との関係

昭和 52 年に行われた日刀保たたら復元では，昭和 44 年に実施された日本鉄鋼協会の復元実験の成果が検討された形跡がない．後者は学術的な調査が行われ，報告書が刊行されている．一方，前者は刀鍛治の要請で玉鋼を供給する目的で操業され，学術的な調査は行われてこなかった．この両者に日立金属工業㈱安来工場が協力したが，鉄鋼協会復元たたら実施に尽力した小塚は日刀保復元たたらには全く関与していない．木原村下は小塚の詳細なノートを保管しているが，師匠の安部村下は見てもいなかったと言う．やはり，たたらの技術は一子相伝，それぞれが自身の体験に基づいた独自の技術として保持しているためであろうか．

第5章　村下の技

1　堀江要四郎村下の技

銑鉄の製造は高炉法とたたら製鉄法がある．高炉法は塊の鉄鉱石と木炭あるいはコークスを原料としているが，たたら製鉄法は，直径 0.1 ～ 0.5 mm 程度の粉鉄鉱石である砂鉄を原料にしている．粉鉄鉱石から銑鉄を製造する方法は高炉ではすべて失敗したが，たたら製鉄は長い歴史の中でも商業炉として成立した唯一の製銑法である．この銑（ずく）と呼ぶ銑鉄で作った鉄瓶などの鋳造品は錆び難く，さらに「大鍛冶（おおかじ）」で銑を脱炭して作られた低炭素鋼の割鉄（わりてつ）（包丁鉄ともいう）も錆び難く，高温加工性が良く，そして鍛接性にも優れている．割鉄および銑とともに生産される鉧は炭素濃度が不均質であることが特徴である．これを「折返し鍛錬」で鍛えて作る日本刀では炭素濃度の濃淡が細かく分散する．したがって，その表面の地や焼入れにより生じる刃文などに美しい模様が現れ，美術工芸品として世界的に高い評価を得ている．

大きな非平衡状態で反応が進行するたたら製鉄炉を制御することは大きな困難を伴う．思わぬ時に突然炉況が変化する．そのため人間の力の及ばない事態に対して金屋子神（かなやこしん）が信仰されていた．一番大きな問題は炉内のある部分で温度低下が生じるとそれが炉全体に波及し，炉全体の温度が下ってしまうことである．炉の状態を把握する要素は，炎の色や出方，ホドの状態，炉内から発する音（しじる），ノロの流出状態等があり，その制御は砂鉄や木炭の種類と装入方法および送風量調整で行う．

これらの操業のノウハウは体験に基づいた村下の技であり，「村下３人寄ると話すことは３人とも違っている」と言われるように個々人それぞれの体験に基づく技能である．作業長である村下の技は「一子相伝」であり，記述された記録はほとんどない．わずかに，菅谷たたら村下堀江要四郎の話を記録した『語り部』[14]と靖国鑪の村下で日刀保たたらを復元した安部由蔵の「たたら養成員講習会」のメモがあるにすぎない．本章では，これらの村下の話から操業のノウハウを明らかにする．

1）堀江要四郎村下

堀江要四郎村下は，明治19年（1886年）菅谷で生まれた．明治35年生まれの安部より16歳年上である．父円助の長男で父の跡を継いだ．12，13歳頃からたたらの下働きをし，15歳から父の下で本格的に厳しい村下修行を行った．20歳で田部家が経営する菅谷たたら（図5-1）の村下に採用された．当時は日露戦争や再軍備の時代であり，鉄増産でたたら製鉄業にも活気があった．年間70代以上の操業が続けられた．しかし，明治40年をピークに

図5-1 菅谷たたら

需要が減少し，大正 6 年の世界的な鉄不足で一時最盛期以上の操業が続いたが, その後需要が急落し，大正 10 年 5 月 3 日を最後に菅谷たたらは閉山した．そして大正 12 年 (1923 年) にわが国のすべてのたたら製鉄業がその商業生産を終えた．堀江村下は大正 2 年に大正天皇の守刀用たたらを吹いたほど技能が優れ，かつ厳格な職人であった．長年たたらの研究をしてきた窪田蔵郎との親交もあった．昭和 44 年に日本鉄鋼協会がたたら製鉄復元計画を実施するにあたってその再現に村下として協力した．昭和 49 年 (1974 年) 88 歳で没した．

菅谷たたらは吉田村菅谷 (現雲南市吉田町) に宝暦元年 (1751 年) に建設され，以来 170 年間にわたって 8,634 代操業された．菅谷たたらでは，鉧押し操業は 3 日 3 晩で，1 代に砂鉄 4,000 貫 (約 15 トン) と炭 4,000 貫から出鉄量は普通 37 駄 (1,100 貫 (約 4 トン)) 出鉄した．良炭の時は 3,700 貫で済み，悪い時は 4,200 貫使う時もあった．調子の良い時は 1,300 貫出鉄した．1,000 貫以下では損になった．銑押しの操業は 4 日 4 晩で, 砂鉄 4,500 貫から 4,800 貫，炭は 4,400 貫から 4,700 貫を使い，銑を 1,400 貫出していた．釜さえ耐えれば 4 日半から 5 日吹き，57 駄 (1,700 貫) 出した時もあった．

2) 高殿の立地条件

高殿建設の立地条件は，原材料産地に近くて運搬の便が良く，賃米である米が安価であるところであるが，技術的には次のように述べられている．下原重仲著『鉄山必用記事』[4] では，「鑪(たたら)炉自体は水，湿りを嫌うが，鑪場としては水が引きやすくかつその量も多い」ところで，一段と高い土地が良く，谷に鉄滓を捨てやすい場所が良いとしている．俵も『古来の砂鐵製錬法』[3] で，水力を利用するために「製鐵場を選定すべき位置は水利の便あり」としている．菅谷たたらは菅谷川と雨谷川の合流点に位置している．

一方，堀江は「どこのたたらも風を利用した建て方である」と風の重要性を述べている．「常時急な谷川の冷たい風が下流から上流に向かって吹いている．良い場所に，谷の西風を受けて高殿内部の空気を吸い上げるように風は屋根を滑っている．これは炉内の温度を上昇させる.」「かたい風」と言い，「湿気のない風，乾燥した風，冷たい風，谷の風」である．

砂鉄の最終的水洗による比重選鉱を行い，水車動力を使うためには水利の便が重要であるが，堀江村下はさらに炉の温度を上げるためには谷の乾燥した風が重要という．

3) 釜土

釜土は1基の炉を作るのに1000貫 (3.75トン) 必要であり，「鉧吹きでは釜土で勝負がつく」と言われていた．堀江村下は「菅谷たたらの釜土は鉄分が無く石灰分の多い土」が良く，粘り過ぎる釜土は「小さい山砂利を混ぜて良く踏む」と述べている (ここで言う「石灰分」は「硅石分」の間違いと思われる)．

安部は「表面の粘土より，深土の粘土が良い」，「採掘中に鍬につく様な粘土は良くない」，「粘土に混ぜる真砂は細目で砂鉄を含まない」でかつ「数回裸足で踏んで粘りが出るのが良い」としている．

『鉄山必用記事』[4] では，「砂分が少なく粘り気のある土で，握れば石を握る感じで，掌を開いても塊が崩れないで立つようになるもの」，「山の表土は役に立たないもので，土底から出るものでなければならない」．「これに真砂を混ぜて使用する」，「水晶 (石英) 砂の混じるものはなお良い」と述べている．

石英成分が多いということはノロに対する炉壁の耐食性が良くなることを意味しており，炉体の寿命を伸ばすことになる．

4) 炉の形状

堀江は天秤鞴時代の菅谷たたら炉の形状について次のように述べている．「粉鉄(こがね) (砂鉄) がよく溶けるのは，釜の巾の狭い」炉で，「よく溶けても巾が狭くては鋼の量が少なかったし質も落ちていた．それでやっぱり (長さは) 9尺 (2.70 m) に (巾は) 4尺3寸 (1.29 m) ぐらいであった」．彼が操業に携わった頃，送風は水車動力のピストン型吹差鞴を用いており，それに合った釜の形や寸法を試験した．その結果，炉の「長さは9尺で，巾は2寸広げて4尺5寸 (1.35 m) にしたものが質も良く量も多かった」という．これは水車動力の方が強く送風できるためである．

「高さは私の経験から，天気など考えて特に注意して決めていた」と言う．「湿気と温度そして風の具合によって釜の高さを加減する．」炉の高さは，砂鉄が降下する時間に影響し，還元や吸炭の反応時間が変わってくる．一方，空気の湿度は炉の温度に影響するので，湿度の多いときは炉の上釜を高くして反応時間を長くしたと考えられる．

「銑吹釜（炉）は鉧吹とは幾分違いがある．釜の中は5寸（15 cm）ぐらい狭く，長さは5寸ぐらい長く釜は高くする．ホド穴（羽口）20本であった」．俵が記録した鉧押しの砺波鑪と銑押しの價谷鑪（あたいだにたたら）を比較すると，炉の幅は中央で86.0 cmに対し66.5 cmで後者は19.5 cm狭い．高さは中央で，1.12 mに対し1.15 mで後者は3 cm高い．炉の長さは逆で，後者の方が短い．2つは異なった場所のたたらなので直接比較することはできないが，銑押しは還元・吸炭反応の時間を長く取るために炉を高くすることが必要である．

5）操　業

堀江は，「火も風も生きていましてね，仲の良いもんだったり，時には仲の悪いものどうしになったり全く扱い難いものでした」と風の状態で操業が左右されることを述べている．「鉧吹きで一番苦労するのは初日の「籠り」から一気に釜（炉）を「上り」に操作する赤目粉鉄から真砂粉鉄に切替る，この時に下手をすると鉧が実らない．上りの時期を夜明け前の冷たい風が谷の下から吹き上がる時になるように釜の調整をする．その風で一気に上りにする．」「3日目の「下り」もこの朝風を利用して粉鉄をどんどん落し鉧を太らせる．」「鉧吹きは風の調子を良く見て大事にして利用しなくてはならない．」

ノロの生成が銑や鉧の生成の秘訣である．「昔からたたら吹きでは釜底で速く湯が沸けば調子が良く順調なたたら吹きができると言われています．この湯というのは粉鉄がドロドロに溶ける事を湯が沸くと言います．特に鉧吹きでは大事にしています．初めはこの湯が釜底の壁に滲み込んで釜の温度を上げます．朝火入れして4時間か6時間すると湯路から湯の滓が出ます．これを初花と言っています．これが速く出るほど釜の調子が良いのです．」

たたら操業では最初にノロを作ることが重要である．「鉧吹きは初め「籠り」と言って湯を沸すのです．これに赤目粉鉄の一番柔らかい「籠り粉鉄」（薬粉鉄）を落して湯を沸せます．初花が速く出ますと釜の調子も良く温度も上り，7，8時間も経つと「籠り次」に入ります．この辺りが一番難しい頃で金屋子さんを拝んで仕事をする時です.」「この難しい時期を過ぎますと釜は段々安定します．17，8時間経って夜中頃となります.」

たたら操業の管理には炎の色が指標になっている.「炎も初めは赤黒かったのが段々変わって来ます．夜中から逐次上りに切り替えます．炎の色が山吹色になりつつある時に上りになります.」「上りの炎は朝日の色に吹けと父親は言っていました．釜の中は段々温度が上がります．逐次真砂粉鉄を多くして夜中前から一気に真砂に変えて行きます.」「2日目は「中日」と言っています．中日は炎を真昼の太陽の色に吹けと言っていました．夕方ともなると鉧も太ります．釜の中の炭の下がるのも速くなり炭を入れるのも粉鉄を落すのも速くなります.」「夜中から真砂も多く落し鉧は釜を食って段々太ります．釜も安定して釜の中の状態を見ては真砂を多く落して行きます．3日目「下り」と言って炎は夕方日が落ちる時の色に吹けと教えられていました．夜中3時頃には筋鉄の上から炎を吹く様になり釜は壊れる寸前です．午前4時頃には釜を壊して鉧出しをします.」

炉の温度の制御は木炭の燃焼速度で行い送風量を調整する.「鉧吹きは釜に山盛りに炭を入れそれが燃えて段々に下り釜縁から5寸(15 cm)ぐらい下ったら粉鉄を落します(続けて木炭を装入する)．この作業の繰り返しを3昼夜行います.」この作業の間隔は日刀保たたらで約30分である.

銑押しはあまり失敗はなかったという．しかし，「銑吹きは鉧吹きのことを思うと楽だと言われているが，釜は丁寧に築かないと，木呂穴が詰まると途中で釜を壊すようなことがあった．銑の出ようが非常に少なくなるなど決して安易な考えでやってはいけない.」「銑吹きは鉧吹きとは順序が逆で釜の炭が下がると炭を山盛りに入れその炭が下がらない内に炭の上に赤目粉鉄を落す．この作業を繰り返す.」

操業時間は炉が耐えられる間少しでも長くした.「釜さえ耐えれば少しでも長く吹きますが，大体70時間ぐらいで釜を壊して鉧を取り出す.」銑押しでは，「4昼夜操業と言われているが，菅谷では釜さえ壊れなければ，5昼夜も吹いたことがある．1時間でも長く吹けば出鉄量は格段に多かった.」

操業中は常にホドを点検して炉況を安定させる．特に「籠り」と「下り」後半のホド閉塞は早く回復させること．回復が遅れると「やまぶし」（鉧の中央に生成する突起）ができる．

湯路からノロを出す時「湯はね」を用いて穴を突付くが，この時「湯はね」は炉床に平行か鈍角に装入する．炉床に損傷を与えないよう注意する．「湯はね」は長さ約 2.4 m の棒で，先半分は先端が釣になった先の尖った鉄でできている．

6）たたら歌

たたら歌には操業の指針が謡われている．操業の段階でそれぞれの歌詞があった．菅谷で歌われていた歌詞を以下に示す．

1 日日，東山

今朝の仕掛けの用意さを見れば小鉄千駄に炭千駄．/ 今朝の籠りの湯釜の内を塩と御幣で清めます．/ 塩と御幣で清めたならば穢れ不浄は皆晴れまする金が湧きますさらさらと．/ 今朝の籠りの湯釜の内を塩と御幣で清めておいて種をつけます御火種を．/ 今朝の籠りに朝四つねせて湯はねそろいてとろとろと．今朝の籠りにあさゆずきらば湯花ちらちら花が立つ．/ 今朝の籠りのホド先見ればホドはちらちら花が立つ．/ 今朝の籠りのしきまい見れば小金ちらちら花が立つ．

2 日日，中日

きのう籠りで朝四つねせて湯はねそろいてとろとろと．/ きのう籠りでけふ二日目で明日は下りで．/（不明）……松になりたい，峠の松に，上り下りがとろとろと．/ 最早夜明けだ東が白む館々に火がともる．/ たたら内では金屋子神社御宮がかりを眺むれば御宮がかりが美しや．/ たたら内では金屋子神社御宮がかりを眺むれば金の御幣が舞い遊ぶ．

3 日日，天王寺山

おもて大阪の天王寺山に夏の嵐がそよそよすれば松の小枝もそよそよと．/ 松の小枝がそよそよすれば池の小波がよらよらと．/ 池の小波がよらよらすれば鯉や金魚は楽遊び．/ ここは良いとこ，良いたたら床，たたら打ちます山の神 / 村下様はどなたのことか．行けばたたらの左り座に千早湯たすきおさかむり.

4 日目，西山

金を引きたる両職人がお手を合せて拝みたならば，それで金屋子御休みなさる明日据えます若釜を. / 朝の出釜すえて鯛をすえます懸鯛を. 比田の金屋子社はどこか今は桂木安部が森. / 比田の金屋子社はどこか今は黒田の谷奥に. / 鉄を吹いたる両職人が鋤を納める元山様. / お手をたたいて拝んだならばそこで元山お休みなさる，明日は据えます若釜を.

釜塗の歌

今朝の出鉄にわが釜しえて樽をむけます掛樽を.

7）金屋子信仰

村下にとって金屋子信仰はどのような意味を持っていたか. 堀江は，操業の不安定さを人間の力ではどうにもならないことと達観している.「鉧吹きは吹く度毎が初めてです.」と言うように,「何十年鉧吹きをしていても同じ鉄は吹けませんでした.」「金屋子さんは畏しいものでどうしても思う鉄の吹けないことがあったり，自分ながら不思議に思うほど立派な鉄が普段以上に

図 5-2　金屋子神社

できることがある．自分の力ではない．金屋子さんの機嫌が悪い時にはどうにも仕様が無い．金屋子さんに守って貰う時には自分の力以上の事ができることがある.」操業の前には身を清め，村下坂を登って高殿に入る時は一心に呪文を唱える（図 5-2)．

2　安部由蔵村下の技

1) 安部由蔵村下

日刀保たたらの復元が可能となった最も大きな要因は，靖国鑪時代村下職を務めたことのある安部由蔵の努力が大きかったことによる．昭和 52 年の日刀保たたら開設時に表村下を安部由蔵が，裏村下を久村歓治が務めた．

安部由蔵は明治 35 年生まれ．大正 14 年まで地元でたたら製鉄に従事し，靖国鑪では昭和 9 年から終戦まで村下職を務めた．平成 7 年に亡くなった．筆者は平成 6 年の冬季操業中に一度お目にかかったことがある．伝統の黒の村下着物を着て手をかざしてたたらの火を指の隙間から観察されていた．

久村歓治は明治 36 年生まれ．昭和 12 年より「樋(ひ)ノ廻鑪(さこたたら)」(島根県能義郡（現安来市）布部）で安部由蔵に技術を学び，昭和 15 年から終戦まで同たたらにおいて村下職を務めた．そして両者の技術は現在，木原明村下（選定保存技術保持者）に引き継がれ，高殿式たたらの操業技術が伝承されている．

日刀保たたらにおける安部の技術の特徴は，籠り砂鉄の入手が困難であったことから，通常の真砂砂鉄のみによる技術開発を行ったところにある．たたら製鉄の復元を成功へと導いた安部村下の技術とはどのようなものであったか，これを操業記録と安部由蔵からの聞き取り調査の記録から明らかにする．操業記録と聞き取り調査からは高殿の構造，粘土の混練法，道具類の作成法など極めて多くの資料が得られている．

2) 聞き取り調査

平成 2 年 1 月 2 日・同年 1 月 6 日・平成 3 年 1 月 6 日・平成 4 年 1 月 8 日に開催された「村下養成講習会」において，安部由蔵より砂鉄と木炭の装入法について鈴木卓夫が聞き取り調査をおこなった．

昭和初期の靖国鑪時代までの鉧押し法によるたたら操業においては，約

70時間の操業を，籠り，籠り次，上り，下りの4期にわけ，それぞれ性状の異なる砂鉄が使用されてきた．籠り期ではまず銑を作るため同じ真砂砂鉄でも最も酸化の進んだものが用いられ，籠り次期では銑から鋼の生産に切り換える時期であることから，やや酸化度の高い砂鉄が用いられ，上り期，下り期では鉧作りに移行するために，酸化のあまり進んでいない通常の真砂砂鉄が用いられてきた．

3）砂鉄の装入

日刀保たたらの開設にあたっては，諸事情によって籠り砂鉄が入手できなかったため，安部は操業期を籠り，上り，下りの3期に分け，この間通常の真砂砂鉄のみによる操業法を開発した．安部はこの新規操業技術の開発にどのような工夫をしたのであろうか．

①操業第1日目に使用する砂鉄は，やや湿り気のあるものを用いる．あまり乾燥したものは良くない．

②操業第2日目以降に使用する砂鉄は，順次乾いたものを用いる．

③同じく操業第2日目以降に使用する砂鉄は，よく清めたものを用いる．

④早種を用いて，炉内の調整を行う．籠り期のトラブルで早種を用いる時は炉壁に装入しないようにする．砂鉄装入は極力軽吹きをし，しじって（炉内からの音）吹く．

⑤砂鉄の装入はどんなときでも極力軽吹きとする．強吹きは禁物．

これらのことを次に解説する．

i）操業1日目に使用する砂鉄

湿気のある砂鉄は水分でまとまっており，乾燥しさらさらしたものよりも降下が遅い．したがって，時間をかけて十分加熱されることから，早めに還元され，さらに炉内を降下する間に炭素の吸収も十分進行するので，銑が沸き（生成し）やすく，ここに安部は籠り砂鉄に代わる方法を考案した．

ii）操業2日目以降に使用する砂鉄

日刀保たたらの場合，送風開始から操業第2日目の8時頃までを「籠り」，第2日目8時頃より24時頃までを「上り」，第3日目以降を「下り」と3期に分けている．すなわち「籠り次」がない．第2日目は主に上り期に該当し，鉧の成長を促進しなければならない時期なので，銑になりやすい湿った砂鉄を避ける．炭素の吸収に十分な時間がなく1.5％程度の炭素濃度の固液共存状態で鉧になるように乾いた砂鉄に順次切りかえている．

iii）「よく清めた砂鉄」について

「よく清めた砂鉄」とは，磁力選鉱後さらに手作業により良く水洗いをし，土砂を取り除いたもので，これはT.Fe濃度の高い砂鉄である．つまり，先にのべたように，第2日目の8時頃から鉧の成長を促進する必要があるので，鉄分の多いすなわち鋼になりやすい砂鉄に切りかえることを意味している．これは俵が『古来の砂鐵製錬法』[3]の第9節「製錬操業」の中で，「次に上り小鐵，終りに下り小鐵を輿ふ，最も還元し難く，粗粒にして，鋼を造るべき主原料となるべきものとす」と述べていることと一致している．

iv）炉内反応の調整方法

早種とはよく乾燥した砂鉄のことで，これは30分ごとの砂鉄装入時の合間に，ホド穴や炎の状態から炉況を診断して局部的に装入するもので，特に砂鉄がうまく降下しないような場所へ装入される．安部がこの技術の重要性を強調するのは，通常の真砂砂鉄のみによる難しい操業では，常に慎重に炉況を判断し，状況の変化に迅速に対応する必要があるからである．すなわち籠り砂鉄に比べてあまり酸化が進んでおらず，また粒形の大きい真砂砂鉄は，ややもすると局所的に砂鉄の装入量が多くなる事態（ヘビーチャージ）を起こしがちなので，なるべく「軽吹き」（装荷量を少な目に）することが求められるが，結果として砂鉄が炉内全体へ平均して行き渡らないことがあり，このようなときにこの早種という作業が求められる．

なお，この早種という技術は過去の文献等には全く見あたらないが，安部によれば靖国鑪時代にはすでに行われていたという．

4）木炭の装入

①操業第1日目の木炭の装入は，炉の端の方にはやや小さめのものを，炉の中央には大きめのものを装入する．木炭の装入は，籠りでは小さめの小炭を用いて両端をやや高くし，中央に向かって普通の大きさの木炭を低めに装入する．上りと下りは両端から中央まで均一の高さで装入するが，籠り

とは逆に両端には荒目の木炭を装入する．全体的に大きめの木炭を装入し，燃焼を早める．この時，粉炭が炉壁に落ちないように注意する．

②操業第2日目以降は，全体的に大きめの木炭を装入する．

③木炭の装入の仕方は，常に炉の中央部は低く，炉壁側は高めになるようにする．

これらを解説すると次のようになる．

i）木炭の大きさ

操業第1日日の木炭の装入は，炉温がまだあまり上っていないので，炉の中央より炉の端の温度を上げるために，炉の端へ小さめの炭を入れ，炭の燃焼効果の促進をねらったものである．

操業第2日目以降は風量も強くなり，炉温も上るので，炭が大きめのものであっても問題はないとの判断に基づいている．

ii）木炭の装入方法

木炭を炉の中央部には低く，炉壁側へは高く装入する．炉中央部は空気の通りも良く，木炭の燃焼による発熱と熱対流の関係で炉壁側より温度が上る．この熱は，脈動風で風が弱まった時，壁側に広がり熱を与える．炉壁側は風が強く当たらないので壁から約15 cm辺りに装入している砂鉄は飛ばない．

第6章　地下構造

たたら製鉄は炉高約1.2 m の粘土で作られた箱型の炉である．炉は3昼夜の操業後取り壊され，次の操業のために再び築炉された．その下には図3-3に示すような地下構造が作られている．地下構造は深い長方形の穴である．底は二重構造になっており，「カワラ」と呼ぶ透水性のない粘土層の下部に地下水の排水設備があり，上部に炉の粘土の水分を放散させる木炭を詰めた「本床」と空洞の「小舟」がある．この構造を「床釣り」と呼ぶ．従来，地下構造は湿気の防止と保温を目的としているとされているがその機能の詳細は不明であった．

日刀保たたらの平成9年(1997年)から11年の操業実績では，銑と玉鋼の1，2級品の生産量が年々少なくなり，3級品や卸鉄が増加している．その原因として，炉内温度が低下していること，地下構造が築後20年以上経過しており湿気の遮断効果が低下してきていることが考えられた．その後，平成12年(2000年)1月に本床を50 cm ほど掘り下げ，新たな木炭灰を敷き詰める工事が行われた．またこの2カ月前，鳥取地震後にオモテ・マエ側の小舟の端が掘り上げられたので，内部を調査するとともに湿度・温度計を設置した．

本章では，いくつかのたたら地下構造を歴史的に比較検討するとともに，たたら操業中の小舟中の温度と水蒸気濃度の測定および地下構造の熱流および温度分布の計算機シミュレーションから地下構造の機能と役割を明らかにする．

1　地下構造と構築

1)　地下構造の大きさ

高殿の棟の中央から糸をたらして中心点を決め，「床釣り」と呼ぶ地下構

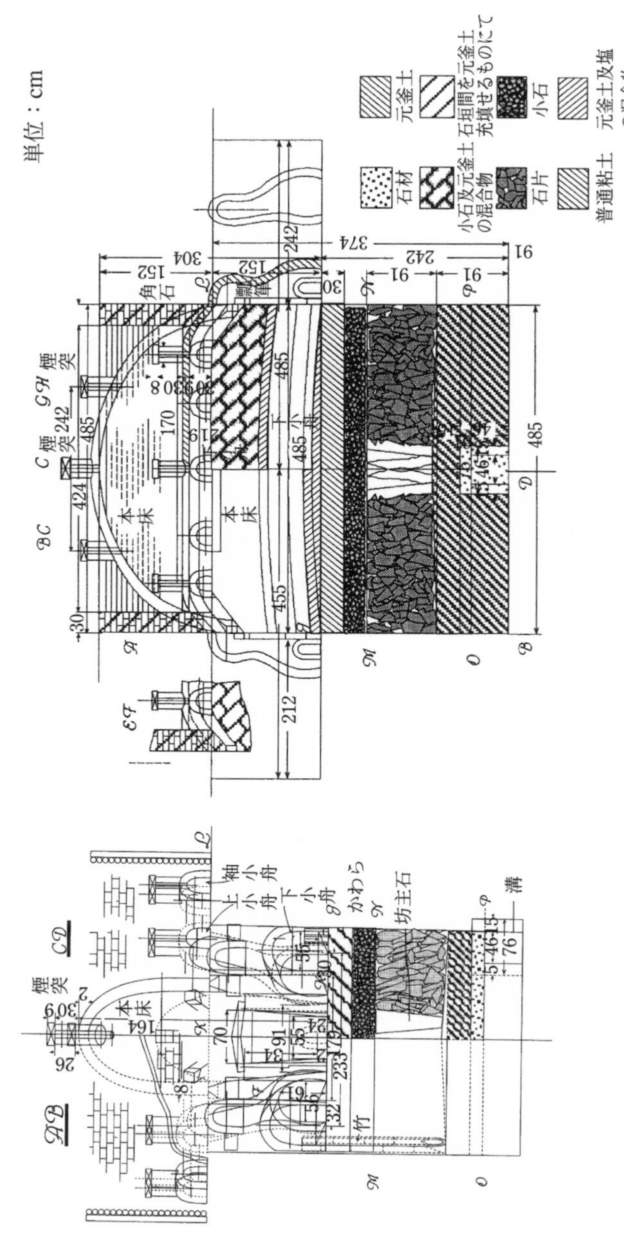
単位：cm
元釜土
石垣間を元釜土充填せるものにて
小石
元釜土及塩の混合物
石材
小石及元釜土の混合物
石片
普通粘土
本床
煙突
角石
竹
坊主石
かわら
溝

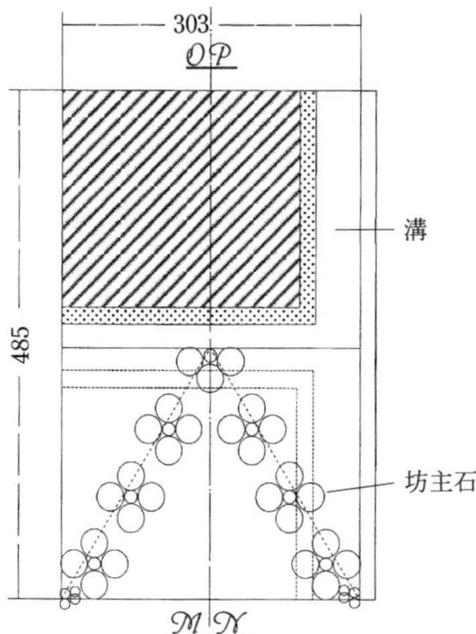

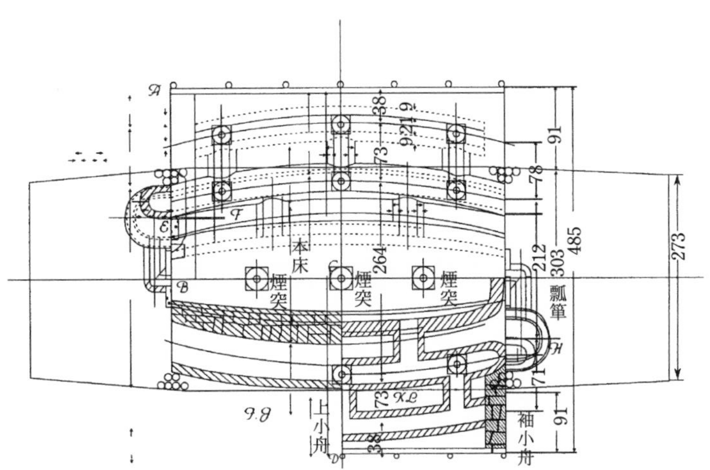

図 6-1　小鳥原鑪の地下構造と乾燥時の構造[3)]

表 6-1　各種たたら炉と地下構造の大きさの比較

たたら炉名	たたら炉の大きさ (m)				地下構造の規模 (m)		
	高さ	長さ	幅 (端，中)	羽口数	深さ	長さ	幅
日本鉄鋼協会	1.10	2.65	0.72，0.93	32	3.18	6.36	6.36
日刀保（靖国鑪）	1.10，1.20	2.70	0.76，0.87	40	3.20	5.50	6.45
砺波鑪	1.165，1.120	2.967	0.755，0.860	38	—	—	—
價谷鑪	1.165，1.120	2.485	0.515，0.655	32	—	—	—
小鳥原鑪	1.100，1.150	—	—	—	3.00	4.85	3.03
弓谷たたら	—	2.1	—	—	3.00	6.5	4.5
『鉄山必用記事』	—	—	—	—	3.03	11.24	5.62

造の位置を決め，その四隅に杭を打つ．地下構造は，「カワラ」の上下で分かれている．上部には「本床釣」と呼ぶ構造部分と，本床と小舟を乾燥させるために木を燃す作業場である「跡坪」のスペースが作られる．表 6-1 に各たたらの地下構造の大きさを示す．

江戸中期に下原重仲が著した『鉄山必用記事』[4] では，床の大きさは長さ 7 尋 (11.24 m)，幅 3 尋半 (5.62 m) で，ここに深さ 1 丈 (3.03 m) の穴を掘る，水が出るときは深さ 1 丈 5, 6 尺 (4.55 ～ 4.85 m) にするとある．

明治期の小鳥原鑪(ひとどばらたたら)は，穴の大きさは長さ 4.85 m，幅 3.03 m で 3 m 位掘り下げるが，地下水の出水が多いときは 4.8 m の深さにする (図 6-1)．

靖国鑪の本床釣は長さ 5.5 m，幅 6.45 m，深さ 3.2 m である．日刀保たたらも同じである (図 4-3)．

昭和 44 年 10 月から 11 月に行なわれた鉄鋼協会の復元実験では，長さ 6.36 m，幅 6.36 m，深さ 3.18 m の穴が掘られた (図 4-5)．

江戸初期か中期のものとされる島根県頓原町 (現飯南町) 出土の弓谷(ゆんだに)たたら遺跡では本床釣の大きさは長さ 6.5 m，幅 4.5 m，深さ 3 m である (図 6-2)．

地下構造の中間には小礫混じりの粘土層からなる「カワラ」があり上下二重構造になっている．

2)「カワラ」から下の構造

『鉄山必用記事』にある鑪と小鳥原鑪では下部の地下構造について次のように述べている．床の底から水が出る場合は底に水門を立て，下り勾配の方

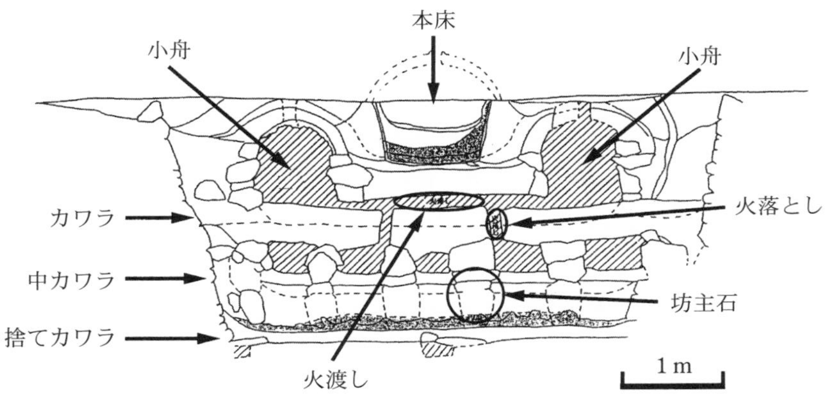

図 6-2 弓谷たたら製鉄遺跡 (19 世紀) の地下構造 [15)]

向に堀抜き，大石を敷いて排水溝を設ける．その上に栗の木の根太を渡し，さらに栗の木を簾の子のように並べ木片を詰めて隙間がないようにする．筵(むしろ)か菰(こも)を被せ上に茅(かや)を敷き，その上に固い粘り気の多い粘土を 1 尺 5 寸 (45 cm) から 2 尺 (60 cm) ほど埋め，十分に叩きかつ踏み固める．この粘土は床の底全面に施す．弓谷たたら遺跡ではこれを「捨てカワラ」と呼んでいる．靖国鑪と日本鉄鋼協会の復元たたらでは床底に小石を敷詰めており，粘土層はない．

排水溝の大きさは腰をかがめれば出入りできる大きさである．小鳥原鑪では 1 尺 5 寸 (45 cm) 四方，靖国鑪では 2 尺 (60 cm) 四方である．栗の木は周囲長さ 2 尺から 3 尺 (60 ～ 90 cm，直径 20 ～ 30 cm) の太さである．弓谷たたら遺跡では深さ 25 cm，幅 30 cm である．

小鳥原鑪と靖国鑪では排水溝は T 字型で，床の片側にたたら炉の長辺に沿って設置し，真中から直角に溝を付けている．弓谷たたら遺跡では床の周囲に沿って四角と両対角線に溝を設置し，石材で蓋をしている．出水が多いときはこのようにする．水があまり出ない場合は T 字型で栗の木の代わりに石蓋を使う．石蓋の上に石を並べ筵か菰を敷いてその上に粘土を入れる．日本鉄鋼協会の復元たたらでは，床底に内径 58 cm のヒューム管を T 字型に接続して入れ，その周りを砕石で埋めた．ヒューム管の上面には一定間隔で穴を開けた．

床の四方の壁の土留は，『鉄山必用記事』[4] や靖国鑪では二重の石垣にして湿気を除いている．小鳥原鑪では，厚み2尺(60 cm)位に材木の垣根を作って笹葉にて畳み込み，周囲から湧出す外部の水分を排水溝に流すようにしている．

底面の叩き締めた粘土の上に「坊主石」と呼ぶ大きな石の角を下にして空間ができるように一定間隔に並べ，小石(栗石)で目を詰めて土が下へ垂れ落ちないようにする．坊主石は掘り下げた床一面に並べる場合と，4個を一組にして四角い床の対角線上に並べる場合がある．靖国鑪では前者であり，小鳥原鑪では後者である．弓谷たたら遺跡では40 cm間隔に横6個，長さ方向に11列メッシュ状に並んでいる．この床釣りの高さは小鳥原鑪では3尺(91 cm)，靖国鑪では1尺(30 cm)であるが，高いほど良い．

水の出が多い場合は，カワラを二重にする．これを「釣上床(つりあげどこ)」と呼ぶ．図6-2は弓谷たたらの釣上床を示す．この空洞は「火落とし」と呼ばれる穴で小舟と結ばれ，小舟同士も「火渡し」の穴でつながっている．この空洞の床には「中カワラ」と呼ばれる小礫と木炭混じりの粘土層がある．「中カワラ」の下は炭化木片層がある．このように床を二重にしたものを「釣上床」と呼ぶ．水が出ない場合は釣上床にする必要はない．

次に四方の隅に湯気抜きの大竹を立てる．竹よりは深山に生えている百日紅(さるすべり)の木で中が空洞になったものを用いるのが良い．竹は床が焼けると燃えてしまうからである．小鳥原鑪では大竹の節を抜いたものを3本ずつ束にしている．

坊主石層の上に小石やノロ砕を1尺(30 cm)敷き詰め，その上にまた筵あるいは藁(わら)を敷き詰めて，その上に粘着力の強い粘土を1尺(30 cm)の厚さに埋め，堅く叩き締める．最後に元釜土に塩を入れて練ったものを厚さ5寸(15 cm)ばかり敷く．靖国鑪では小石(目潰し砂利)の層が5寸，粘土層が2尺となっている．この粘土層を「カワラ」と呼ぶ．

坊主石の下部からこのカワラの上面までの高さは小鳥原鑪では5尺(1.52

m)，靖国鑪と日本鉄鋼協会復元たたらでは3尺5寸(1 m)になる．弓谷たたら遺跡では，この部分は空洞で，下段の坊主石(坊主張(ぼうずばり))の上に大形の石が2段に積み上げられていた．空洞の高さは40～50 cmで，その上のカワラの厚さは約35 cmである．この空洞は詰めた木材を焼き抜いて作られており，このためにカワラには「火落とし穴」が6本設けられた．火落とし穴は両小舟を繋ぐ3本の「火渡し」から2本ずつ下ろされている．

地下構造の角形の対角には本床と2つの小舟を乾燥させるための「跡坪」と呼ぶ作業場が掘られている．深さはカワラの深さで地下構造の外側に作られる．日本鉄鋼協会たたらではこれが地下構造内に作られている．

3)「本床」と「小舟」の構造

『鉄山必用記事』[4)] では次のように述べている．再び棟の中央から糸をたらして本床の中心点を決める．本床の長さは3尋半(5.62 m)で，本床の深さは土居の上まで5尺3寸(1.6 m)あれば深くもなく浅くもなくちょうど良い．底幅が3尺2寸(97 cm)であれば，土居面(本床の上面)の幅は4尺2寸(1.27 m)である．高さ4尺(1.21 m)までは小石を混ぜた土で練塀のように塗り上げ，その上1尺3寸(40 cm)は元釜土を塗る．本床には小木片も加えて木を積み上げ，その上に元釜土で蒲鉾型の甲(屋根)を土居の位置から盛り上げるように作る．

小舟の長さは本床と同じにする．小舟の幅は本床の底幅の半分で1尺8寸(55 cm)，高さ1尺8寸(55 cm)である．小舟の天井は石蓋(石の甲)を懸けるか，石のない所では元釜土で蒲鉾型に甲を懸ける．

「小垣(こがき)」と呼ぶ本床と小舟を隔てる壁と壁の間隔は小舟の幅と同じにする．大きすぎると乾燥に使う木の消費が多くなる．

小鳥原鑪の本床は長さ4.85 m，高さ1.5 m，中央部の幅上部1.21 m，下部90 cmであり，両端では幅上部70 cm，下部60 cmで中央が広がっている．底面は塩を混ぜた粘土を中央24 cm，両端12 cmの厚さに張り，傾斜を付ける．その両側の壁は石垣を組み，厚さ24～40 cmとする．

本床には太さ30～40 cmの材木を下から上に順次太い順に積み上げ，隙間には細い木を入れる．さらに土居面より上に積み重ね，中央を山高にし，左右両端に向けて下げる．その上を，塩を混ぜた粘土で覆い甲を作る．粘土の厚みは左右両端で 18 cm，頂上で 12 cm，甲の高さは中央で 2.79 m，両端で高さ 1 m である．甲には 3 本の煙突を設け，両端は石材で蓋をし目塗りをして塞ぎ焚口を作る．その下に穴（嵐口）を開けて風を入れるようにする．

本床の両側に小舟がある．小舟の幅は 55 cm，高さ 60 cm 位，長さは本床と同じである．小舟も同様に積木し，元釜土と粘土の混合物で甲型の屋根を作る．両端には大石を立て土で塗り塞ぎ，焚口とその下に通風孔（嵐口）を開けて風を通す．小垣は 40 cm 位である．

靖国鑪の本床は長さ 15 尺（4.55 m），幅上部 4 尺（1.21 m），底部 3 尺 8 寸（1.15 m），高さ 5 尺（1.52 m）である．壁は主に栗石を使い，粘土で固める．本床の両脇に小舟を幅 2 尺（60 cm），高さ約 3 尺 5 寸（1.06 m），長さ 15 尺（4.55 m）で作る．この高さは他のたたらの小舟より高い．小垣は 3 尺 4 寸（1.03 m）で小舟の幅より少し厚い．

炉床の発掘調査

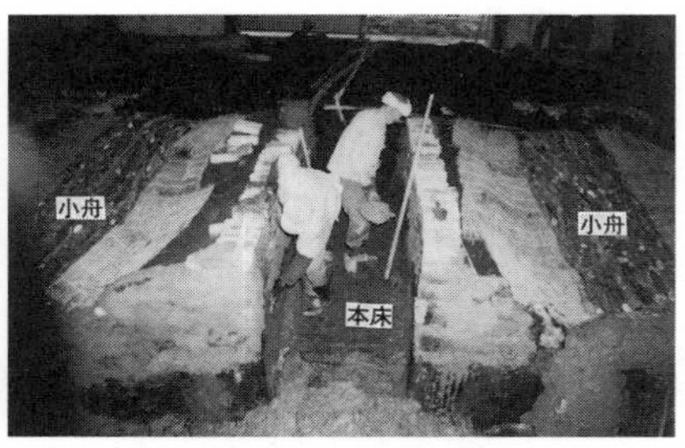

本床と小舟の構築

本床に木を積み上げる

本床の両側の焚口を塞ぐ

図 6-3 日刀保たたらの本床と小舟の改修（昭和 52 年）（鈴木卓夫氏提供）

日刀保たたらの復元では本床と小舟を作り直した(図 6-3)．本床の大きさは靖国鑪とほぼ同じで，長さが 90 cm 短い．材木(主にクヌギ)を積み上げ藁薦(わらごも)を被せて釜土を混ぜた粘土でアーチ状の屋根を懸ける．次いで，両端に釜土で壁を築き，壁の上下に焚き口と嵐口を設ける．小舟の高さも靖国鑪と同じであるが，幅は 75 cm で 15 cm 大きい．本床と同様，材木を積み，藁薦を被せ，その上に粘土を約 25 cm の厚さで被せて屋根を作る．小垣は 93 cm である．

日本鉄鋼協会復元たたらの本床の長さは上端 3.8 m，下端 3.4 m，幅は上端 1.2 m，下端 97 cm，高さ 1.3 m である．小舟は高さ 95 cm で，一方の小舟の幅 70 cm で小垣は 1.28 m，他方は 60 cm と 1.23 m であり，やはり小垣は小舟の幅に近く取ってある．小舟上部には甲型の屋根が粘上で 15 cm の厚さに築かれた．

弓谷たたらの 2 つの小舟は「火渡し」と呼ぶトンネルで繋がっている(図 6-2)．

4) 床焼き

①小舟の乾燥

乾燥は 60 ～ 100 日ほどかかる．まず小舟から始める．小舟内で火を焚いて加熱しながら甲土を叩き締めて乾し上げる．充填した木を焼き抜いたら中を柄振(えぶり)で浚って木を追加し燃焼させる．木が燃えてなくなったら再度追加して焼く．

②本床の乾燥

次いで本床内に材木を積み重ねて中央を山高にして，その上を塩を混ぜた粘土で本床の甲を作る(図 6-1)．本床の両側の焚口から木を燃やし，甲土を叩きながら乾し上げる．床焼きをゆっくり行う場合は，本床の甲は小舟の火焔だけで乾燥できるので，本床の焚口からの燃焼は不要である．甲の乾燥が終わったら本床の中の木を燃焼させる．天井ができて木の半ばが灰になったら木を追加投入して燃焼を続ける．

③小灰の乾燥

さらに，跡坪や土居を埋めるための「小灰」(山土)を小舟や本床の甲の上に盛り上げて乾燥させる．これを「ヌタ作業」と言う．小舟の甲の上に小灰が高さ1尺5，6寸(約50 cm)に溜まって土居と同じ高さになったら，本床の甲の両側に並列に木を積み，上には小木片を置き，その上に土を塗って「上小舟（うえこぶね）」の甲を作る．本床の甲両側の下端部に2カ所ずつ穴を開けてトンネルで上小舟と繋ぐ．本床の火焔が上小舟に入ってその中の木が燃焼し終わったら，そこにも木を追加して燃焼させる．上小舟の上にも山土を盛り上げて焼く．小鳥原鑪では本床の両側の土居面に「上小舟」と「袖小舟」をそれぞれ作った．約15 cm径の材木を3本以上重ね，その隙間を小枝で詰め，その上を粘土で覆って作り，所々に通風用の煙突を設けた．そして「瓢箪（ひょうたん）」と呼ぶ粘土製の煙道を築き下の小舟と連結した．また上小舟と袖小舟は3カ所煙道で連結されている．下の小舟の火炎は瓢箪を通って上昇し，上小舟に導かれる．

本床の甲の上にも小灰を4尺(1.2 m)も盛り上るまで焼く．この時，小灰が本床の両端から跡坪に崩れ落ちないように，両端に「灰持」と呼ぶ練塀を立てる．本床の甲を乾燥させる前に焚口の上3カ所に石を打ち込み，これを「座石」(土台石)にして練塀を作る．小鳥原鑪では両端には各々3個の「角石（つのいし）」と呼ぶ太さ18 cm長さ36～42 cmの角石材を12 cmほど埋め込むとある．小灰は良く焼けたものが良いので，甲が焼けた後も焼土の上で小枝や柴を燃す．小灰は大量に必要で，押立柱(高殿を支える4本の柱)の根元から1丈(3 m)以上の高さになる．

5) 本床の仕上げ

本床には木炭を充填する．そこで本床で炭焼きを行う．槙（マキ）が良いがモチの木やブナの木，底部には松でも良い．炭焼きの初めは水蒸気を含む白煙が出るが，次第に青い透明な煙に変わる．煙の色に応じて焚口下部に設置した嵐穴(通風口)の口を狭める．炭が焼けたら焚口を開け，木を両側の焚口から投げ込んで口を閉め，炭焼きを続ける．7日ほどで炭が甲に届くほどになる．これを「おきため」と言う．ここまでに要する薪材は約37.5トンである．

次いで小舟の口を塗り塞ぎ，本床と上小舟の甲の上に盛り上げておいた小灰を両跡坪に落として埋め，本床の焚口である「火尻（おじり）」など本床釣の穴をすべて埋め戻し曲木(まがりぎ)で良く締めて平らにし，土居の面に揃える．これを「灰すらし」と呼ぶ．この時，上小舟と袖小舟は撤去される．本床には甲に届くまで小木片を詰め，煙突を開けて燃焼させ，甲の割れ目などすべて隙間は塗り塞ぐ．翌日早朝，本床の甲を取り去り，本床の両側に鞴座台を構築する．『鉄山必用記事』[4)]にあるたたらでは吹差鞴を 4 台使っている．

一方，本床の木炭を 2 尋 (3.2 m) の長柄のかけやで叩き砕き，さらに 3.5 m の長さの棒のしなえで筋金より下に 8 寸 (24 cm) から約 1 尺 6 寸 (50 cm) 深くなるように叩き込む．深さが 8 寸より浅いと「鉄がよくふけない」と言われている．この炭を裏灰(うらばい)と呼び，溶銑が炉底に滲み込まないよう良く締めることが重要である．この作業を「てらし落し」と呼ぶ．この後は灰木を燃して下灰(したばい)を打ち，築炉の作業に移る．

2　地下構造の歴史的変遷

製鉄技術が朝鮮半島からわが国に伝えられたのは 6 世紀後半である．さらに 8 世紀前半にはシャフト炉を用いた銑鉄製造技術がやはり朝鮮半島から伝えられた．この当時の炉は斜面を利用した炉体が半分地下に埋まった構造で，特に地下構造と思われるものはないが，6 世紀後半から 7 世紀前半のカナクロ谷製鉄遺跡 (広島県山県郡) (図 6-4) では，深さ 40 ～ 55 cm の底のくぼみに木炭を充填し，その上に鉄滓細片や焼土，木炭などを混ぜた土を充填している．木炭は断熱材であり効果的な水分遮断材である．

11 世紀の大矢製鉄遺跡 (図 6-5) では，舟底形の炉底を良く焼き固めた粘土で 5 ～ 15 cm 覆い，木炭紛を充填して，その上に焼土を敷き詰め炉底にしている．この炉を囲むように幅 60 cm，深さ 40 cm の溝が 2 本長楕円形に掘られ，そこに木炭が充填されていた．これは小舟に対応するものと考えられている．

空洞の小舟が現れ始めるのは 17 世紀に入ってからである．「槙原たたら跡」は真砂土の山地に作られており，その地下構造は幅 2.8 m，深さ 1.2 m の箱型の穴である．底面を焼き，焼土や石礫等を厚く入れて基礎とし，その上に箱状の本床を作り，その谷側に小さな小舟が設けられている．この頃ま

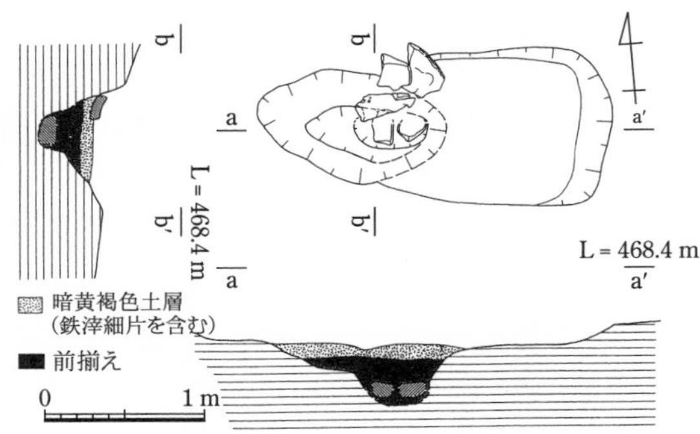

図 6-4 カナクロ谷製鉄遺跡第 1 号炉 (6 世紀後半)[16)]

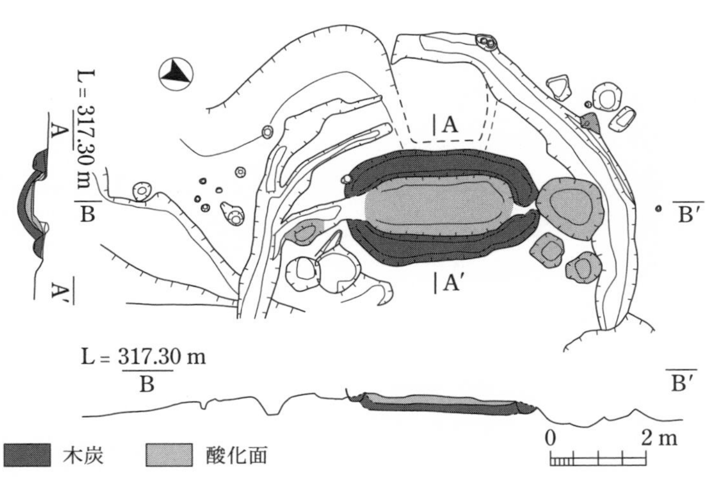

図 6-5 大矢製鉄遺跡 (11 世紀)[16)]

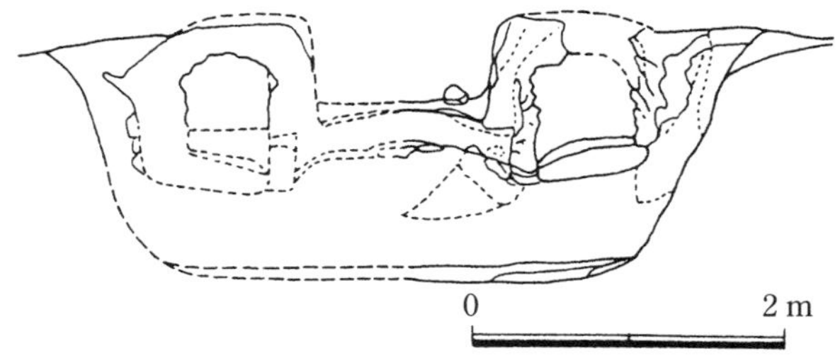

図 6-6 隠地第 1 製鉄炉床（17 世紀）[17]

では野外で操業が行われており，「野だたら」と呼ばれている．

小舟が本床の両脇に作られ，床釣り構造ができるのは 17 世紀後半である．「隠地(おんじ)第 1 製鉄炉床」（図 6-6）はクロボク土山地に作られており，考古・古地磁気測定により 1670 ± 20 年，^{14}C 測定で 1680 ± 90 年頃のものと推定されている．この炉床には 4 本の柱が埋められた跡があり，同時に発掘された遺構から 1650 年頃，高殿の建屋の中で操業が行われ始めたことを示している．地下構造は大型になり，幅 4 m，長さ 12 m，深さ 1.2 m の大きさで，クロボク土を敷き詰め平らにした床釣り部の上に本床と左右に 1 対の小舟を設置している．「カワラ」はまだない．高殿式たたらの初源的なものとされている．

地下からの湿気を遮断するための「カワラ」が作られるようになったのは 17 世紀末期である．「志谷たたら跡」の地下構造は，クロボク質の地層に，幅 4.5 m，長さ 9 m，深さ 1.5 m の穴の底に木炭と厚く焼土を敷き詰めて床釣り部とし，その上全面に真砂粘土を叩き締めた「カワラ」がある．さらにその上に本床と両小舟を設置している．1690 年から 1710 年頃操業していたと記録されている．ただし，この地下構造には「伏樋」という排水溝はない．1710 ± 20 年といわれる「大峠たたら跡」には「伏樋」はあるが「カワラ」はない．地下構造の床釣りが完成したのは 17 世紀末から 18 世紀初頭である．

銑生産（銑押し）用のたたら炉ではさらに複雑な地下構造が作られている．1670 ± 30 年と年代付けられている「朝日たたら跡」では，「カワラ」の下が 3 層になっている．地下構造の底に「伏樋」をめぐらし，さらに横断させて地上へ気抜きし，その上の第 1 層は柱状立石に支えられた空洞層である．第 2 層は支えの柱状立石列の間をクロボク土で埋め，中央に大きい下小舟がある．これらの層の上に本床と一対の小舟が設置され，小舟の間は「火渡し」と呼ばれる通路で結ばれている．このような「火渡し」や「カワラ」の下に空洞を持つ構造は，平成 10 年 (1998 年) に発掘調査が行われた島根県飯石郡頓原町「弓谷たたら」にも見られる．この遺跡は田部家古文書によると 1800 年から始まり，3 期に分かれるが明治 22 年 (1889 年) 以降も操業が行われていた．

「天秤鞴」が発明されたのが元禄 4 年 (1691 年) である．この頃，床釣り型の地下構造の基本が完成したことは，炉の温度上昇に大きく寄与し，結果として生産性が飛躍的に向上したと考えられる．操業時期も秋のみの操業から冬季も行われ，1707 年頃からは通年操業が行われるようになった．床釣りの地下構造の成立した時期が，1770 年から 1800 年にかけての地球の小氷期に入り長雨と大雨に見舞われた時期と対応するという指摘もある．

3　地下構造のメンテナンス

地下構造，特に本床や小舟の整備はどのように行われてきたであろうか．俵は，明治期におけるたたら製鉄を調査した報告の中で，「床焼き」と呼ぶ乾燥作業について「此作業は製鑛作業中最も大切なるものの一にして，七，八年毎に一回之を反覆し爐底を乾燥し其充填材料を新にす.」と述べている．20 日間乾燥後，35 ～ 40 日かけて土を焼いて乾燥させるヌタ作業，この後，本床を炭焼窯と同様に用いて木炭を焼き，本床内に木炭を埋め込むオキタメ，そして，最後に焼いて乾燥させた粘土および本床の甲および上小舟と袖小舟を壊した粘土を跡坪に埋める灰すらしと，乾燥作業は約 60 日に及ぶ．このように乾燥には大量の木材と日数を要する．『鉄山必用記事』[4] では，新しい床の乾燥には 3 万貫 (112.50 トン) もの木が必要で，槙，樫など堅い木が良いと述べている．日刀保たたらでは，本床構築に使用した木材は約 40 トン，小舟の乾燥には 2 週間で約 9 トンの木材を燃焼させ，本床の木炭充填には 8 日間に木材約 20 トンを用いた．

表 6-2 18 世紀以来のたたらの操業期間と本床釣の補修
(鉄と鋼, **87** (2001), 665)

西暦	年	月	たたら炉名						
			古屋谷	大原	雨川	小峠	杭木	叶谷	野土
1734	享保 19		開始						
1735	20	8	床照らし+						
1736	元文元	6-8	床照らし+						
1737	2	1-2	床照らし+						
1738	3		閉鎖 (5)	開始					
1739	4	12-1		床照らし+					
1740	5	8		床照らし+ (鉄沸かず)$					
1743	寛宝 3			閉鎖 (6)	開始				
1745	延享 2	7-11			床照らし+				
1747	寛延元				閉鎖 (5)	開始			
1754	宝暦 4	4				閉鎖 (9)	開始		
1756	6						閉鎖 (3)		
1757	7							開始	
1767	明和 4	12			開始				
1768	5							閉鎖 (12)	
1773	安永 2	7		開始					
1775	4				閉鎖 (6)				
1779	8	1			開始				開始
1782	天明 2	10		床照らし+					
1786	6	2		床照らし+ (炉熱衰え)%					
1788	8								閉鎖 (20)
1789	寛政元	10		閉鎖 (17)					
1794	4								開始
1796	6								閉鎖 (3)
1799	11				鉄穴御鈩&				
1819	文政 2	4			火事# 中止				
1855	安政 2				中止 2 ヵ月				
		7			崩壊# 再建				
1856	3	3			火事#				
		3-4			再建				
1923	大正 12				閉鎖 (94)				

＋床照らし：本床釣の乾燥と補修，＄鉄沸かず：銑鉄生産に失敗，％炉熱衰え：炉温低下，＆鉄穴御炉：雨川たたらを改名，#：この事故で本床釣を補修，(　)：操業年数

高橋一郎は島根県におけるたたら製鉄業の古文書から表6-2を作成した．1734年から記録がある「古屋谷鑪(きやんだにたたら)」では1735年8月，1736年6～8月，1737年1～2月に毎年「床照らし」(床焼き)を行い，1738年に閉鎖している．

1738年から操業を開始した「大原炉」では1739年に床照らしを行い，翌1740年8月には「鉄沸かず」として床照らしを行い，1743年に6年間の操業の後，閉鎖している．この炉は30年後に再開するが，1782年10月に床照らしを行い，翌年2月には「炉熱衰え」により床照らしを行った．そして，17年間の操業の後，1789年に閉鎖した．この時期，年操業月数は5～10カ月である．床照らしは1～2カ月を要しており，本床と小舟を修復した場合には作業月数が長くなっているが，修復の詳細は判明していない．

このように炉の修復が頻繁に行われたことは，地下構造の防湿機能がまだ十分でなかったからであろう．宝暦年間(1751～1763年)には年操業月数が10カ月になり，1772年(安永元年)からは年12カ月操業が行われた．

1743年に操業を開始した「雨川炉」では，2年後の1745年7～11月に床照らしを行っているが，5年後の1747年に閉鎖，その後再開と閉鎖を経て，1779年に再開し1923年まで合計145年間操業を行った．この間，火事による焼失や大破があり，その時に床照らしを行った可能性はあるが，記録は発見されていない．このように地下構造の修復は「永代鑪(えいだいたたら)」になると記録になく，また明治以降は記録がない．

4　本床と小舟の機能

1) 本床の試料採取と分析

日刀保たたらの操業は1月中旬から2月上旬まで3代実施され，一連の操業が終了した後，本床は「ナメクジ」と呼ばれるアーチ形の蓋で覆い，薪を燃して加熱，乾燥した後，メ張りして次のシーズンまで保存する．この間に本床の表面からは水分が吸収される可能性がある．

筋金の配置と試料採取した場所を図6-7に示す．試料採取は平成11年(1999年)12月8，9両日で行われた．試料採取時，本床は5 cm程窪んでいた．試料採取は10カ所(No.1～10)から行い，内径10.7 cm，長さ50 cmの

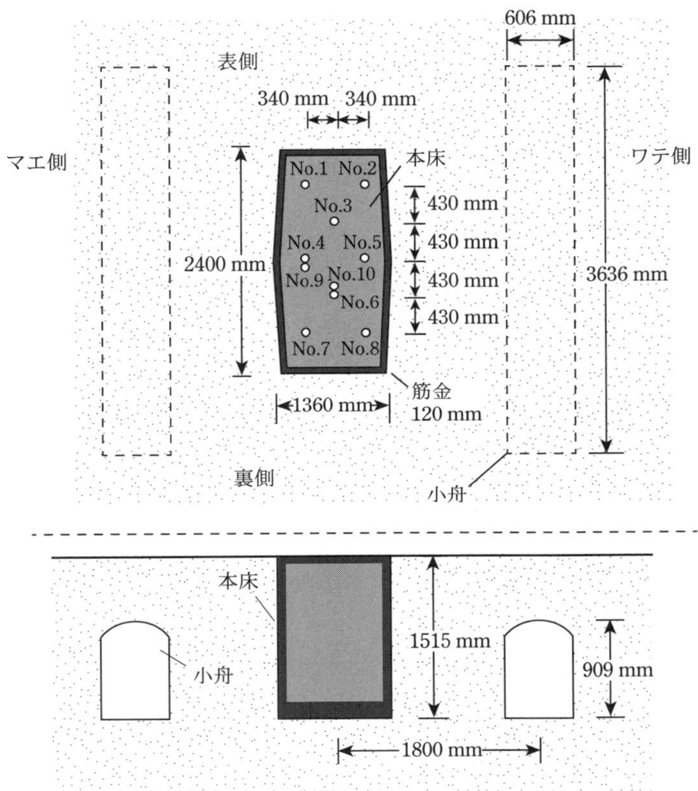

図 6-7 日刀保たたらの本床の大きさと試料採取位置 (No.1 ～ 10)
(鉄と鋼, **87** (2001), 665)

硬質塩化ビニル (塩ビ) 製パイプを打込み，これを掘り出して内部の試料を分析に供した．また，マエ側の本床と小舟の間の土居で，深さ 60 cm の土壌，および小舟中に落ちていた土壌および木炭を採取した．この木炭は小舟底面に散在しており，小舟を築く際に薪を敷き詰め点火して強制乾燥させた時に燃え残ったものである (分析方法は付録の 1)．

2) 本床の灰の嵩密度，水分濃度，定圧比熱および熱伝導度

図 6-8 に本床の嵩密度を示した．筋金から 20 cm 辺りまで嵩密度はほぼ一定で，500 ～ 1000 kg/m^3 の範囲にあるが，さらに深くなると次第に小さく

なる傾向にある．また，中央より両端の嵩密度が大きく，オモテ側よりウラ側が大きい．これは下灰作りで作業員がオモテとウラに並び，しなえで本床を締める際に互いに相手側の床面を打つためである．土居の嵩密度は1200 ~ 1600 kg/m^3 程度である．

本床の水分濃度を図6-9に示した．本床表面の水分濃度は大きく，10 ~ 30 kg/m^3 あるが，深くなるに従って急激に低下し，筋金から25 cm下の辺りで最小の2 kg/m^3 となる．さらに深くなると少し増える傾向にある．これは湿気が本床表面から入ることを示している．土居の深さ60 cmでの水分濃度は20 ~ 30 kg/m^3 であり，本床表面の水分濃度とほとんど同じ程度である．このことは，土居全体が湿っていることを示している．

熱伝導度は嵩密度と関係しており，図6-10に示すように，嵩密度の高い深さ10 cm当たりまでは約0.40 W/(m·K)，20 cmで約0.35 W/(m·K) さらに深くなると約0.25 W/(m·K) と小さく断熱効果が大きい．土居の土壌の熱伝導度は0.25 W/(m·K) と小さいが，小舟の底面は9.20 W/(m·K) と大きく，

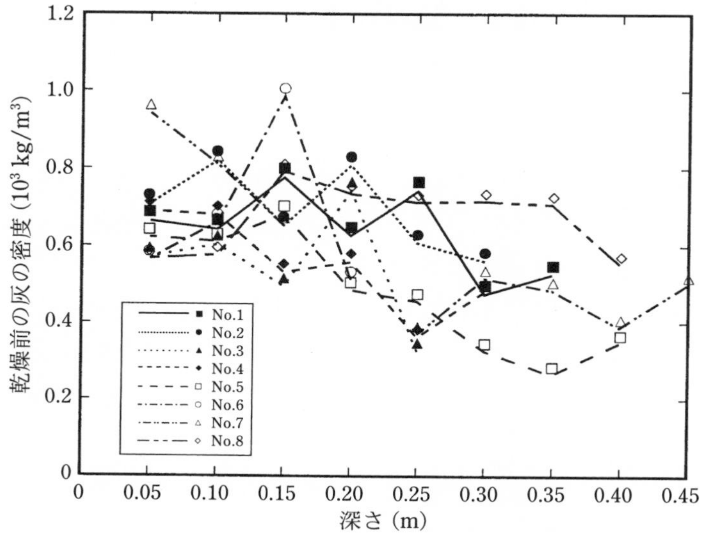

図6-8　本床の木炭粉(灰)の密度分布（鉄と鋼, **87** (2001), 665)

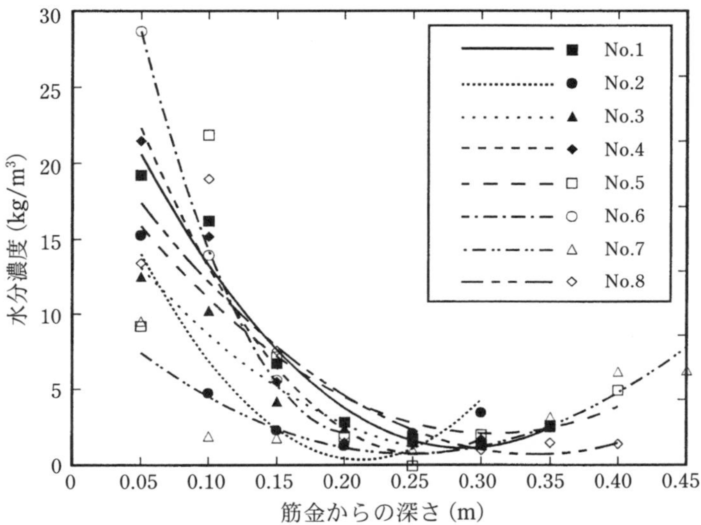

図 6-9　本床の木炭粉 (灰) の中の水分濃度分布
(鉄と鋼, **87** (2001), 665)

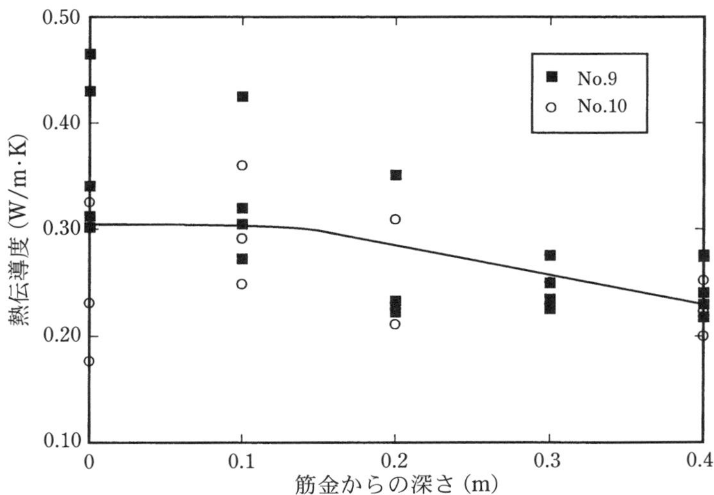

図 6-10　本床の木炭粉 (灰) の熱伝導度の分布
(鉄と鋼, **87** (2001), 665)

熱の放散効果が高い．

定圧熱容量は，本床では約 1.56 kJ/(kg·K)，土居の土壌では約 1.10 kJ/(kg·K) であった．一般の砂や花崗岩は約 0.8 kJ/(kg·K) なので，熱を溜め込む傾向がある．

本床（採取位置 No.9）の成分は木炭粉の他，X 線回折（XRD）分析ではどの深さの試料からもゲーレナイト（$2CaO \cdot Al_2O_3 \cdot SiO_2$）とマグネタイト（$Fe_3O_4$）が検出された．XRD では結晶質炭素のピークは検出されなかったので木炭特有の非晶質炭素である．本床の深さ 30 cm 近傍の試料にはノロの粒が混入していた．これは下灰作りの際振動で落ちたものであろう．また，土居の主成分はシリカで，アルバイト（$Na_2O \cdot 2CaO \cdot 2Al_2O_3 \cdot 3SiO_2$）も検出された．

以上の結果から，本床は水分を吸収するとともに断熱する機能があることがわかる．

3）操業中の小舟の温度，湿度および水蒸気濃度

小舟の大きさは幅 61 cm，高さ 91 cm，長さ 3.64 m で，天井はアーチ型になっており，本床と平行に設置されている．本床の中心から小舟の中心までの距離は 1.82 m である．小舟の表マエ側を掘り起こし，その一端を塞いでいるレンガを一部外して穴を開け，内部を観察すると同時に，入口から約 50 cm の位置にレンガを置き，その上に湿度・温度センサーを設置した．センサーからのリード線は穴から出して上方に導き，天秤山の上に設置した計測器に接続した．小舟は穴をレンガで塞ぎ，埋め戻した後，本床の改修と余熱，3 回の築炉と操業，および操業後にわたって湿度と温度を記録した．

小舟の温度，湿度および水蒸気濃度を図 6-11 に示した．1999 年 12 月 21 日から始まった本床の改修と加熱乾燥により，小舟内の温度は 2 日間で 18℃から 28℃まで上昇し，一方，湿度は 90％から 80％に低下した．水蒸気濃度は次第に上昇し，改修後の 12 月 30 日には温度 30℃，湿度 92％，水蒸気濃度 2.7×10^{-2} kg/m^3 に上昇した．その後，温度と水蒸気濃度は漸減した．

2000 年 1 月 15 日に再び本床を加熱する際には温度 25℃，湿度 98％，水蒸気濃度 2.0×10^{-2} kg/m^3 であり，加熱の間中，温度，湿度，水蒸気濃度ともに大きな変化はなかった．1 月 26 日から 3 昼夜の 1 代操業，2 月 2 日か

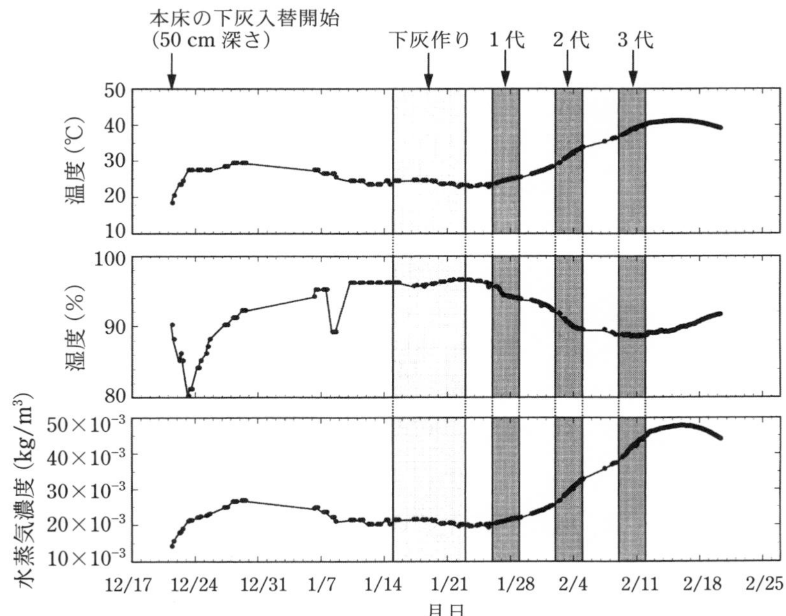

図 6-11 日刀保たたら操業中の小舟の温度，湿度および水蒸気濃度の変化（鉄と鋼, **87** (2001), 665）

らの2代操業，2月9日からの3代操業において温度と水蒸気濃度は次第に上昇し，湿度は低下した．操業終了後も変化し続け，温度は41℃，湿度は89%，水蒸気濃度は 4.8×10^{-2} kg/m^3 に達した．その後，小舟は次第に冷却され，最初の状態に戻った．

4）地下構造における熱流と温度分布

地下構造と炉体を箱型にモデル化し，有限要素法により熱伝導方程式を定常状態で解いた．物性値は実測値を用いた．このモデルでは炉下部で発熱して1350℃の温度が発生しており，炉と天秤山間の土居の地表面は35℃で一定，地下構造の側壁は10℃で一定とした．空気に曝されている炉壁および地下構造の下に木炭層がある粘土層（カワラ）は断熱壁とした．小舟の中の空気は土居と比べ熱伝導度は小さいので伝熱の効果を見るため静止とした．

図6-12 (a) と (b) にはそれぞれ小舟がある場合とない場合の熱流束分布の

計算結果を示した．炉で発生した熱の一部は炉近傍の地表に流れる．他は土居を流れ，天秤山やその後ろの地表に流れる．小舟がある場合は土居から小舟近傍に流れ，小舟の壁に沿って迂回して天秤山の後ろの地表に抜ける．図 6-13 には温度分布の計算結果を示した．小舟がない場合は 100℃以上の領域が天秤山の下にまで伸びている．小舟がある場合には炉側の壁の一部は 300℃近くになるが，小舟の中では温度が急激に低下する．したがって，小舟が断熱の役割をしており炉床の保温になっていることがわかる．

5）本床と小舟の役割

本床の表面に含まれる水分は操業休止中に吸収されたものであり，本床の灰の水分濃度は土居と比べると約 1/10 である．熱伝導度と定圧熱容量は土居と同程度なので，本床は保温より水分含有量の低さに特徴がある．

炉で発生した熱は小舟に向って流れ，一部は小舟を迂回するように流れる．温度は小舟の壁で低下し，熱を遮断している．本床および土居に含まれている水分は炉体の加熱に伴い 100℃以上で 1 気圧の水蒸気になる．水蒸気の化学ポテンシャルは（$G = G^\circ + RT\ln P_{H_2O}$）で表される．$P_{H_2O}$ は水蒸気圧で 1 気圧である．ここで標準状態の値 G° は温度のみの関数で，温度が高いほど大きい．したがって，水分は化学ポテンシャルが高い方から低い方へ熱流に沿って拡散する．

小舟の温度は 23℃から 40℃に上昇し，水蒸気濃度が上昇するが，分圧にして 0.13 気圧程度なので，小舟で水蒸気ポテンシャルが大きく低下する．したがって，水蒸気は小舟に向かって拡散する．実際，小舟の水蒸気濃度が操業中次第に増加することからも，操業中，本床および土居の水分は小舟に向かって移動していることがわかる．

日刀保たたらの本床の表面から深さ 20 ～ 30 cm の水分は「下灰作り」の予熱段階で放散し，一方，築炉の際かなりの水分が粘土に含まれており，操業中に本床から小舟に流れる．水蒸気圧は大気圧と同じ 1 気圧なので，本床が 500℃の所では水分含有量は 0.3 kg/m^3，100℃の所では 0.6 kg/m^3 である．操業中はこの程度の水分が少なくとも本床に吸収されていると見ることができる．本床の水分濃度の測定値は 25 cm 下で最小の 2 kg/m^3 なので，その

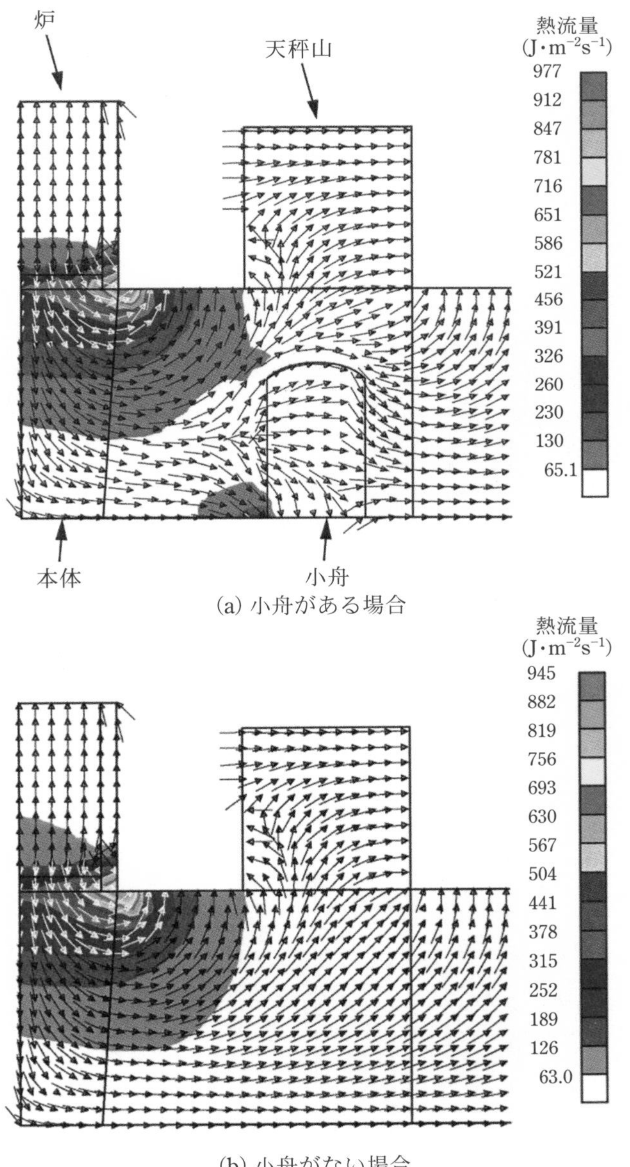

図 6-12　本床釣中の熱流量シミュレーション（鉄と鋼, **87** (2001), 665)

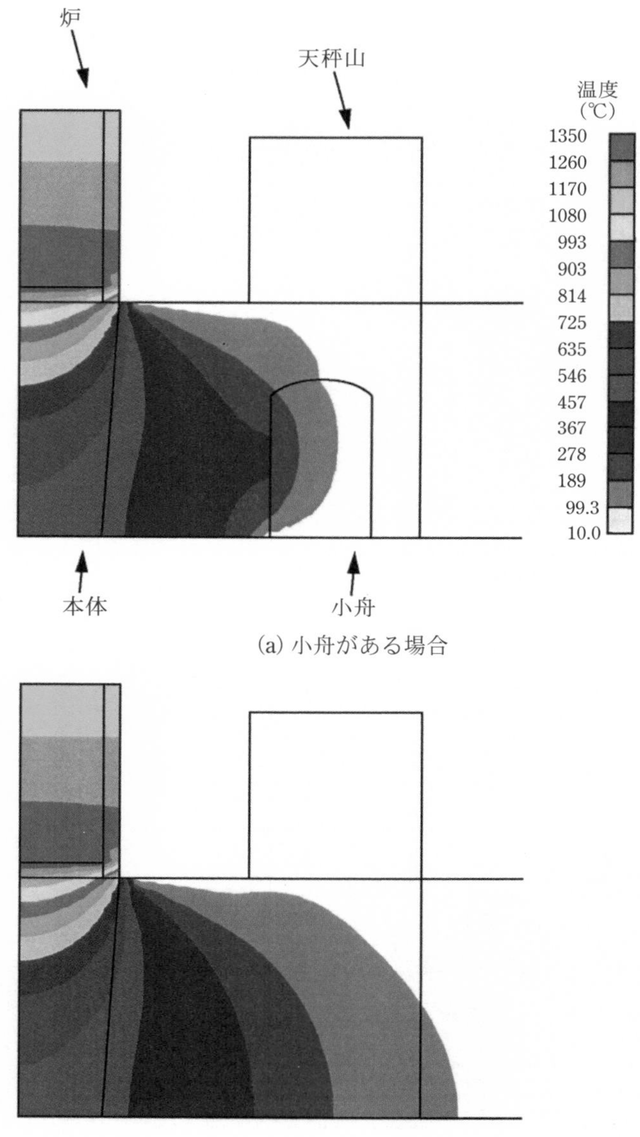

(a) 小舟がある場合

(b) 小舟がない場合

図 6-13　本床釣中の温度分布シミュレーション（鉄と鋼, **87** (2001), 665）

大部分は操業中に水蒸気となり熱流に沿って土居表面や小舟に拡散する.

小舟では温度が40℃と低く水蒸気の化学ポテンシャルが小さく保たれるので，ここに水蒸気が流れ込み凝結して水になる．小舟は一時的に水分を保持するが，さらに周囲に放散する.

靖国鑪の初期の建設では，地下構造をコンクリートと鉄板の箱で作ったが，結局操業に失敗し，石垣積みに作り直した．失敗した理由は，本床と小舟を遮蔽板で囲うと水分は逃げ場を失い，そのまま炉本体に戻ってくるので炉の温度が上らなかったものと考えられる．このことは小舟を含め地下構造を遮蔽すると水分が放散しなくなることを示している．小舟は水分の一時貯蔵庫であり，水分はさらに小舟から地下構造の周囲の石垣の外へ放散されている.

たたら炉の底釜の粘土には1トン近い水が含まれているが，1昼夜の木材燃焼では表面しか乾燥しない．したがって操業中にこの水分は小舟に流れる．さらにたたら操業では，炉底の温度が十分上がらない主な原因は本床から上ってくる水分で，特に本床の乾燥や地下構造の水分の放散が不十分な場合，水分は炉底で蒸発し，その蒸発熱により炉底は冷却され，ノロや銑は凝固して熱の供給を妨げる．その結果，ノロが炉内で固まってしまい，鉧は分散してまとまりがなくなる．したがって，たたら炉の地下構造は炉の粘土に含まれる水分を放散するための精緻な構造になっている．さらに築炉の前には下灰作業と呼ぶ炉床の乾燥と叩き締めが重要である.

地下構造の底の中央には排水溝が掘ってある．この排水溝も周囲が石組みされており，石の蓋がされている．底から荒砂層，坊主石の層，砂利層，木炭層，粘土層（カワラ）の順に積み上げられている．排水性から見ると荒砂は良好で，砂利はそれより劣る．カワラの粘土は実際上不透水層である．地下からの湧水は砂利に吸収され，荒砂を通って排水溝に流れる．水分は粘土層で遮断されるが，一部は毛管現象で粘土層を通って上部に上る．そこでこの湿気をさらに遮断するために粘土層の下に木炭層が設置されている.

6) 平成12年および13年の冬季操業実績と本床修復効果

日刀保たたらでは平成12年（2000年）1月26日から2月12日にかけ3代,

および平成13年1月14日から2月3日にかけ3代の操業が行われた．平成12年の操業に先立ち本床上部の灰が50 cmほど入れ替えられた．これにより，本床上部に含まれていた水分は少なくなり，安定した操業が行われた．図6-14には平成12年の第3代の操業における砂鉄と木炭の装荷量とスラグの発生量を示した．これを昭和53年度に安部由蔵村下が行った7代の操業記録（図4-8）と比較すると，木炭の装荷量は30分ごとに合計6杯（約90 kg），砂鉄は合計初期に6杯（約24 kg），中期から8杯（約32 kg）でまったく同じである．一方，スラグの総排出量を比較すると，5,000 kgから6,000 kgであり，今回のスラグ量4,950 kgと同じ程度である．このことは操業が順調に行われたことを示している．

平成9年（1997年）から平成13年（2001年）に生産された鉧の1代平均の

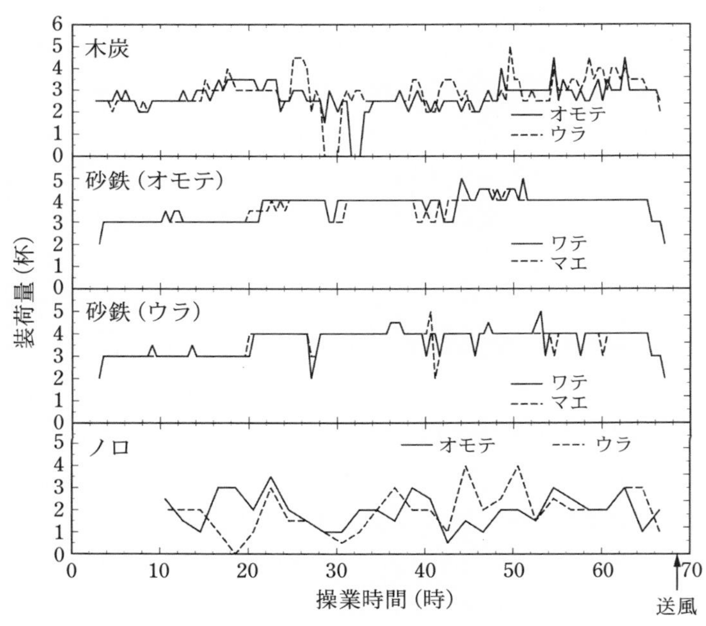

図6-14　平成12年（2000年）の日刀保たたら操業の3代における木炭と砂鉄の装荷量および輩出したノロの量（鉄と鋼, **87** (2001), 665）

表 6-3　平成 9 年～平成 13 年の日刀保たたら操業 1 代における生産物の平均重量 (kg)（鉄と鋼, **87** (2001), 665）

品位	年	平成 13	平成 12	平成 11	平成 10	平成 9
玉鋼	1 級	355	360	292	497	811
	2 級	399	510	354	570	504
	3 級	771	700	815	601	228
目白		51	84	116	136	254
銅下		339	456	308	317	275
卸鉄用		337	294	407	179	52
銑		58	57	34	49	133
合計		2,310	2,461	2,326	2,349	2,257
使用砂鉄重量		9,867	9,433	10,233	10,325	10,375
使用木炭重量		10,072	10,053	10,545	10,725	10,413

玉鋼の等級と定義

等級	炭素濃度 (mass%)	破面形状
1 級品	1.0 ～ 1.5	均一な結晶粒
2 級品	0.5 ～ 1.2	1 級品と 2 級品の間
3 級品	0.2 ～ 1.0	粗い結晶粒

品質の内訳を表 6-3 に示した．銑の生成量は少し増加し，玉鋼の 1 級品の量は平成 11 年より増えている．

このように地下構造の設計概念は，粘土層のカワラで下からの湧水と湿気を遮断して排水溝へ流し，カワラの上部の炉の粘土中の水分や土居の湿気は小舟に逃がし散逸させることにある．これにより炉の粘土に含まれる水分の蒸発熱による炉の加熱への影響を極力小さくしている．炉を盛土の上に構築する場合も盛土の斜面あるいは炉の周りの溝の斜面が小舟と同様な働きをする．

第7章　砂　鉄

たたら製鉄の原料は砂鉄である．しかし，技術が伝わった6世紀後半から8世紀後半にかけ，岡山県南部では主に鉄鉱石が使われた．焙焼し1から7 mmに砕かれた．これは8世紀後半には使用可能な鉄鉱石が枯渇し衰退した．当時，朝鮮半島南西部で行われていた製鉄では主に鉄鉱石が使われており，技術の連続性がうかがえる．しかし，わが国には鉄鉱石は非常に少ないので原料として砂鉄が使われた．

1　砂鉄とは何か

1）原料となる砂鉄の見分け方

砂鉄には大雑把に分けて真砂砂鉄と赤目砂鉄があるが，実際は非常に多くの種類があった．「菅谷に来る粉鉄は様数が多くて良く飲み込んで使わないと間違ったことがある」と堀江村下はいう．「粉鉄はパチパチ良くはじけるのが良」く「使い易いのですが鉄の質とは別で」ある．「上山の真砂」これは上品質の真砂で安心して使える．「川手の真砂」は荒真砂に近いものが多く，心掛けて使わないととんだ失敗をすることがある．「川手の硬い真砂」は上手に使うと上等の鋼が作れた．

「赤目の中にはとても軟らかいもの又粗雑なものもあった.」「赤目がかった真砂もある.」見分け方は「3本指で摘んでみるとちかちかするのが赤目粉鉄である.」「軟らかい砂鉄」とは還元しやすく銑や高炭素の鉧を作り,「硬い砂鉄」は難還元性を意味する．

「川粉鉄」は「赤目に交じっていて時には釜の調子が悪いときには役立つ粉鉄であった.」吉田地方の菅谷には鉄穴山（かんなやま）が多くあり，良い砂鉄が採れた．山奥のもあれば川のものもあり，赤目砂鉄はどこにもない良いものが採れたと言う.

『鉄山必用記事』[4] では，砂鉄の品位の判別法を次のように述べている.

(火中試験)「火中では音をたててはじけるものが上品質の砂鉄であり」,「銑鉄が吹けない事は無い」. しかし，音だけで見分けることは困難で，最終的には試験吹きをする必要がある.

(水汰(ゆ)り試験)「砂鉄を手に握り揉みほぐして細かくした時に赤色になるものは銑鉄を吹きやすい」.「その砂鉄に息を吹きかけてみて多くが吹き飛んでしまうものは低品位であり」,「掌の上で揉んで水中で汰り洗いしてみると手の皺に染み込んだようになるが，この時多くが流れ失せないものは品位が高い」.

「川砂鉄」は少量の水でゆっくり洗う.「洗い樋の上半分に溜まった砂鉄は釼(けら)(鉧)押しに用い，樋の末端に溜まったものを籠り操業に使用」する.

「浜砂鉄」について,「石見(いわみ)の職人はこの砂鉄を用いて銑鉄を吹くのが上手であるが釼は作れない.」これから作った軟鉄は加工しやすく細工に用いるには適している.

火中試験で，火の中に投じるとパチパチ弾けるのは粒度の大きい結晶性の良い磁鉄鉱であり，熱衝撃で割れるからである. これは純度が高いことを示している.「上山の真砂」や川砂鉄で洗い樋の上半分に溜まった砂鉄,「川手の硬い真砂」,「硬い砂鉄」がこれに入る. 水汰り試験で，手の皺に染み込み流れ失せない砂鉄は細かくて重く，純度が高いことを示している. 赤目砂鉄や「軟らかい砂鉄」は還元しやすく銑鉄製造に適しており，操業初期の籠り期と籠り次期にも用いられた.

浜砂鉄は河川を流れ下り，潮汐で洗われる内に細かくなり形は丸くなる. また，TiO_2 成分濃度も高くなる傾向がある.

2) 砂鉄の性質

たたら製鉄の原料は砂鉄である. 砂鉄は磁石に吸引される磁鉄鉱が主成分で，これにチタン鉄鉱が数%から 10 数%，シリカ (珪砂) が数%含まれている. この他に，アルミナやマグネシアなどが含まれており，産地によって特徴がある. 砂鉄は火山が噴火して流れ出るマグマの中に含まれている.

マグマが冷却してできる火成岩には，酸性の花崗岩や花崗斑岩，黒雲母花崗岩，塩基性の閃緑岩，安山岩，玄武岩がある．これらには直径が 0.1 から 0.5 mm 程度の細かい粒状の黒い磁鉄鉱結晶が晶出している．結晶は磁鉄鉱 (Fe_3O_4) の他，フェロチタン磁鉄鉱 ($2Fe_2TiO_4 \cdot Fe_3O_4$，$3Fe_2TiO_4 \cdot Fe_3O_4$)，フェロチタン鉄鉱（ヘマタイト (Fe_2O_3) とイルメナイト ($FeTiO_3$) の混合物）など酸化チタンを含む鉄鉱石である．

岩石は長い年月の間に風雨に曝されて風化し，土砂となって谷に崩れ落ちる．土砂は谷の流水で下流に運ばれ，流れの速度が緩やかになる中流域の淀みや川床に比重の大きい磁鉄鉱粒やチタン鉄鉱粒が溜る．さらに細かい粒は海に流出し，潮汐により浜辺に堆積する．このような場所は，黒い砂浜になるので容易に見つけることができる (図 1-3)．

砂鉄には「真砂砂鉄」と「赤目砂鉄」がある．主に前者は中国地方の山陰側に産出し，後者は山陽側に主に産出するが，混在している．これらの岩石は貧鉱で，前者で磁鉄鉱が平均 1%，後者で 3% 程度しか含まれていない．したがって，流水を利用した「鉄穴流し」と呼ぶ比重選鉱法が行われた．

2　砂鉄の選鉱法

山中の砂鉄採掘場を「鉄穴(かんな)」と呼ぶ．山中の風化した花崗岩を鶴嘴様の打鍬で崩して谷の渓流に落とし，泥水とともに流した．渓流は急傾斜で「走(はしり)」と呼ばれ，0.5 から 4 km 下流にある鉄穴流しと呼ばれる砂鉄選鉱場に送られた．ここでは，砂鉄が混じった泥水を樋に流す．樋の出口には棒を横に置いて堰を作り，ここに重い砂鉄を沈殿させる．珪砂など軽い土砂や泥や細かい砂鉄は堰の上を水とともに流れ去る．砂鉄が堰に溜るとさらに棒を加えて高さを増す．この樋は 5 段あり，上流から砂溜，大池，中池，乙池，洗樋と続く．

伯耆国日野郡砺波鑪付近の鉄穴流しの規模は次のようになっている (図 7-1)．砂溜は長さ 9 m，幅 90 cm，深さ 1.5 m で底部の勾配はない．大池は長さ 11 m，幅 85 cm，深さ 1.2 m で底部の勾配はほとんどない．砂溜と大池の底部は山地のままで，側面に杭を打ち込んで芝を張ってある．中池は長さ

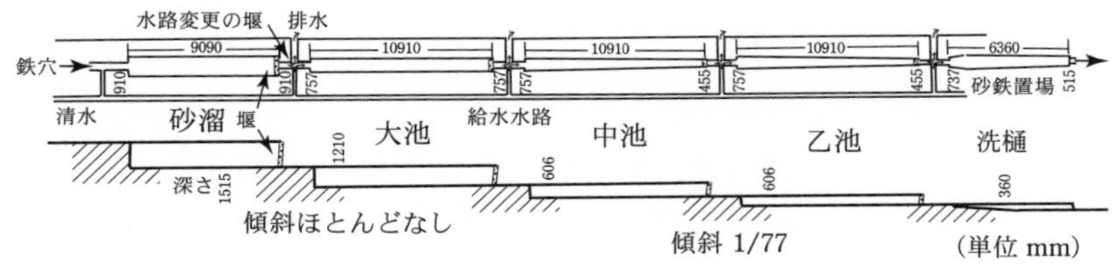

図 7-1　鉄穴流し砂鉄選鉱施設（伯耆国日野郡砺波鑪所属砂鉄選鉱場）[3)]

11 m，幅は上流入口で 76 cm，下流出口で 45 cm と狭まっている．深さは約 30 cm で，底部には板が敷かれ，その勾配は 1/77 である．乙池も中池と同じである．洗樋は長さ 6.36 m，幅は上流入口で 76 cm，下流出口で 50 から 85 cm，深さ 36 cm である．底板の上流部の半分は少し傾斜を付け，下半分は水平である．砂鉄を洗いやすいように底部と側面ともに板を張ってある．

これらの樋に沿って山側に水路が設けてあり，それぞれの樋と樋の繋ぎ目から樋に清水を流し込む．この清水で各池の沈殿した砂鉄を次の樋に流した．一方，繋ぎ目の谷側からは水を谷に落とすようになっており，樋に砂鉄を堆積させる時軽い土砂を谷に流した．この水の流れ方向の調整は，水路に設けた堰の板の開閉で行った．

鉄穴から流れてきた土砂は，砂溜から順次，砂鉄を堆積させ一杯になると下の樋に流した．樋の底部を砂鉄が流れるとき，洗鍬で砂鉄を撹拌し軽い珪砂成分や泥を分離し，砂鉄を濃縮した．洗樋の脇には「小鉄置場」を設け，砂鉄を取り出した．この段階で砂鉄は 20 ～ 23％に濃縮された．明治 30 年頃から，さらに洗樋にて再度洗うことにより 50％に品位を上げた．

山砂鉄の採取は秋の彼岸から春の彼岸までと決まっており，夏は川で砂鉄を採取した．砺波鑪の鉄穴流しでは年間砂鉄 110 トン採取した．

砺波鑪場では砂鉄洗場の「洗舟」と呼ぶ木製の樋で，鉄穴流しから運ばれてきた砂鉄をさらに洗い，80 ～ 85％にまで濃縮した．この樋は長さ 7.24 m，上流入口で幅 78.8 cm，深さ 35 cm，下流出口で幅 47 cm，深さ 21.2 cm であり，勾配は上流部の 2/3 は 1/15，下流部の 1/3 は 1/20 である．洗船には中を膨らませた形のものもあった．砂鉄洗場は鉄穴流しの設備に付属している場合もあった．

鉄穴流しの規模は地方によって異なるが，5段の樋の構成は同じである．樋を2列に並べ交互に使用する構成もあった．樋の傾斜は真砂砂鉄と赤目砂鉄で異なり，伯耆国日野郡柱ヶ谷鉄穴では前者が1/30，後者は1/45となっていた．

川砂鉄は，斐伊川中流域の緩やかになった川床に溜った砂鉄を「鋤板」で集めた．鋤板は縦90 cm，前幅58 cm，後幅54 cmの底の平らな板で高さ7 cmの側板が張り付けてある．これに斜めに柄がついている．砂鉄の薄い層を下流の方から上流に向かって徐々に押し，ときおり先端を浮かせ揺って砂を流し，鋤の上に溜った砂鉄を「川舟」に移す．川舟は長さ10.19 m，幅1.87 m，高さ60 cmの底が平らな木船である．岸辺の洗舟まで運ぶのに使用した．川の洗舟（小鉄舟）は，長さ2.08 m，幅1.245 m，高さ52 cmの勾配をつけた木製の樋である．川舟で運搬した砂鉄を洗舟の奥に積み，柄杓で水を掛け，砂を洗い流して品位を高めた[19]．

浜砂鉄は，浜で砂鉄を収集し，洗舟と同様な方法により流水中で洗い選鉱し，塩分や貝殻片などを除去した．

砂鉄を選鉱した残りの砂は「真砂」と呼ばれ，粘土と混錬してたたら炉の炉材に用いた．

3　各地の砂鉄の組成

表7-1に各地の砂鉄の成分組成を示した．明治期に行われていた砺波鑪で用いられた砂鉄は操業の4段階，籠り，籠り次，上りおよび下りで異なった砂鉄を使い分けた．(Fe_2O_3%)/(FeO%)の濃度比は砂鉄の酸化度を表し，マグネタイト(Fe_3O_4)では2.22である．籠りではFe_2O_3の多い酸化した砂鉄が使われ，籠り次では酸化度は下がり，上り，下りではマグネタイトの多い真砂砂鉄が使われた．順次酸化度が下がっている．靖国鑪と日本鉄鋼協会復元たたらでは籠り期に酸化度の高い砂鉄が用いられた．日刀保たたらは，昭和55年以外では全工程で真砂砂鉄だけを使用している．

表 7-1 砂鉄の成分組成 (mass%) (鉄と鋼, **85** (1999), 911)

炉名称	砂鉄種類	T.Fe	FeO	Fe_2O_3	SiO_2	TiO_2	Al_2O_3	MnO	CaO	MgO	V_2O_3	Fe_2O_3/FeO	TiO_2/T.Fe
砺波鑪	籠り	58.05	11.38	70.30	6.24	5.40	4.55	0.88	0.29	0.20	0.14	6.17	0.093
	籠り次	58.64	17.54	64.28	5.03	4.60	5.80	1.42	0.34	0.13	0.15	3.66	0.078
	上り	60.37	22.91	60.79	4.61	4.73	4.03	0.91	0.72	0.21	0.20	2.65	0.078
	下り	60.38	21.30	62.59	7.23	2.69	4.17	0.67	0.32	0.05	0.16	2.93	0.045
靖国鑪	籠り	56.55	21.52	66.05	7.90	2.15	5.50	0.57	0.38	—	0.30	3.06	0.038
	籠り次	56.96	20.33	60.50	8.18	2.46	5.90	0.57	0.58	—	0.27	2.97	0.043
	上り	58.13	21.20	60.46	7.90	2.24	3.86	0.48	0.70	—	0.29	2.85	0.039
	下り	59.86	22.85	62.45	7.45	1.67	2.87	0.32	0.42	—	0.27	2.73	0.028
日刀保たたら	籠り*	59.41	20.91	61.71	7.38	3.06	2.43	1.005	0.34	0.27	0.18	2.95	0.052
	上り・下り#	61.50	24.66	62.51	5.40	0.69	1.70	0.26	0.86	0.31	0.36	2.53	0.011
	真砂砂鉄	60.23	23.10	62.83	7.88	1.11	2.01	—	1.06	0.87	—	2.72	0.018
鉄鋼協会	籠り砂鉄	54.06	19.26	55.90	9.24	4.75	2.27	0.78	0.29	0.33	—	2.90	0.088
	真砂砂鉄	61.21	24.72	60.05	4.24	5.12	1.15	0.65	0.64	0.51	—	2.43	0.084
千種	岩野辺川砂鉄	53.84	—	—	13.20	3.17	5.10	0.48	0.54	1.23	0.41	—	0.059
中倉	真砂砂鉄	59.00	24.72	64.45	8.40	1.27	2.34	—	2.24	1.54	0.064	2.61	0.022
楮谷	赤目砂鉄	52.07	19.55	52.71	14.50	5.32	4.98	—	2.68	0.94	0.095	2.70	0.102
價谷鑪	浜砂鉄	57.19	21.41	57.98	5.27	9.83	0.55	1.04	0.41	0.29	0.18	2.71	0.172
房総半島	館山，浜砂鉄	48.04	—	—	12.91	7.60	4.55	0.46	1.56	4.77	0.89	—	0.159
	千倉，浜砂鉄	51.80	—	—	8.92	8.81	3.64	0.54	0.89	3.98	0.78	—	0.170
東京湾	稲毛，浜砂鉄	42.40	—	—	16.08	9.13	4.65	1.23	4.36	4.36	0.51	—	0.215
ニュージーランド	タハロア，浜砂鉄	56.90	28.16	—	3.82	7.65	3.56	—	1.44	3.39	—	—	0.134
多摩川	川砂鉄	55.15	—	—	6.95	8.64	3.57	0.44	0.50	2.82	—	—	0.157

*：籠り砂鉄は細谷から採取されて磁力選鉱され，リンと硫黄がそれぞれ 0.052 mass%と 0.009 mass%含まれている．

#：この段階では羽内谷で採取され，磁力選鉱された「真砂砂鉄」が使用された．リンと硫黄はそれぞれ 0.071 mass%と 0.032 mass%含まれている．（*＃：昭和 55 年採取）

砂鉄は選鉱により磁鉄鉱の濃縮の度合いが異なる．そこで，チタンの成分濃度を全鉄濃度 (T.Fe) で割った値 (TiO_2%/T.Fe%) で砂鉄の特徴を評価した．すなわち，砂鉄にフェロチタン磁鉄鉱やフェロチタン鉄鉱のチタン鉄鉱石が含まれている割合を示している．砺波鑪から宍粟市千種町岩野辺の川砂鉄と中倉の真砂砂鉄はこの比が，0.1 より低い値である．千種町はたたら製鉄が古くから行われており，千種真砂砂鉄とそれで作られた宍粟鉄は品質の良さでよく知られていた．しかし，天児屋たたらを最後に明治 18 年操業を止めた．楮谷(こうぞたに)の砂鉄は赤目砂鉄であり，比は 0.102 と少し酸化チタンが多くなっている．價谷鑪で使用した砂鉄は浜砂鉄 7 に対し真砂砂鉄 3 を配合したものである．これを含め，房総半島の館山と千倉，東京湾稲毛，ニュージーランド・タハロアの浜砂鉄の比は 0.134 から 0.215 であり，チタン鉄鉱石の濃度が高い．多摩川の川砂鉄も浜砂鉄と同じ程度の値であり，チタン鉄鉱石の濃度が高い．このように地域により異なることがわかる．

各種の砂鉄の成分組成を比較すると，砺波鑪，日本鉄鋼協会たたらおよび日刀保たたらで用いられた砂鉄は，(TiO_2%/T.Fe%) 比が 0.1 より小さく，かつ (SiO_2%) / (T.Fe%) 比が 0.1 程度でノロが流れやすくなっている．價谷鑪で用いた砂鉄は前者の比が 0.17 と大きいが後者が 0.092 と小さく，やはりノロの粘性を下げて操業している．一方，ニュージーランドや房総半島，東京湾の浜砂鉄や多摩川の川砂鉄には TiO_2 や SiO_2 が多く含まれている．したがって，ノロの融点が上がり粘性も高くなるので，ノロの流出が困難になる．ノロが流出しないと羽口が詰まり，操業が困難になる．

たたら製鉄では操業の難易に砂鉄の成分組成が大きく影響している．平安初期までの製鉄遺跡は各地に発掘されているが，その後，製鉄地域は，島根県出雲と石見，鳥取県伯耆，広島県備後，兵庫県宍粟の千種，青森県の久慈である．これらの地域は花崗岩の地質であり，酸化チタン成分の少ない砂鉄が鉄穴で採取できた．広島県備後の砂鉄は酸化が進んでおり，(Fe_2O_3%) / (FeO%) 比の酸化度が大きく銑押しに用いられた．

4　籠り砂鉄を用いた操業

昭和19年(1944年)に操業を終えた靖国鑪までのたたら操業では，約70時間の操業を籠り，籠り次，上り，下りの4期に分け，それぞれ性状の異なる砂鉄を用いた．籠りと籠り次期には「籠り砂鉄」と呼ばれる砂鉄を使用した．操業初期に用いられた籠り砂鉄とは何か，その使用目的は何であろうか．

昭和44年(1969年)に日本鉄鋼協会が島根県飯石郡吉田村において行った「復元たたら」では，籠り期に赤目(あこめ)系砂鉄を使用した操業が行われていて「報告書」にまとめられている[5)]．しかしその内容は籠り砂鉄の効用についてまでは言及されていない．一方，日刀保たたらでは真砂砂鉄のみを使用した操業を行っているが，昭和55年に籠り砂鉄を使った操業を行っている．籠り砂鉄使用の有無で操業結果にどのような違いが出るであろうか．

1) 日刀保たたらにおける籠り砂鉄を使用した操業

安部由蔵が古法に基づく籠り砂鉄使用による操業ができなかった理由は，籠り砂鉄を埋蔵する場所が国有地や県有地であり，籠り砂鉄を確保できなかったことによる．幸い，地元の土地所有者の協力を得てある程度の籠り砂鉄を確保することができたので，古法を研究しておく必要から，籠り砂鉄使用による操業実験を昭和55年(1980年)11月から同年12月にかけて3代実施した．また同時期に真砂砂鉄のみを使用した操業を4代実施し比較した．

①籠り砂鉄の採取場所，期間および採取方法

安部由蔵と木原明の調査のもとに，島根県仁多郡横田町大崎竹崎細谷(ほそだに)から，昭和55年11月2日より同年11月22日にかけて籠り砂鉄を採取した．細谷より原鉱170トンを採取し，これを日刀保羽内谷(はないだに)鉱山において磁選し，3,400 kgの精鉱を得た．原鉱におけるT.Fe濃度は約2%である．精鉱のT.Feは59.41%である．

昭和55年度の操業は7代行ったが，このうち2代，3代，5代の計3回の操業は「籠り期」に籠り砂鉄を，「上り期」と「下り期」は羽内谷鉱山で採取した真砂砂鉄を使用して操業を実施した．他の1代，4代，6代，7代は真砂砂鉄のみを使用した．ここで「籠り期」は従来の「籠り次期」を含んでおり，区別されていない．

2代は昭和55年11月30日から12月6日まで，3代は12月7日から13日まで，5代は12月25日から31日までのいずれも7日間であった．操業には，表村下を安部由蔵が，裏村下を木原明村下代行（現日刀保たたら村下）が務めた．

②操業方法

日刀保たたらの全操業時間は約68時間である．使用送風量は籠り砂鉄を使用した場合で710 m^3/hrから約24時間後に839 m^3/hrに増風された．真砂砂鉄のみを使用した場合では775 m^3/hrから839あるいは904 m^3/hrに増風された．砂鉄の装入は30分ごとに行われ，1日目の籠り期では1回に平均8杯，それ以降は平均12杯であった．砂鉄1杯は約4 kgである．木炭は平均3杯（約45 kg）である．なお，木炭はナラ，クヌギ等の落葉樹の雑炭であり，拳大の大きさに砕いた．

籠り砂鉄の使用時間と使用量を表7-2に示した．2代では初装入から10時間経過するまでに500 kgを使用し，3代では13時間経過するまでに1,100 kgを使用，5代では12時間経過するまでに1,105 kgを使用した．以後は真砂砂鉄を装荷した．

全工程を真砂砂鉄のみ用いた操業では，籠り期において湿気のある砂鉄を用いた．炉内反応状況の調整には早種（乾燥した真砂砂鉄）が適宜用いられた．

③操業結果

操業結果を表7-2に示す．籠り期に籠り砂鉄を使用した操業で得られた玉鋼の生産量と，全工程真砂砂鉄のみを使用した操業で得られた玉鋼の生産量とを比較してみると，前者の場合，その平均値は玉鋼1級品が356 kg，2級品が233 kg，合計589 kg，後者の場合，玉鋼1級品が245.3 kg，2級品は147.3 kg合計392.6 kgとなる．これを全鋼量に対する割合でみると，前者で玉鋼が41.3％のうち1級品が24.9％，後者では玉鋼が29.1％のうち1級品が18.2％となり，籠り砂鉄を使用した場合の方が高い収率を得た．

5代の操業では，砂鉄を十分洗ってT.Feが60～63％と高くなった籠り砂鉄を3代の操業の時とほぼ同量（1,105 kg）使用した．この場合，玉鋼の合計

表 7-2 籠り砂鉄を使用した場合と使用しなかった場合の鉧と玉鋼の生産量（鉄と鋼, **85** (1999), 911)

代	操業時間(時)	籠り砂鉄		真砂鉄重量(kg)	木炭重量(kg)( )+	鉧重量(kg)	銑鉄重量(kg)	玉鋼重量(kg)( )：鉧に対する%			ノロ(kg)( )++
		装入時間(時)	重量(kg)					1級	2級	合計	
2代	67：35	10	500	6,100	9,574 (1.45)	1,385	21	354 (25.6)	202	556 (40.1)	4,910 (74.4)
3代	66：50	13	1,100	6,534	11,218 (1.47)	1,558	56.5	408.5 (26.2)	297	705.5 (45.3)	6,420 (84.1)
5代	66：40	12	1,105	6,994	10,316 (1.27)	1,339	45	306 (22.9)	199	505 (37.7)	6,780 (83.7)
平均	67：02	12	902	6,543	10,369 (1.39)	1,427	40.8	356 (24.9)	233	589 (41.3)	6,037 (81.1)
1代	67：20	—	—	7,854	9,988 (1.27)	1,362	27	273 (20.0)	173	446 (32.7)	5,320 (67.7)
4代	67：30	—	—	8,837	10,419 (1.18)	1,570	80	280 (17.8)	200	480 (30.6)	6,070 (68.7)
6代	68：20	—	—	7,985	9,884 (1.24)	1,153	20	193 (16.7)	121	314 (27.2)	5,490 (68.5)
7代	69：10	—	—	8,190	11,144 (1.36)	1,307	74	235 (18.0)	95	330 (25.2)	5,020 (61.3)
平均	68：05	—	—	8,217	10,359 (1.26)	1,348	50.3	245.3 (18.2)	147.3	392.6 (29.1)	5,475 (66.6)
砺波鑪$	68	9：57	1,350	11,475	13,500 (1.05)	2,138	1,575			1,125 (52.6)	15.200 (118)
價谷鑪$	85：35		2,775 (山砂鉄)	15,300 (浜砂鉄)	18,000 (1.00)	337.5	4,500				
靖国鑪	71	17	2,610	12,301	14,900 (1.00)	577#	1,519$			577$	
						3,728（合計）$					
鉄鋼協会 1代	76：04	30：34	1,764	4,893	8,436 (1.27)	1,750	210	C：0.23-0.87%，Si：0.03-0.34%，P：0.039-0.070%			
鉄鋼協会 2代	71：21	22：46	1,900	5,328	7,689 (1.06)	1,380	310	C：0.60-0.93%，Si：tr-0.01%，P：0.023-0.053%			4,804 (66.5)
鉄鋼協会 3代	68：45	22：30	1,481	4,241	5,687 (0.85)	700	165	C：0.73-1.36%，Si：tr-0.18%，P：0.026-0.037%			

＋：砂鉄に対する木炭の重量比．＋＋：砂鉄に対するノロの重量%．＄：1943年の平均．＃：分類が異なり，低品位鋼を含まず．

も1級品も収率が少し落ちている．

籠り砂鉄を使用した3代の操業の特徴は，操業第1日目の送風開始から9時間で，数カ所のホド穴で「金花(かねばな)」を確認したことである．金花とは，ホド突きという鉄棒をホド穴（羽口）へ差し込み，それを抜いたとき，棒の先に付着した鉄が線香花火のように飛び散る様子をいい，このような早い時間に確認できたということは，通常の操業に比べて早期に鉧が生成し始めていることを示している．

1代から7代のいずれの操業でも初ノロ（最初に流出するスラグ）が出た時間は送風開始から9時間半ほどであった．しかし，籠り砂鉄を使用した操業ではいずれも第1日目の出滓と流動が特に良好で，初ノロは2代では1.5 kg，3代では4 kg，5代では5 kgと，他の操業での1～2 kgと比べるとノロの出が良かった．特に，3代では普通であれば「湯はね」という道具を用いてノロの流出を促すことが多いが，この時はこの作業を行わなくても自然に吹き出るように流れ出した．このことは従来の真砂砂鉄のみを用いた操業には見られなかった現象である．

全出滓量の全砂鉄量に対する割合を見ると，籠り砂鉄を使用した操業の場合74.4から84.1％で，真砂砂鉄のみを用いた操業の場合の61.3から68.7％を上回っている．

銑の生産量は，昭和52年（1977年）は1代平均178 kg（鉧に対し14.8％），昭和53年194 kg（同13.7％），昭和54年178 kg（同11.3％），昭和55年46 kg（同3.2％），昭和56年363 kg（同20.5％）と昭和55年だけ少なく，これは7代すべてに共通している．しかし，この理由は不明である．

2）明治期のたたら製鉄操業における籠り砂鉄

明治31年と32年に行われた俵國一の調査では，伯耆の砥波鑪は「鉧押し」と呼ばれ銑と鉧を半々生産し，石見の價谷鑪は「銑押し」と呼ばれほとんど銑を生産した．

操業は，鉧押しでは「籠り」，「籠り次」，「上り」，「下り」の4段階に分かれ，表7-1に示すようにそれぞれの段階に特有の砂鉄が使われた．

銑押しでは「籠り」，「明け押し」，「降り」の3段階に分け，最初の2回の

表 7-3　明治期における砺波鑪と價谷鑪の操業実績

操業段階		時間	砂鉄 (kg)	木炭 (kg)	流れ銑鉄 (kg)	鉧塊 (kg)	ノロ (kg)
砺波鑪	籠り	5 時間 7 分	787.5	4,500	4:40 初出銑 33:30;225 40:30;170 46:30;22.5		4:40 初ノロ
	籠り次	4 時間 50 分	562.5				
	上り	17 時間 40 分	3,375	2,250			
	下り	38 時間 50 分	8,100	6,750			
	合計	66 時間 27 分	12,825	13,500	790	2,810	15,200
價谷鑪	籠り	約 24 時間	最初 2 回 洗い滓装入		1,125$		3:15 初ノロ
	明押し	約 24 時間			1,125		
	降り	37 時間 20 分			2,250&		
	合計	85 時間 20 分	18,075 +	18,000 #	4,500	337	—

: 裏銑を含む.　+ : 山砂鉄 2,775 kg と浜砂鉄 15,300 kg を混合これに少量の洗い滓を加えた.

: 内松炭 1,125 kg (最初の 3 時間使用).　$: 6 : 20 初出銑.　& : 84 : 55 ヤリキリ (最後の出銑).

表 7-4　日刀保たたらと砺波鑪，價谷鑪，鉄鋼協会復元たたらの玉鋼と銑の組成 (mass%)

砂鉄		鋼	C	Si	Mn	P	S	Ni	Cr	Mo	V	Co	Cu
日刀保たたら	籠り砂鉄と真砂砂鉄	1 級	1.42	0.01	<0.01	0.025	0.004	0.01	0.02	0.03	0.01	0.02	0.01
		2 級	1.19	0.02	<0.01	0.025	0.005	0.01	0.02	0.02	0.01	0.02	0.01
		3 級	0.60	0.02	<0.01	0.025	0.005	0.01	0.01	0.02	0.01	0.01	0.01
	真砂砂鉄	1 級	1.30	0.02	0.01	0.057	0.012	0.01	0.01		0.01		0.01
		2 級	0.44	0.02	0.01	0.057	0.018	0.01	0.01		0.01		0.01
		3 級	0.19	0.31	0.01	0.021	0.004	<0.01	0.01		0.01		0.01
砺波鑪		最上	1.33	0.04	tr.	0.014	0.006						
		玉鋼	0.89	0.04	tr.	0.008	Tr.						
		銑 (上り)	3.61	0.03	0.01	0.033	0.01						
		銑 (下り)	3.55	0.02	tr.	0.043	0.01						
價谷鑪		ヤリキリ銑	3.63	tr.	tr.	0.10	0.003				なし		tr.
鉄鋼協会 (2 代)		鉧	0.80	0.02	0.003	0.035	tr.						
		銑 (籠り)	3.58	0.0006	tr.	0.117	tr.						
		銑 (上り)	3.21	0.0015	tr.	0.044	tr.						

砂鉄装入では砂鉄精洗の洗い滓（珪石砂が多い砂鉄）を装入し，以後は山砂鉄と浜砂鉄を3：7に配合したものに適宜少量の洗い滓を加えたものを使用した．この配合割合は村下の判断で変更された．また，これらの砂鉄の3分の1は焙焼したものである．砂鉄と木炭はおよそ25分ごとに挿入された（表7-3）．

3）日本鉄鋼協会復元たたら操業における籠り砂鉄

日本鉄鋼協会は，島根県飯石郡吉田村菅谷に高殿と地下構造を建設して，昭和44年（1969年）10月25日から11月8日まで3代たたら操業を行い，たたら製鉄の復元を行った．操業は，「籠り」と「下り」の2段階に分けており，籠り砂鉄は大正12年（1923年）に採取され菅谷たたらに保管されていた赤目砂鉄で，真砂砂鉄は皆生（かいけ）の浜砂鉄である．操業は3代行われた．

この操業では，籠り期が20～30時間で，他の操業の2倍近い．銑は流れ銑で全鉄生産量の10～15％である．鉧の炭素濃度は表7-4に示すように1％以下である．

5　籠り砂鉄の性状

籠り砂鉄とはどのような砂鉄であろうか．1784年に下原重仲が書いた『鉄山必用記事』[4] には，「鑪炉の吹き始め，すなわち鉄の吹き始めがこもりである．その際最初に装入して銑鉄を造るものが籠り砂鉄で，この最初が大切である.」「こもり砂鉄（採集場所）の選び方には秘伝があるが，砂鉄採取山を見なければ難しい.」「こもり砂鉄が見つからない場合には，性状の優れた砂鉄を出す山口採取場の（下流の）二番目の川場で川砂鉄を洗い上げ，それをこもりに用いるとよい.」とある．優れた砂鉄とは水晶（石英）の出る所のものである．下流で取れる細かい砂鉄は（Fe_2O_3％）/（FeO％）比（酸化度）が相対的に高くなるようである．

表7-1をみると，砺波鑪と靖国鑪では，T.Feは低いものから高いものへと変化しており，酸化度は高いものから低いものへと順次変化している．

酸化度の数値の移行について俵國一は『古来の砂鐵製錬法』の第9節「製錬操業」で砺波鑪につき次のように述べている[3]．「鉧押しの場合専ら真砂小鐵用ゆ．此地方にありて砂鐵の種類に依り，籠り小鐵と称するものあり最初之を爐に加ゆ．恰も赤目小鐵に似て粒細かくその條痕も亦赤褐色にして，爐内に於て還元されやすきものなるを以て，其温度漸く高まるに従ひ装入す．又他に籠り次小鐵と称する砂鐵あり．爐内の温度漸く高まるに従ひ装入す．次ぎに上り小鐵，終りに下り小鐵を輿ふ．最も還元し難く粗粒にして，鋼を造るべき主要原料となるべきものとす．」

また小塚寿吉は靖国鑪の操業について，「第1の籠り期は，まだ炉温が上がっていないので装入鉄源は全部炉底壁を造滓原料として slag になり，これが炉底に熱を籠らせる役目をする．そのため其の鉄源の砂鉄は特に溶けやすいものを用い，これを籠り小金といって砂鉄でも特に別格扱いにされているものである．次の籠り次期になると，炉温も次第に上り炉底には滓だけでなく，銑も段々できてはくるが，それでも溶けやすい方が望ましいので，先の籠り小金を40%前後混ぜた鉄源を使う．次の上り期になると炉底には銑，滓ともにあり，十分熱も籠ってくるので次の下り期で鉧を作っていくための鉧種を作るべく，少し硬いすなわち溶けにくい砂鉄を入れていく」と述べている[11]．

安部らが実験で用いた細谷の籠り砂鉄と，通常の真砂砂鉄である日刀保羽内谷鉱山の砂鉄とを比較すると，細谷の砂鉄は酸化度2.95で，羽内谷の砂鉄の酸化度2.53に比べてかなり酸化していて，籠り砂鉄としての適性を備えていることがわかる．一方，靖国鑪と砺波鑪に用いられたものと比較すると酸化度はそれほど高くない．砺波鑪の籠り期の砂鉄の酸化度は6.17という高い数値を示していることが注目される．一方，靖国鑪は国家をあげての大事業であった．しかしその靖国鑪でさえ砺波鑪に比較して酸化度の低い砂鉄が用いられているのは，いかに籠り砂鉄の確保が難しかったかがわかる．

6　籠り砂鉄使用の効果

1)　操業上の効果

砺波鑪では銑が約50%生産されており，送風開始から4時間10分で初ノロと同時に銑も流出し始めている．籠り砂鉄の酸化度が6.17であることから，籠り期というまだ十分に温度が上がっていない時期から早期に還元が進み，炭素の吸収が促進されて銑が早くから生成したと考えられる．

日刀保たたらでの細谷の籠り砂鉄使用による操業実験においても初ノロの生成量が多い．

2）玉鋼の性質

①元素分析

表7-4では，籠り砂鉄を使用して得られた玉鋼と真砂砂鉄だけを使用して得られた玉鋼の成分分析値を比較した．前者は昭和55年度の平均値で，後者は昭和54年（1979年）度第6代の結果である．これを比較すると，炭素濃度は総じて前者の方が高く，またリン濃度と硫黄濃度も前者の方が低いことがわかる．

②組織観察

籠り砂鉄使用による玉鋼1級品，2級品，3級品の組織と，比較のために昭和54年度第6代の羽内谷産真砂砂鉄のみ使用による玉鋼1級品，2級品，3級品の組織を図7-2に示した．

玉鋼1級品：細谷産籠り砂鉄使用の玉鋼は，過共析パーライト組織を呈し，良く発達した初析セメンタイトが棒状に生じている．この初析セメンタイトが発達した組織は，昭和54年度6代の玉鋼には見られない．

玉鋼2級品：細谷産籠り砂鉄使用の玉鋼は，ウッドマンステッテン組織と，ネット状，棒状の初析セメンタイトが生じている．

玉鋼3級品：細谷産籠り砂鉄使用の玉鋼は，ほとんどが亜共析組織を呈し，ウッドマンステッテン組織と発達したフェライト組織を示している．

7　籠り期の炉内反応

炉内反応について俵國一は次のように述べている．「籠り時期より上り時期において与えられたる砂鉄の一部はその鉄分還元せられ進んで炉内において炭素を十分吸収し銑鉄となり得べし．しかれども他の一部はその鉄分還元せらるるも，十分炭素を吸収し得ざるものあるべく炉底に固着しいわゆる鉧を造るべし．」さらに，炭素を十分吸収した銑鉄は羽口下に滴下して，温度

(a) 籠り砂鉄を用いた場合　(b) 真砂砂鉄のみを用いた場合

図 7-2 1 ～ 3 級の玉鋼の金属組織(約 40 倍)[18)]
(a) 籠り砂鉄を用いた場合（昭和 55 年操業），(b) 真砂砂鉄のみを用いた場合（昭和 54 年操業）：黒い部分はパーライト，白い部分はセメンタイト

低下とともに鉧を核として晶出し，残りはさらに滴下して銑になるとしている．第 9 章の表 9-6 に示したノロの組成を見ると籠り期のノロ中の酸化度は他の段階より小さく還元状態が強くなっている．

表 7-1 を見ると籠り砂鉄の方が真砂砂鉄に比べて SiO_2，TiO_2，Al_2O_3 濃度

が高い傾向にある．したがって，籠り砂鉄を使用した場合の方がノロの生成量が多くなる．

以上から次のことがわかる．籠り期の炉内反応では，炉が比較的低い温度にある時期に，炉底温度を確保しノロ溜めを作るために，ノロを生成しかつ銑鉄を生成することが重要である．このために還元しやすい酸化度の高い砂鉄を使用し，さらに炉内の還元帯での滞留時間を長くする必要があった．

籠り砂鉄は酸化度が高く還元されやすいと同時に，ノロを生成するための珪石など脈石成分を比較的多めに含んでいることが重要である．この意味で，安部が日刀保たたらを真砂砂鉄のみで操業する方法を開発した時，砂鉄の湿り気が高すぎると初期のノロの生成を困難にし，低すぎると銑の生成を困難にするという矛盾を，適度な湿り気で両立させたことは注目に値する．

玉鋼中のリンや硫黄は砂鉄以外にも木炭にも起因する．日刀保たたらの実験では，使用した木炭は同じなので，表 7-4 に示したように籠り砂鉄を使用した方がこれらの成分の濃度が低くなっていることがわかる．

第 8 章　たたら炭

1　たたら炭とは何か

「木炭の良し悪しは出来る鉧の質や量に大きく影響するので厳しく吟味した」と堀江は述べている．木炭は山内(さんだい)（たたら製鉄作業員の集落）の山子が焼き，外部からは購入しない．6 月の梅雨から 2 カ月間はたたら操業を休み，その間炭焼きをした．たたら用の木炭は「大火(おおび)でさっと焼いたものが良かった」．「鉧吹きの時炭焚は，炭は丸身のまま必ず「えぶり」で割って炭の中身を見る，少しでも赤みのある炭は除いた」．木炭を比較的低い温度で焼いて硬くしないようにし，かつ十分炭化するようにするという意味であろう．「硬い炭は燃えきらないので下がりが遅く粉鉄が溶け過ぎて鉧が小さかった」．硬い炭で下がりが遅いと吸炭する時間が長くなり銑が多くなる．

安部は，「たたら炭は燃える状態のものが若干混入し良く乾燥したものを使用する．炉内のホド先で熾(おき)として残らないものが良い」と述べている．

『鉄山必用記事』[4] では次のように述べている．「炭は紺瑠璃色（紫黒色）のものが極上で，赤色のものは悪い．生焼けも堅すぎも悪く，頭に少し白灰がつく程度に焼けたもの」が良い．「栗や松の木は焼け具合が少々悪くても鉄が吹けるが，槙(まき)や橿(かし)の木，その他の雑木などの炭は焼けが悪いと吹ける鉄も吹けなくなる」．

表 8-1　日刀保たたら用木炭と他の木炭の成分比較

(mass％)

木炭	材質	固定炭素	揮発分	灰分	水分
たたら用	クヌギ他	66.31	25.88	1.12	6.60
鍛錬鍛冶用	松	83.87	11.76	1.01	3.36
工業用	雑木	72.69	19.64	1.91	5.49
工業用	楢	78.43	14.55	1.55	5.47

たたら炭の特徴は，表 8-1 に示すように他の木炭と比べ揮発成分が多く，固定炭素分が少ない．いわば生

焼け状態である．この場合，木炭は燃えやすく強い火力を出すので，炉内のガスの温度が高くなる．安部村下は，「たたら炭は普通のものと違って完全に炭化していないものが良い．普通のものを使うと炉がすくむ」と述べている．「すくむ」とは木炭の燃焼が遅く下ってゆかない状態を言う．

2　木炭製造の歴史

木炭は，30万年程前の北京原人が使っており，わが国では同時期に愛媛県喜多郡肱川町の石灰岩洞窟で発見された鹿の川人が使っていた．これらの炭は焚火の残り火を消してできた消炭である．弥生時代初期の紀元前4世紀頃にわが国に鉄器と鍛冶技術が伝えられ，炭の使用量の増大が始まった．この炭は現在「伏せ焼法」とよぶ製炭法で作られた．紀元6世紀頃の静岡県浜松市三方ヶ原の前方後円墳から発見された木炭槨（棺の上に被せてある外棺）には堅炭が使われており，炭焼き窯で作られていた．この頃の炭焼き窯は丘陵斜面を掘込んで作られていた．

製鉄技術が伝えられた6世紀後半頃から8世紀前半の奈良時代にかけ，主に岡山県の製鉄遺跡の近くに「やつめうなぎ」と称される炭焼き窯が使われた．斜面の等高線と並行に長さ10 mにも及ぶトンネルあるいは覆いをかけた溝型の窯で，一方に焚口があり他方に排煙口がある．窯の途中の谷側に6個から10個の横口（取出し口）を設けている．

747年から749年に作られた奈良の大仏は，銅を約440トン，錫8トン，金440 kg，水銀2トンが使われ，これら金属の溶解に木炭800トン以上使われた．

9世紀から中世にかけ窖窯（あながま）式の木炭窯が主に関東，東北南部，北陸で使われた．窖窯には山の傾斜地に10 m近い溝を掘り天井を甲状に作った登り窯のような窯や，斜面に5 m程の横穴を掘った窯がある．さらに傾斜地に穴を掘っただけの伏せ焼式木炭窯も使われた．

平安時代に炭焼き窯の構造の改良が行われた．特に窯の煙道の構造は「大師穴」と呼ばれており，空海の功績が大きいといわれている．空海は806年に中国の唐から帰国し，白炭の製炭技術を伝えたといわれている．

近世以降は，現代でも使われている円形で天井が甲状の窯が使われてきた．また，伏せ焼式木炭窯は，銑を脱炭して包丁鉄にする大鍛冶で使われる細木や枝の小炭の製造に使われた．1570年代に黒炭（池田炭）の，1680年代に白炭（備長炭）の製炭技術はほぼ完成した．1784年に下原重仲が著した『鉄山必用記事』[4]で，たたら炭の製法が詳述されており，現代の方法と大きな違いはない．

鎌倉時代には木炭を扱う商人が出始めた．応永14年（1407年）奈良の興福寺南市四十六座の中に鍛冶炭座がある．江戸時代には木炭は一般庶民にも使われるようになった．藩の主要な財源にもなり，全国で炭が焼かれ，年間3万5000トンの木炭が消費された．明治維新後も木炭の消費量は漸増したが，日本の製炭技術は世界の水準をはるかに抜いていたので，西洋技術の影響は少なく変革を迫られることがなかった．木炭生産量は，昭和32年（1957年）に200万トン以上になったが，昭和37年（1962年）の石油原油の輸入自由化を契機に減衰し，昭和48年（1973年）には20万トン，昭和53年（1978年）には3万トン，平成2年（1990年）には2万トンにまで落ち込んだ．平成21年（2009年）では年間3万4000トンが国内生産され，このレベルが続いている．一方で，11万5000トンが輸入されている．工業用のほか飲食店で使われているが，家庭ではほとんど使われていない．

3　たたら炭の製造方法

木炭には黒炭と白炭があるが，たたら製鉄や大鍛冶，鍛冶には黒炭が使われる．木炭を作る方法には伏せ焼法と炭焼き窯法がある．たたら炭に使われる樹木はクヌギやコナラなどの広葉樹である．木炭は細胞壁が炭化して多くの穴が開いている．針葉樹の炭はこの壁が薄くて穴が多くて表面積は広葉樹の1.5倍あり，火付きは良く高い燃焼温度が得られるが，速く燃え尽きてしまう．カシなどの常緑樹の炭は硬く火力は強くなく燃え方が遅い．

1）伏せ焼法[20]

強風が吹き抜けない比較的乾燥した場所を選び，縦2 m，幅1 m，深さ30 cmほどの穴を掘る．穴の長手方向の風上に石や軽量セメントブロックなどを使って焚口を作る．反対側に直径10 cm程の土管や鉄筒を利用した煙突

図 8-1　伏せ焼式木炭製造炉

を設ける．焚口から煙突に向かって少し上り勾配になっていると良い．焚口と煙突の間に直径 10 cm 位の木材をレール状に 2 列に並べ，その上に直径 5 ～ 8 cm，長さ 70 ～ 80 cm の材料の薪を横に並べ，ぎっしりと敷き詰め積み上げる．その上に枯草，枯葉，藁(わら)などを約 20 cm 覆い，トタン板をかぶせてその上に土を約 10 cm の厚さで隙間がないように盛る (図 8-1)．

焚口で薪に点火し，うちわ等で風を強制的に吹き込む．薪を追加し，2 時間くらい燃す．木材全体に火が回ると白煙が盛んに出る．焚口の通風口に土を盛り，隙間を高さ約 2 cm，幅約 6 cm (指 3 本分の幅) に狭める．煙は次第に焦げ臭い刺激臭のある黄肌煙に代わり，6 ～ 8 時間で煙が青煙に代わったところで焚口を土で完全に塞ぐ．30 分くらい後に煙突を一気に抜き取り，穴を土で密閉する．半日後，温度が下がってきたら炭を取り出す．加熱中に覆った土にひび割れができたら土で埋め，隙間を作らない．

2)　炭焼き窯法

①炭焼き窯の構造

原木は広葉樹の樹齢 30 ～ 40 年の雑木で，ナラやクヌギなどの硬くて火力が強い木が良い．一定区域を皆伐した株の切口近傍から生える芽は成長が早く山の再生が早い．これを萌芽更新という．この方法で，森林を再生させ管理した．

たたら炭の製造に関しては島根県横田町（現奥出雲町）教育委員会が刊行した『大炭窯築造製炭技術解説』[21] に詳しい．それによるとたたら炭の炉の構造は，「三浦標準黒炭窯」に近い（図 8-2）．炉内の形状は主に卵型で少し奥に広がっている．大きさは山からとれる木材の量に応じて決められるが，炉の効率から幅 2 尋（ひろ）(3.2 m)，奥行 3 尋 (4.8 m)，壁の高さ 3 尺 5 寸 (1 m) 程度が多い．この大きさで 1 回に 500 貫 (1.8 トン) の木炭が採れる．場所は，山裾の谷間で，水の便が良くかつ風が吹き込み難く，材木の運搬が容易な所である．

深さ 30 ～ 40 cm の大きめの穴を掘り，周りに根石を配置して炉の形を決める．さらに炉の中心に，長手方向に深さ幅とも約 30 cm の溝を掘り，細木や笹で覆って排水溝を作る．穴の底に丸太や竹，笹などを数 cm の厚さで敷き，その上に粘土を 15 ～ 21 cm の厚さで覆う．工業炭製造炉では排水溝はなく，炉床は焚口から煙突方向に少し下る傾斜をつけるが，たたら炭製造炉では水平にする．この穴の周囲に高さ 4 尺 (1.2 m)，厚さ 3 尺 (90 cm) の壁を石積と粘土で築き，炭化室を作る．焚口は幅約 70 cm にする．

煙突は焚口の反対側の窯の底に幅 50 cm，奥行き 50 cm，高さ 5 cm の排気口を石板などで作る．この構造を「大師穴」と呼ぶ．その奥に煙道を石積で作る．上すぼまりにして上部の煙突は内径 15 cm の筒を土で作る．

天井は小口置法で作る．すなわち炭化室に原木を立積みし，その上に切子（短く切った小枝）を山盛りにして，粗朶（そだ）や筵（むしろ）などで覆い，さらにその上に粘土を 15 ～ 21 cm の厚さで中心は薄く壁際は厚く置き，叩き締める．第 1 回の炭焼きを行うと天井は焼き締まり完成する．

原木を詰める前に，床に直径 10 cm 程度の木を横にして，焚口前 1 m を残し，短辺方向に奥からびっしり並べる．窯の中には原木を木材の根の方を上にして奥から順序良く隙間がないようぎっしり並べ，その上に切子を山盛りにし，粗朶を詰める．焚口の前には木炭に適さない木を使う．最前列の木材の基部 30 ～ 40 cm 部分に土を塗り燃焼を遅らせる．

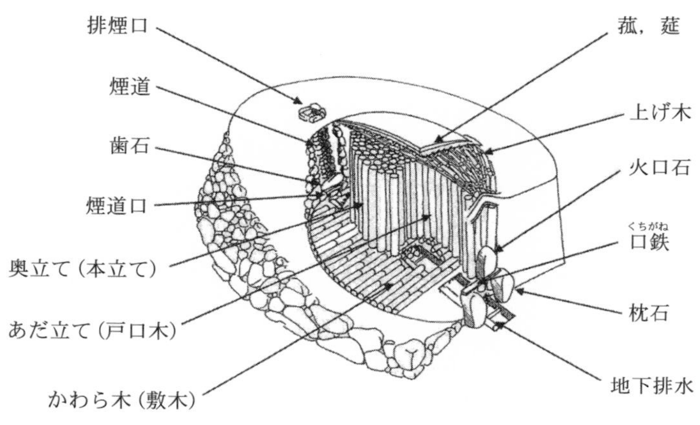

(a) たたら用炭焼き窯[21)]

(b) 三浦標準黒炭窯

図 8-2　たたら用炭焼き窯

最後に入口を石やレンガと土で塞ぎ，下部に約 20 cm × 10 cm の嵐口（通風口）と，その上部に約 30 cm 角の焚口（薪の投入口）を作る．最後に窯全体を覆う屋根をかける．

②炭焼き法

焚き方は普通の炭焼きと同じである．焚口に点火後，水蒸気が発生し白煙が出る．この時の煙道の煙の温度は 70 ～ 75℃である．煙の温度が 82 ～ 83℃になると焦げ臭い煙が勢い良く出る．この段階で自発的な木炭化が起こるので薪を焚くのを止め，投入口を密閉する．煙道の煙突の筒も取り外す．吸煙力が強すぎるからである．煙の温度は少しずつ上がり，約 90℃になると煙の色はやや褐色がかる．この時，炉内の温度は 280 ～ 300℃になっている．煙の温度は 100 ～ 170℃に徐々に上がり，この時間が一番長い．煙道に細木を乗せておくと，タールが付着する．煙の色が白から青と変化するに従って通風口を次第に狭める．煙の温度は上昇し，360 ～ 380℃に達すると無色になる．細木に付着したタールは手で触っても付かなくなる．これは炭材の水分がほとんどなくなったことを示している．焚口と煙突を土などで完全に塞ぎ密閉する．ここまで約 50 時間である．

5 日経って温度が下がってから焚口を開け，木炭を取り出す．炉の中央部奥の木炭は，下の部分 5 ～ 10 cm が未炭化の状態で残る．この方法で山子 1 人が年約 10,000 貫（37.5 トン）の炭を焼いた．たたら操業 1 代に 16 トンの木炭を消費し，年平均 60 代行う場合，年 1,000 トンの木炭を要する．山林 1 ha から 11 トンの木炭が取れるとすると，90 ha の山林が必要である．これに大鍛冶場が 2 カ所あると山林 40 ha が必要で，萌芽更新により 30 年周期で山林を伐採するとすると 3,900 ha の山林が必要である．

白炭は天井の高い高温が出る構造の炉を用い，1000℃を少し超す温度で炉から赤熱状態で取り出し，灰と水分を混合した消し粉を掛けて急冷する．白炭は黒炭より重く，硬く締まっている．

4　炭焼き窯の中の状態

炭焼き窯では，樹木の一部 5％程を燃焼し，その熱で他の樹木を酸素ガスの希薄な状態で加熱する．低い温度では樹木の脱水が起こり，煙は水蒸気で白くなる．160 ～ 450℃の間に，樹木の繊維質成分であるヘミセルロース，セルロース，リグニンがそれぞれ200℃，300℃，400℃の温度で順番に熱分解し，炭素の他，一酸化炭素ガスや炭酸ガス，メタンガス等を発生する．有機酸も蒸発して煙は次第に焦げ臭い刺激臭のある黄肌煙になり，煙を冷却して木酢液を留出させる．

260 ～ 800℃では熱分解が進み完全に木炭化し黒炭となる．一部の木炭はさらに炭素が結晶化する．この段階で煙は透明な青色になる．木炭化では炭素原子がばらばらの状態にあるが，高温では次第に炭素原子が結合し始め，1800℃以上でグラファイト結晶になる．

窯内の温度分布は不均質で，天井部分の温度が高く，床上部は低い．天井部の温度が400℃を超えるとヘミセルロース，セルロース，リグニンが熱分解する．空気の量が少ないと温度が下がり，空気の量が多いと燃焼して灰になってしまう．適切な空気量を嵐口の狭め方で調整することが重要である．この時，床上の温度は60℃程度で，煙突における排ガスの温度は80℃である．木炭化を進めるために嵐口を狭めるだけでなく煙突も半分程度閉じておく．このように上から徐々に木炭化が進行する．

乾燥した樹木を200 ～ 1200℃で炭化すると，木炭中の炭素の割合は増加し，水素，酸素の割合は減少する．図8-3は炭化温度に対する木炭の収率と成分組成の変化を示す．たたら炭は表8-1の固定炭素と揮発分の20％が炭素になると仮定すると炭素の割合が71.4％であり，これは300℃近傍で木炭化している．雑木の工業炭は，炭素の割合が76.6％で約400℃で木炭化し，鍛錬鍛冶用の松炭は，炭素の割合が86.2％で約500℃で木炭化している．

一方，300℃では酸素は22％，水素が5％あり，400℃ではそれぞれ18％と4％，500℃では7％と3％と次第に減少している．この各温度における酸素と水素の合計の％は，表8-1の木炭の揮発成分，たたら炭25.88％，工業用雑木炭19.64％，鍛錬鍛冶用木炭11.76％に相当し，それぞれの木炭の焼成温度に依存している．このことは，たたら用木炭の繊維質成分が十分熱分解していない状態にあることを示している．たたら炭中の揮発成分の一部はた

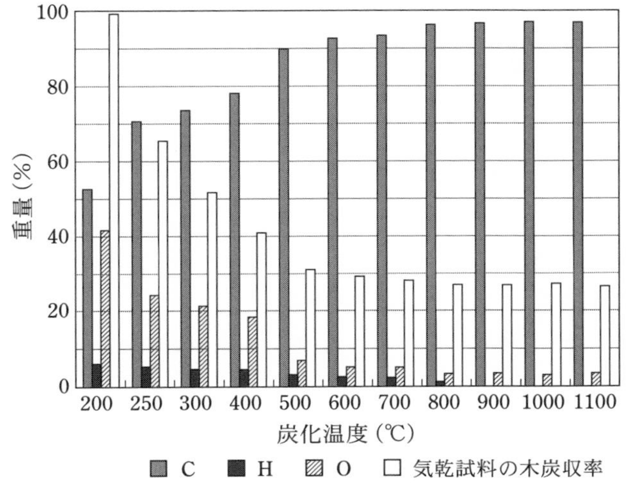

図 8-3 炭化温度と木炭の組成および収率(mass%)[22]

たら炉内で加熱分解し一酸化炭素ガスやメタンガスになり，燃焼や還元に寄与する.

伐採直後の生木の水分は50%程度あるので，3週間ほど乾燥させ35%程度にする．太い木は太さ10 cm程度に割っておく．乾燥した樹木を使った場合の木炭の収率は300℃では51%であり，400℃では40%，500℃では30%と低くなる．したがって，1トンの木炭を製造するためには3～4トンの樹木を要する.

5　たたら炭の反応性

原木の比表面積は1 m^2/g程度で非常に小さい．繊維質の熱分解過程で，熱可塑性のヘミセルロースとリグニンの一部が流れ出して細孔を塞ぐので200～300℃にかけて比表面積が少し減少するが，ほとんど変化しない. 400℃以上で熱分解が進行するとともに比表面積は大きくなる.

木炭化の過程で結晶化していないばらばらの炭素ができ，細かい隙間ができる．したがって，この段階での木炭は小さな孔からなる多孔性構造になる.

カシ炭には直径 10 ～ 100 nm の細孔があり，クヌギ炭は 10 ～ 1,000 nm，ナラ炭は 100 ～数千 nm の細孔からなっている．細孔の大きさは比表面積の違いに現れ，約 800℃の高温で焼かれている市販のカシ黒炭では 325 m^2/g に対し，クヌギとナラの黒炭は 343 m^2/g と大きい．白炭は黒炭より小さく，カシ白炭は 308 m^2/g である．

1,000℃近傍で比表面積は最も大きくなる．これ以上になると炭素は結晶化し比表面積は減少する．木炭の密度が炭焼き温度で変化する様子からは 400℃以上で結晶化が始まることがわかる．

たたら炭は 300℃で木炭化しているので比表面積は小さいが，たたら炉内で加熱されると未分解の繊維質が熱分解し，一酸化炭素やメタンガスを発生すると同時に比表面積が増加する．

たたら炉では木炭は１時間に約 30 cm 程度の速さで降下する．羽口までの距離は１m なので，約３時間で羽口前に達する．羽口前で木炭が燃焼して発熱し，温度は 1,350℃になる．羽口から約 30 cm 上部辺りで 1,000℃となり砂鉄の還元が起こり，約 20 cm 上部で 1,200℃となり銑鉄とスラグ生成が起こっている．たたら炭は約２時間後に炉上部から 60 cm 辺りにあり，800℃に達して繊維質の熱分解が終わって木炭化する．その 10 cm 下の 1000℃で比表面積が最も大きくなり，砂鉄の還元で生成した炭酸ガスがブードワー反応で一酸化炭素ガスに変換され，還元反応が促進される．木炭はこの反応で 50％以上が一酸化炭素ガスになるが，コークスは 10％以下である．木炭の反応性が高いのは内部構造が多孔質で比表面積が大きいことによる．

木炭化が終わった炭素は，炭窯内で 600℃以上に長時間加熱されると炭素化が進み一部はグラファイト化する．たたら炭はたたら炉内で短い時間で加熱されるので，グラファイト化が進行せず木炭化した状態のまま 1,000℃の領域に到達し，砂鉄の還元に対して活性な状態で反応に寄与する．

木炭の灰分（ナラで 1.77％）中の成分は主に炭酸塩でカルシウムが最も多く 46％，これに次いでナトリウム＋カリウムが 16％で多い．特に炭酸カリウムはブードワー反応に対し触媒の作用があるので反応を促進する効果がある．

第9章　銑と銑の生成機構

俵國一は村下から聞いた話として，半ば還元した砂鉄が羽口上部に堆積して「粟ぼうそう」と呼ぶ層を形成し，炭素を吸収し銑鉄の小粒となって滴下すると述べている．一方，山本真之助は，砂鉄は降下しながらそのまま溶融し木炭と直接反応して鉄に還元され，急速に炭素を吸収し低融点の銑になるとしている[23]．一酸化炭素ガスによる間接還元も一部ある．金属鉄は砂鉄還元過程で分離したノロ中に懸濁したまま降下し，鉧核に接した鉄粒は付着し，接触しない鉄粒はそのまま炭素を吸収しつつ降下し，溶銑となって炉外にノロとともに放出されるとしている．

このように，羽口上部で砂鉄が還元し羽口前あるいはその上部で木炭と反応して溶銑になる機構と，砂鉄の溶融還元により銑鉄が生成する機構が提案されている．また，スラグの生成についても溶銑粒と別の経路で生成される機構と，溶銑粒ができる過程で分離生成する機構が提案されている．

俵はたたら製鉄を，鉧と銑を主に製造する方法としてそれぞれ「鉧押し」と「銑押し」に分類し，それらの特徴を調査した．また，山本は銑押し炉の特徴を，一般に炉体は狭く，羽口間隔は狭く，羽口の口径を小さくして衝風が炉内にまで浸透するようにし，炉芯部が常に高温に保たれる構造になっていると指摘している．

本章では，小型たたら炉を用いた銑と鉧の製造実験からそれぞれの製造における生成機構を解明する．

1　小型たたら炉

1) 永田たたら炉の構造

①鉧製造炉

鉧製造用の永田たたら炉の設計図を図9-1に示した．炉はロウ石レンガ(230 × 115 × 65 mm)を積んだ箱型の炉である．平坦な地面に湿気防止のために鉄板を敷き，その上に建築用のブロックを敷き詰めた．その上にレンガで内法が横1枚，縦1.5枚，深さ3枚の箱を作り細かく砕いた木炭粉を固く詰めて本床とした．この位置を炉底とした．この箱の上にレンガを10段積んだ．レンガは互い違いに押さえるよう積む．レンガ1枚分の幅の一方の側は鉧を取り出せるようにレンガをそのまま積み入口とした．

入口の右側炉壁1段目中央にレンガ半分の大きさのノロ出し口を作った．ここは木炭粉で塞いでおく．左側の炉壁4段目中央には羽口（上羽口）として鉄パイプ（通称1インチ管）1本を斜め下に向け，炉内に5 cm出るように設置した．鉄パイプはレンガの欠片や粘土で固定し，炉内に出た部分は耐火粘土で覆って保護した．上羽口の角度は約15°である．

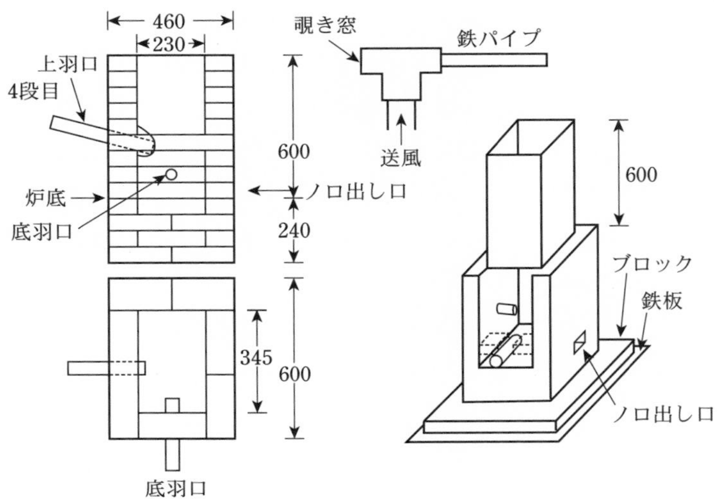

図9-1　鉧製造用永田たたら炉の設計図（鉄と鋼, **84** (1998), 715）

入口の1段目にレンガを置き，その上に小レンガ片を使って中央に鉄パイプ1本を水平に取り付け下羽口とした．その先端は炉内に5 cm程度入れた．この管は後に取り外すので耐火モルタルで簡単に固定した．炉底は粉炭を壁側に入れ椀状に凹ませる．

レンガの炉の上に鉄板製の角型シャフト（高さ約60 cm）を置き炉底からの炉の高さを約120 cmにした（図1-2参照）（現在は図9-2に示すように，鉄板製の角型シャフトの代わりに幅20 cmの軽量ブロックを3段に角型に置いている．ブロックは倒れないように針金で縛っておく）．

送風は電動ブロワーを利用し，電圧を制御して送風量を調整した．羽口の鉄管に塩化ビニル製のT型管を接続し，足の部分から空気を吹き込み，も

図9-2　鉧製造用永田たたら改造炉（上半分がブロック積みになっている）

う1端は透明アクリル板で密閉して覗き窓を設置し炉内部を観察した．この窓の前には透明な緑色のセロファン紙かプラスチック板を置くと高温の内部がよく見える。

②銑製造炉

図9-3に銑製造用の永田たたら炉の設計図を，図9-4にその構造を示す．構造は鉧製造炉とほとんど同じである．内法はレンガ横1枚，縦2枚である．炉底（本床上面）から14段積んだレンガの上には建材用軽量ブロックとレンガを箱型に積み，炉底から約1.2 mの高さにした．

左側の炉壁4段目には羽口（上羽口）として2本の鉄パイプを14 cmの間隔で平行に斜め下に向け，炉内に5 cm出るように設置した．この角度は水平面に対し0°と約15°で変化させた．送風は塩化ビニル製のT字管で分割し両方の羽口に送った．羽口の一方に覗き窓を設置した．

2) 炉内の酸素分圧と温度の測定および試料採取

炉内の酸素分圧と温度の測定には酸素センサーと熱電対を用いた（付録の2）．酸素センサーは羽口前および羽口上45 cmの2カ所に設置し，温度はこれに炉底を加えて3カ所で測定した．

炉内の砂鉄を採取する穴は，羽口上レンガ3段目に開けた．内径約15 mmのシャモット管先端を斜めに切り長さ5 cm程度の受け皿にした．これを操業中に5分間炉内に差し込み，落ちてくる砂鉄を採取した．

3) 操業方法

鉧と銑の製造の操業方法はほとんど同じである．砂鉄はニュージーランドのタハロアの浜砂鉄で磁力選鉱してある．この砂鉄はFe_3O_4の他，3.82％のSiO_2，7.65％のTiO_2をイルメナイト（$FeTiO_3$）として含む．これに珪砂を1.5～3％混合しSiO_2濃度を調整した．

まず下羽口から送風し，約1時間半木炭を燃焼し，炉を加熱した．炉体は予熱して全体を十分加熱することが重要である．この間に木炭の燃焼速度が10分で約15～20 cm燃焼して下がる程度に送風量を調整した．送風量は操業中ノロの流出状況に応じて調整した．

その後，砂鉄1 kgと木炭約2 kgを10分間隔で2回装入し，3回目の前に

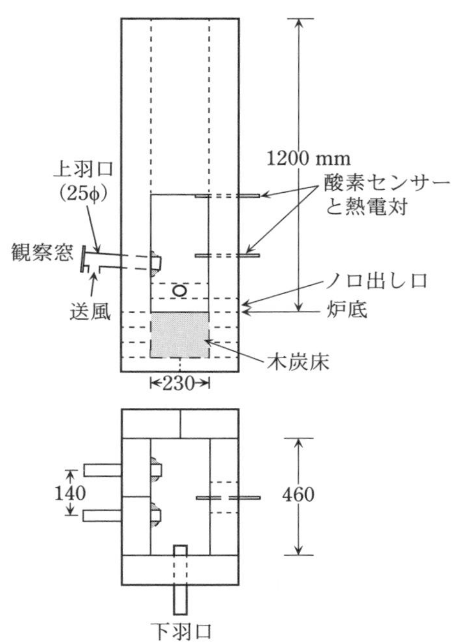

図 9-3　銑製造用永田たたら炉の設計図（鉄と鋼, **86** (2000), 633）

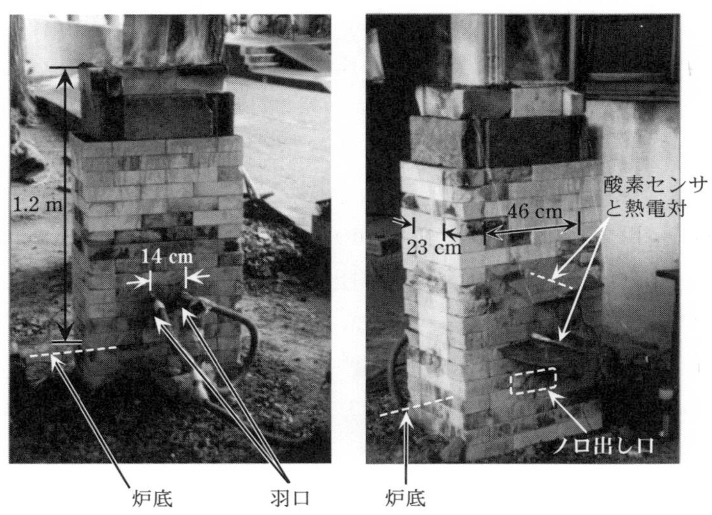

図 9-4　銑製造用永田たたら炉（鉄と鋼, **86** (2000), 633）

下羽口を除去し，送風を上羽口に切り替えた．下羽口の穴は粘土で塞いだ．続けて10分間隔で砂鉄1.5 kgと木炭約2 kgを装入した．途中でノロをノロ出し口から流し出した．ノロ出し口からは発生する炎の中に火花（沸き花）が混じる．これは鋼の炭素濃度を推定する火花試験と同じ火花であり，鉧や銑の生成を確認できる．

すべての砂鉄を装入後，炉内の木炭を燃焼させた．木炭の荷下がりに応じ，ブロックと入り口のレンガを取り外した．上羽口上まで燃焼したところで送風を止めた．この時，炉内から「しじる」音が聞こえる．鉧や銑とノロが反応してCOガス気泡が発生する音である．

しじる音が収まった頃に，バールで鉧を炉壁から剥がした．炉の中から鉧を取り出し水冷した．鉧の下に付着しているノロをハンマーで除去した．

銑製造の場合は，操業中にノロ出し口から溶融銑鉄が流れ出した．流れ銑である．またノロ塊の下に裏銑が生成していた．ノロは数cmの気泡を多く含む多孔質で，その中に直径数mmの粒鉄が分散していた．鉧は得られなかった．

4）操業結果

表9-1に操業条件と生成物の重量を示した．No.1から11および15は鉧製造，No.12から14は銑製造である．No.6と14の実験では砂鉄装荷終了後，窒素ガスを吹込んで反応を止め，炉内を調査した．No.8と9は鉧のまとまりが悪く分散したしたため収率が低下した．これらを除くと，砂鉄中の全鉄濃度は表9-2に示すように56.9%なので，砂鉄中の鉄に対する鉧の収率は平均40.8%，銑は47.8%である．砂鉄中の鉄分の半分以上がノロとして廃棄されたことになる．鉧1 kgに対する燃料比は木炭9.6 kgで砂鉄20 kgと30 kgの場合で同じある．銑は9.2 kgである．日刀保たたらでは約4.6 kg（表3-3から計算），靖国鑪では4.0 kg，砺波鑪では3.6 kg（表4-2から計算）である．この違いは，小型たたら炉は体積に対し表面積が大きいため放熱が多くなるからである．

表 9-1 永田たたら炉の操業条件と生成した鉧と銑の重量
および炉内温度と酸素分圧（鉄と鋼, **86** (2000), 633)

試料 No.	砂鉄 (kg)	珪砂 (kg)	木炭 (kg)	生成物 (kg)		温度 (℃)			酸素分圧 (気圧)	
						炉底	羽口	シャフト	羽口	シャフト
1	30	0.0	74.2	鉧	5.0	1091	1349	1159	3.5×10^{-11}	3.6×10^{-14}
2	29.7	0.90	63.6	鉧	7.7	1074	1330	1123	7.6×10^{-12}	1.5×10^{-14}
3	30	0.90^{+}	80.8	鉧	7.8 #	1153	1316	1126	2.4×10^{-12}	1.1×10^{-14}
4	30	0.45	51.6	鉧	6.9	1176	1385	1156	1.8×10^{-11}	1.5×10^{-13}
5	30	0.45	67.4	鉧	6.0	1189	1416	1247	—	—
6	30	0.45	65.0	鉧	9.5	1247	1371	1148	2.4×10^{-11}	1.0×10^{-13}
7	30	0.45	51.9	鉧	5.4	1211	1370	1140	7.3×10^{-11}	1.6×10^{-13}
8	20	0.45	41.6	鉧	2.0*	—	—	—	—	—
9	20	0.45	37.1	鉧	1.3*	—	—	—	—	—
10	20	0.40	42.4	鉧	3.7	1288	1353	1064	—	—
11	20	0.60	37.4	鉧	4.2	1180	1345	1125	—	—
12$	30	0.90	68.3	銑	5.7	1134	1381	1062	9.4×10^{-10}	—
13$	30	0.60	72.8	銑	8.6	1212	1319	1089	4.0×10^{-11}	1.3×10^{-15}
14$	30	0.60	70.9	銑	10.1	1048	1359	1056	1.3×10^{-10}	1.1×10^{-14}
15%	20	0.50	46.8	鉧	5.5	—	—	—	—	—
16%	30	0.60	65.6	鉧	8.0	—	1368	1082	—	—

注）＋：最初の 3 チャージだけ計 3 kg に珪砂を添加．＃：鉧塊が上 1.5 kg と下 6.3 kg に 2 つに分散．＊:複数の鉧に分散．＄:銑生成炉は 2 本羽口を並行に設置．鉧生成炉は 1 本．％:No.15 および No.16 の羽口の角度は約 29°, No.12 は水平，他の炉は 15°．

表 9-2 ニュージーランド・タハロア浜砂鉄および羽口上 20 cm で炉内から採取した還元中の砂鉄 (No.2 ～ 5) の成分組成 (mass%)
(鉄と鋼, **86** (2000), 633)

試料		T.Fe	FeO	CaO	SiO_2	Al_2O_3	MgO	TiO_2	S	還元率 (%)
砂鉄		56.90	28.16	1.44	3.82	3.56	3.39	7.65	0.003	
炉内採取砂鉄	No.2-1	58.70	70.30	2.07	7.82	3.87	3.02	6.46	0.009	19.2
	No.3-1	58.37	62.54	2.01	5.26	3.58	3.22	6.79	0.005	29.3
	No.3-2	60.58	71.07	2.09	4.19	3.59	3.37	6.98	0.007	18.7
	No.4-1	57.40	51.32	2.34	5.49	3.51	3.26	6.27	0.006	35.1
	No.4-2	58.51	71.45	2.24	6.68	3.68	3.33	6.78	0.008	34.3
	No.5-1	58.79	67.06	2.10	5.17	4.10	3.33	7.00	0.012	34.2

注）最初の砂鉄には P_2O_5 0.375 mass％と MnO 0.63 mass％含む．No.2 と No.3 は珪砂を 3 mass％，No.4 と No.5 は 1.5 mass％添加．還元率は除去された酸素の割合で定義．TiO_2 はイルメナイト ($FeTiO_3$) で存在．

2　炉内の状態

1）温度と酸素分圧分布

炉シャフト部の温度分布は表 9-1 に示すように，羽口上部 45 cm の位置での温度は約 1150℃である．一方，銑製造炉の場合は羽口上部 45 cm の位置での温度は約 1080℃で鉧製造炉より低い．酸素分圧は，この位置では鉧製造炉で $1 \times 10^{-13} \sim 1 \times 10^{-14}$ 気圧，銑製造炉で $1 \times 10^{-14} \sim 1 \times 10^{-15}$ 気圧と 1 桁低くなっている．鉄と FeO に平衡する酸素分圧は 1150℃で 2×10^{-13} 気圧，1080℃で 1×10^{-14} 気圧である．炉内の酸素分圧はこれより低いので十分 FeO の還元が進行する条件にある．炉下部の状態は鉧と銑の製造の場合でほとんど同じであった．羽口前の壁近傍で温度は約 1350℃，酸素分圧は約 1×10^{-11} 気圧である．この条件での鉄と FeO の平衡酸素分圧は 5×10^{-11} 気圧であり還元条件にある．

この炉内の状態では，砂鉄に混じっているシリカ，アルミナ，酸化チタン，酸化マンガン，リン酸化合物，硫黄化合物は還元せずノロ中に溶け込み，リンや硫黄およびこれらの金属元素は鉄中にほとんど溶解しない．したがって，鉧と銑中の不純物濃度は非常に低くなる．

2）羽口上 20 cm における砂鉄の還元と溶解

鉧製造における羽口上部 20 cm の位置で採取した砂鉄の組成を表 9-2 に示した．採取した砂鉄は FeO と金属鉄にまで還元されており，その還元率を砂鉄から除去された酸素原子の割合で示した．イルメナイトを差し引いて還元率を計算すると，この位置で約 30 ～ 35％程度が還元されていることがわかる．

羽口に設置した窓からは，図 9-5 に示すように凝集した銑鉄粒が木炭表面上に落下し黒く見える．続いて明るく光るのが観察された．溶鉄の放射率は 0.3 程度であり，木炭は 0.9 以上あるので，溶鉄粒は木炭より暗く見える．明るく見えるのは，表面が空気に曝されて酸化し反応熱で高温になると同時に，放射率が 0.9 近い溶融 FeO 膜で覆われることを示している．

銑生成の場合は砂鉄の試料採取は行っていないが，羽口からの観察では鉧製造の場合と同様な現象を観察した．

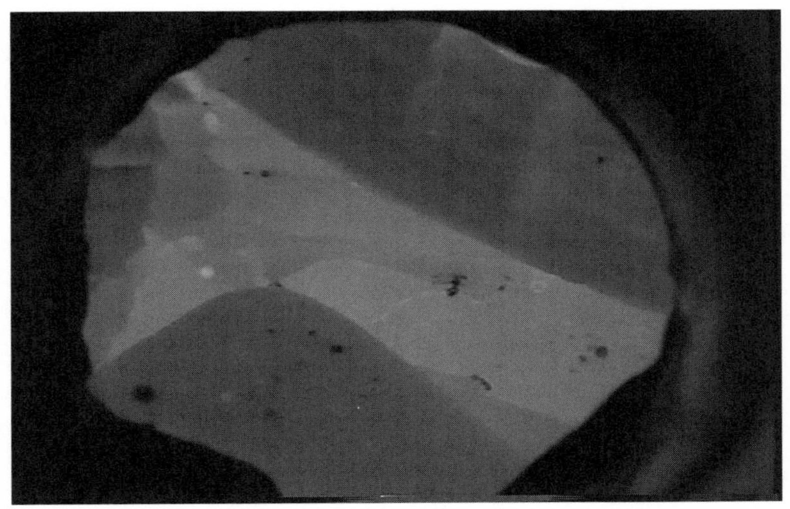

図 9-5　羽口前の木炭の燃焼状況と木炭上の溶鉄粒（黒）
およびその表面が酸化した粒（白く光る）

3）鉧と銑の成分組成

採取した試料の分析組成は，T.Fe と FeO は容量法，それ以外は蛍光 X 線分析法，銑鉄の炭素と硫黄は燃焼法，他はプラズマ発光分光分析法（ICP）で測定した．

鉧の断面の組成分布測定は電子線微小領域分析装置（EPMA）で行った．また，砂鉄と羽口上部で採取した砂鉄は組成分析の他，X 線回折分析法（XRD）で化合物の同定を行った．

No.6 の炉の窒素ガスによる急速冷却実験で取り出した鉧とノロの形を図 9-6，また試料 No.2，5，10 の鉧断面を図 9-7 に示した．鉧は羽口直下に平面を上にした凸レンズ状に生成していて，その下に緻密なスラグが固まっていた．表 9-3 には鉧の上部表面近傍（2），中央部（3），下部（4）および端 2 カ所（1, 5）の組成を示した．場所によって組成が大きくばらついているが，中央部から上部表面にかけて炭素濃度が高くなる傾向がある．

一方，No.13 と 14 の銑生成の場合は溶鉄とともにノロが流出した．炉の

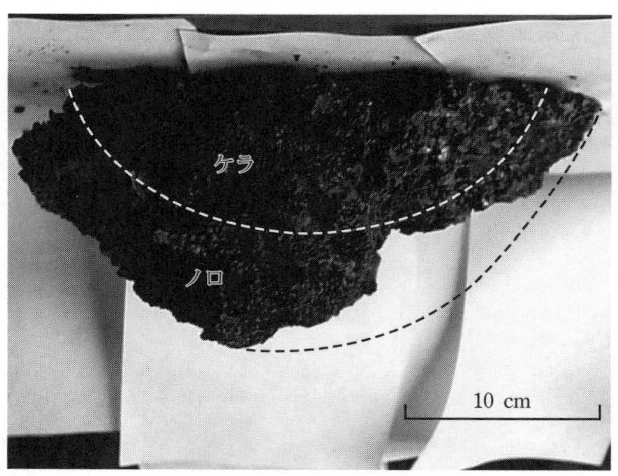

図 9-6　鉧とその下に生成した緻密なノロ塊（No.6）（鉄と鋼, **86**（2000）, 633）

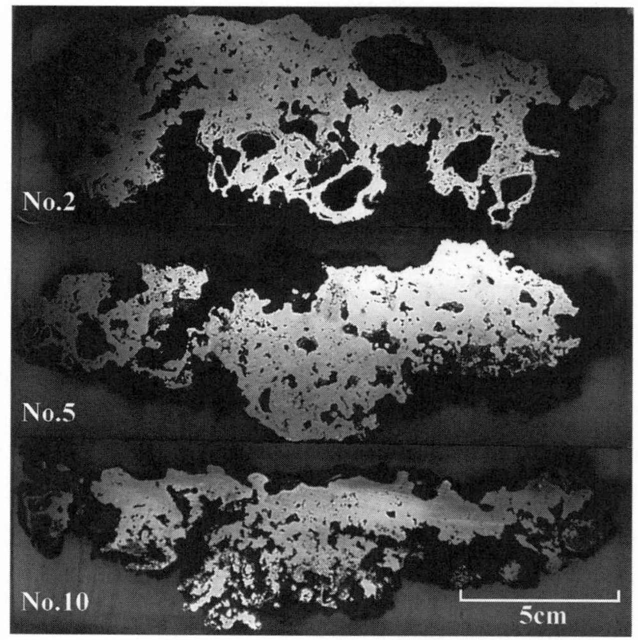

図 9-7　鉧の断面（No2，No.5，No.10）（鉄と鋼, **86**（2000）, 633）

表 9-3　鉧塊の組成分布（mass％）（鉄と鋼, **86**（2000）, 633）

試料 No.	分析位置	C	Si	Mn	Ti	S	P
2	1	1.773	0.005	0.000	0.006	0.000	0.036
	2	0.936	0.009	0.000	0.014	0.003	0.033
	3	1.436	0.019	0.000	0.051	0.079	1.324
	4	0.905	0.009	0.000	0.018	0.004	0.022
	5	1.059	0.027	0.000	0.045	0.007	0.279
	平均	1.222	0.014	0.000	0.027	0.019	0.339
5	1	0.142	0.000	0.000	0.088	0.035	0.549
	2	0.879	0.012	0.000	0.009	0.006	0.032
	3	0.554	0.030	0.000	0.020	0.016	0.082
	4	0.177	0.000	0.000	0.063	0.133	0.828
	5	0.241	0.020	0.000	0.008	0.000	0.311
	平均	0.399	0.012	0.000	0.038	0.038	0.360
10	1	0.239	0.021	0.000	0.031	0.064	1.363
	2	0.244	0.030	0.000	0.007	0.031	0.335
	3	0.393	0.009	0.000	0.012	0.003	0.021
	4	0.073	0.011	0.000	0.013	0.000	0.051
	5	0.164	0.022	0.000	0.014	0.101	0.249
	平均	0.223	0.019	0.000	0.015	0.040	0.404

分析位置：1：端，2：上部表面，3：中央，4：底部，5：1 と反対側の端

図 9-8　鉄粒交じりの気泡が多いノロの状態（No.14）（鉄と鋼, **86**（2000）, 633）

図 9-9　銑の状態：(a) と (b) は炉底から採取 (裏銑)，(c) は流れ銑 (No.14)
(鉄と鋼, **86** (2000), 633)

表 9-4　流れ銑の成分組成 (mass%)
(鉄と鋼, **86** (2000), 633)

試料 No.	採取時間	C	Si	P	S	Ti
14-1	13：55	3.66	0.077	0.210	0.018	0.22
14-2	14：10	3.79	0.078	0.194	0.019	0.13
14-4	15：20	2.73	0.029	0.187	0.017	0.044

急速冷却実験で得られたノロは羽口下にできており，図 9-8 に示すように気泡を多く含んで崩れやすく，大小さまざまな大きさの粒鉄が懸濁していた．また，炉底には銑が溜まっていた．すなわち，ノロは炉底まで溶融していたことがわかる．これらの銑を図 9-9 に，組成を表 9-4 に示した．

鉧の場合は Si と S の濃度はそれぞれ 0.012 ～ 0.019 mass％，0.019 ～ 0.040 mass％と高炉に比べて非常に低いが，銑の場合は Si が 0.029 ～ 0.078 mass％と少し高くなっている．P は鉧の中央と上部では 0.1 mass％以下であるが，端は高くなっている．銑の場合で 0.187 ～ 0.210 mass％である．これは従来のたたら操業で生産された銑の値より高い (表 7-4 参照)．

還元した鉄粒は炭素を吸収して溶融し，羽口前で表面が酸化されて FeO

で覆われる．純鉄のδ鉄は1528℃において溶融 FeO と共晶を作り，溶融鉄中には酸素が 0.17%含まれる．溶鉄に炭素が含まれるとさらに融点が下がり溶解酸素濃度は増大する．神社仏閣に使われている江戸期以前にたたら製鉄で作られた和釘には 0.2%近い酸素が溶解している．日刀保たたらで作られた玉鋼にも同程度の酸素が溶解している．一方，固体の純鉄には酸素はほとんど固溶しない．たたら製鉄では，溶融 FeO で覆われた溶解した鉧や銑の粒は急速に凝固し，酸素を過飽和に固溶する．過飽和に固溶した酸素は，560℃以上に加熱されると鉄表面に FeO を生成し，あるいは湿気に曝されると分解して鉄の表面に緻密な結晶構造のマグネタイト膜 (Fe_3O_4) を生成し腐食速度を著しく遅くする．これは黒錆と呼ばれている．

4) ノロの成分組成と時間変化

表 9-5 に鉧製造 (No.6) と銑製造 (No.14) におけるノロの組成を時間変化とともに示した．両者を比べると，銑生成の場合はノロ中に粒鉄が多く懸濁していることがわかる．また，FeO 濃度が低く，経過時間に対し濃度の変化はほとんどない．これは銑製造では銑粒中の炭素濃度が高く，溶融した状態でノロ中を沈降し，CO ガスを発生しながらノロを溶融状態で撹拌するた

表 9-5　鉧および銑製造時に炉から流出したノロの成分組成 (mass%)
(鉄と鋼, **86** (2000), 633)

試料 No.	試料採取時間	T.Fe	M.Fe	FeO	TiO_2	SiO_2	Al_2O_3	MgO	CaO	S
6-1	14：15	38.83	0.73	44.37	11.93	16.65	7.82	5.81	4.94	0.057
6-2	15：22	41.90	0.56	46.48	10.64	15.10	7.13	5.12	4.38	0.049
6-3	16：10	21.71	2.54	22.83	16.69	25.14	11.26	8.40	8.07	0.032
6-4	16：50	39.02	6.16	38.38	6.52	23.67	7.25	4.24	5.25	0.059
14-1	13：55	34.54	8.25	28.69	15.92	18.56	11.19	6.63	3.82	0.018
14-2	14：10	37.64	12.57	28.81	15.82	16.99	10.31	6.58	3.68	0.018
14-3	14：45	29.80	7.58	25.73	16.44	21.49	12.47	7.16	4.14	0.016
14-4	15：20	34.26	14.38	22.08	15.95	19.01	11.28	6.73	3.83	0.019
14-5	15：48	30.44	5.93	29.60	16.77	21.05	11.91	6.98	3.99	0.017
14-6	16：05	37.80	13.58	26.72	14.46	18.99	10.64	6.03	3.37	0.019

注）No.6 では砂鉄装入開始は 12：32，終了は 16：50．No.14 では開始 12：30，終了 15：55．

めである．

一方，鉧製造の場合は，鉄粒が次第に増加し，逆に FeO 濃度は低下して SiO_2 濃度が増加する傾向にある．これは，鉧製造では鉧の生成のためノロが鉧の上に滞留しノロ中の FeO が還元されるためである．また，SiO_2 濃度が高くなるので粘性が上がり，粒鉄がノロ中に浮遊する．さらに鉧の生成で下に熱が伝達されず炉床が冷え，鉧の下に流れ込んだノロが凝固して鉧を押し上げる．

5）羽口の角度の影響

銑生成の No.12 は羽口の角度を 0° すなわち水平に置いた場合で，ノロは流出せず，炉底温度は次第に低下し操業半ばで 1100℃以下になった．融点を下げるために珪砂を加えたが効果はなかった．銑は生成していたが流出はなく，収率も悪い．No.13 と 14 は羽口の傾斜を 15° にした．No.13 の炉底温度は操業の間 1200℃以上であり，No.14 は熱電対が炉底の灰床の中に埋まっていたので低い温度が記録された．ノロは両者とも砂鉄 10 kg を装荷した時点から盛んに流出し，銑も流出した．このように，風が羽口より下方に流れるようにすることが重要である．

3　鉧と銑の生成機構

鉧製造と銑製造の違いは，どこにあるのであろうか．

1）送風速度の影響

銑製造炉の断面積は鉧製造炉の 1.5 倍であり羽口を並列に 2 本設置したが，両方の炉とも木炭の燃焼速度は同じなので炉内の単位体積当たりの平均発熱量は同じである．また，銑生成炉の羽口 1 本当りの送風量は鉧製造炉の 0.75 倍になる．このことは吹き出す風の速度が 0.75 倍になり炉内への吹き込みが浅くなるが，2 本の羽口の間には高温領域が広がる．その結果，羽口上部 45 cm 位置および羽口前の温度と酸素分圧の状態は，銑製造炉は鉧製造炉より約 70℃低く，酸素分圧は 1 桁低くなった．

図 9-10 は酸化鉄と鉄が安定に存在する酸素分圧と温度の関係を示す．銑と鉧が生成するときの炉内の状態は，FeO に近い γ 鉄側にあることがわか

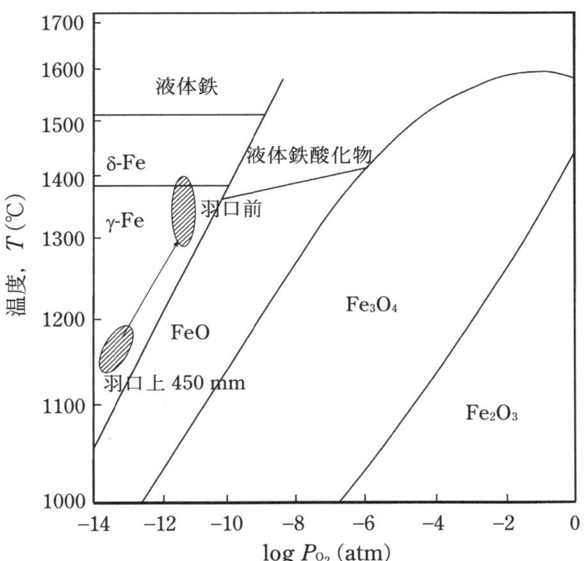

図 9-10　鉄と鉄酸化物の温度と酸素分圧に対する熱力学的安定領域
(鉄と鋼, **84** (1998), 715)

る．この炉内状態では，下記で表される反応が常に右側に進行し，砂鉄が還元されて鉄が生成する．

Fe_3O_4 (砂鉄) + CO (ガス) → 3FeO (砂鉄) + CO_2 (ガス)　(9-1)

FeO (砂鉄) + CO (ガス) → Fe (固体) + CO_2 (ガス)　(9-2)

生成した CO_2 ガスは高温の炭素と反応して CO ガスになり，還元反応に寄与する．

CO_2 (ガス) + C (固体) = 2CO (ガス)　(9-3)

この反応をブードワー反応という．

Fe_3O_4 を炭素で還元して鉄を生成する反応は吸熱反応であり，1000℃近傍で起こる．これは羽口上 45 cm より少し上の領域である．吸熱反応なので，木炭の燃焼による発熱速度を超えて砂鉄を入れ過ぎると炉上部の温度が下がり，還元速度が下がる．たたら炉の状態により適切な送風量と砂鉄装入量を調整することが重要である．

2) 吸炭と溶融

銑と鉧は炭素濃度が異なり炉底で，前者は3.0 ~ 3.5%で溶融状態，後者は1.0 ~ 1.5%で固液共存状態にある．この違いはどのように起こるであろうか．

従来，鉄中への浸炭は，CO ガスから炭素が供給されると考えられてきた．しかし，たたら製鉄では羽口上部45 cmの位置の温度は約1100℃で酸素分圧が$1 \times 10^{-13} \sim 1 \times 10^{-15}$気圧，羽口近傍で約1350℃約$1 \times 10^{-11}$気圧であり，これは銑と鉧製造のどちらの炉でもほとんど同じであった．この状態では砂鉄は還元して鉄になるが，炭素の活量は0.01程度であり，ほとんど浸炭しない．

図9-11には鉄中の炭素濃度と温度に対する鉄-炭素合金の安定な組織と炭素の活量を示す．1350℃における鉧の組成は亜共晶領域内の固液共存状態の固相線近傍にある．固相線上の炭素濃度1.0%と液相線上の濃度2.4%の間での炭素の活量は0.2である．少なくとも炭素活量が0.2以上でないと浸炭は

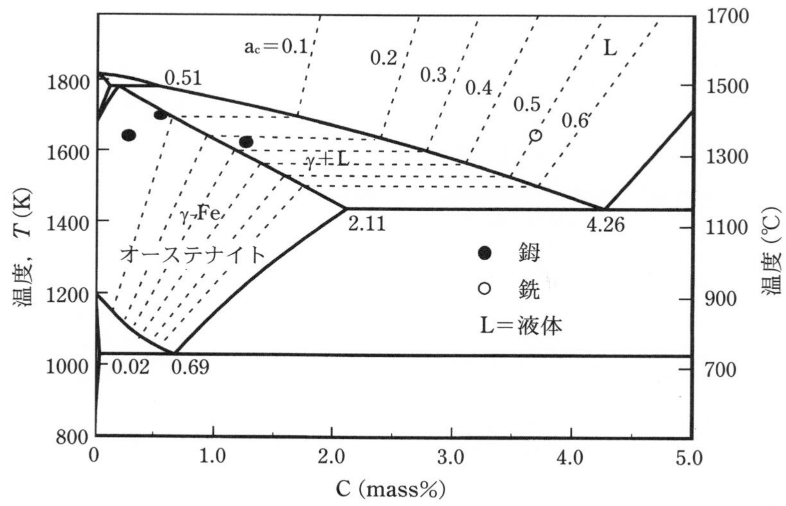

図9-11 鉄-炭素系状態図上に表した鉧と銑の炭素濃度（破線は炭素の活量を示す）

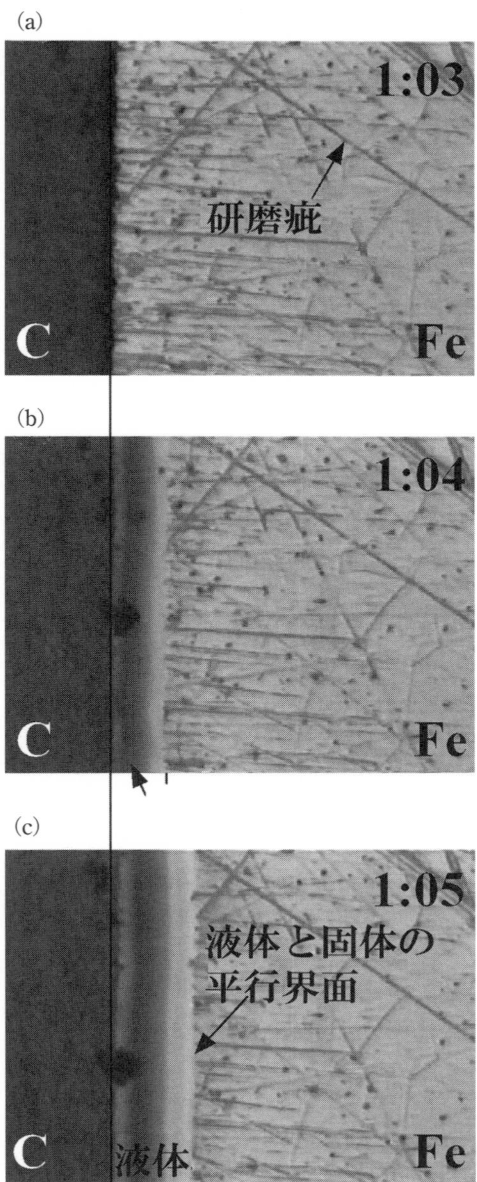

図 9-12　電解鉄とグラファイトの接触による銑鉄の生成（(a)(b)(c) は 1 秒ごとの経過）

起きない．一方，銑の炭素濃度は 3.71％で，炭素活量は 0.5 である．高い酸素分圧下でどのようにして鉄は炭素を吸収するのか．

図 9-12 は，アルゴンガス中で電解鉄片に直接グラファイト片を接触させ，温度を上げた実験を示す．鉄-炭素系の共晶温度 1154℃以上では接触点に小さな銑鉄の液滴が生成する．液相中では，銑鉄と鉄および銑鉄と炭素の界面張力差の力で大きな対流が生じている．これをマランゴニ対流という．この対流に乗って炭素が高速で移動し銑鉄が生成する．液滴は短時間で増大し電解鉄とグラファイト界面に流れてこれを密着させる．電解鉄表面に酸化鉄(FeO) がある高い酸素分圧下では，液相中に CO ガスが発生し撹拌するので，溶解速度は数十倍に加速される．すなわち，鉄は木炭との接触により直接炭素を急速に吸収する．これを吸炭と呼ぶ．

図 9-11 の鉄-炭素系状態図からわかるように，低い温度ほど銑鉄中の炭素濃度が高くなる．したがって，より低い温度で操業する方が炭素濃度の高い銑が得られる．強く送風して高温にすると還元速度や吸炭速度が速くなるので溶融した銑が得られるが，鉄中の炭素濃度は低くなり，一方，リンや硫黄の濃度は高くなる．

鉄の吸炭は羽口上部 45 cm より低い位置で，1154℃以上で木炭と接触して起こる．この温度領域を広く取るか，あるいはゆっくり降下させて滞留時間を長く取ることにより，炭素を吸収する時間を長くでき，炭素濃度の高い銑を生成することができる．一方，炭素の吸収時間を短くすると鉧が生成する．本実験の銑製造の場合，羽口上部 45 cm の酸素分圧が低いことから，鉄への還元が上部から起こり，還元鉄の吸炭時間が長くなった．

4　ノロの生成とその役割

1)　ノロの生成

ノロは炉のレンガ部分の上部，1100℃近傍で生成する．砂鉄中のマグネタイトとイルメナイトおよび珪砂が反応し，TiO_2 や $A1_2O_3$ などを含むファイヤライト ($2FeO \cdot SiO_2$) 近傍の組成になる．

図 9-13 には FeO-Fe_2O_3-SiO_2 系状態図を示す．この状態図から次のことが

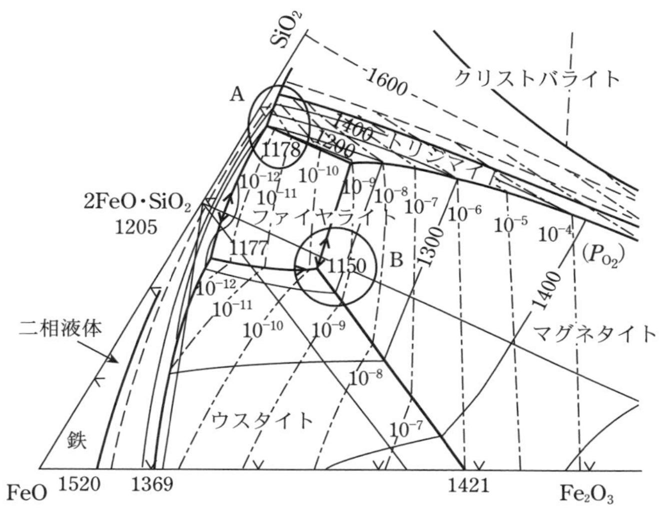

図 9-13　FeO-Fe_2O_3-SiO_2 状態図上に表した各種古代・前近代製鉄炉のスラグ組成 A：ローマ時代ドーム炉とたたら炉，B：鉄器時代初期のボール炉（温度の単位は℃，P_{O_2} の単位は atm）

わかる．マグネタイト（Fe_3O_4）とシリカ（SiO_2）は還元雰囲気下で反応してファイヤライトを生成し，この 3 成分が 1150℃（B 点）で共晶反応を起して液相を生成する．

俵國一が聞いた「粟ぼうそう」はこの凝集を意味していると考えられる．しかし，筆者は小型たたら操業実験を窒素ガスで急冷して行った炉内調査でも，また，日刀保たたら操業の最後の炉解体時においてもこの「粟ぼうそう」を確認していない．

図 9-13 の状態図では，融点 1205℃のファイヤライト（2FeO・SiO_2）と SiO_2 との間に 1178℃の共晶点があり，FeO との間に 1177℃の共晶点がある．これを（FeO％）/（SiO_2％）比で表すと SiO_2 側共晶点で 1.63，FeO 側共晶点で 3.35，ファイヤライトで 2.33 になる．このファイヤライト近傍の組成のノロは 1520℃以下で固体鉄と平衡している．

表 9-6 に各種たたら操業で採取されたノロの成分組成を示した．（FeO％）

表 9-6　各種たたら炉のノロの成分組成 (mass%)

たたら炉		砂鉄	T.Fe	FeO	Fe_2O_3	SiO_2	TiO_2	Al_2O_3	MnO	CaO	MgO	FeO/SiO_2	Fe_2O_3/FeO	$TiO_2/T.Fe$
砺波鑪		籠り	49.52	58.85	5.40	22.52	5.10	5.40	1.23	0.18	0.14	2.61	0.092	0.103
		上り	34.40	39.47	5.32	30.16	9.24	10.81	2.28	1.16	0.51	1.31	0.135	0.269
		下り	27.20	30.76	4.62	41.30	9.51	9.21	1.16	1.49	0.69	0.74	0.150	0.350
價谷鑪		降り	34.82	43.64	1.24	17.42	19.08	5.32	1.92	0.54	0.71	2.51	0.028	0.548
鉄鋼協会	1代	籠り	35.50	38.66	7.88	28.27	12.75	6.85	—	—	—	1.37	0.204	0.359
		下り	43.90	51.84	5.27	22.96	9.23	5.29	—	—	—	2.26	0.102	0.210
	2代	籠り	35.29	40.01	6.08	29.57	12.60	6.41	—	—	—	1.35	0.152	0.357
		下り	46.50	53.64	9.99	21.11	8.43	4.72	—	—	—	2.54	0.186	0.181
	3代	籠り	40.96	48.27	5.02	25.73	9.02	5.54	—	—	—	1.88	0.104	0.220
		下り	47.80	56.02	6.20	21.57	6.91	4.76	—	—	—	2.60	0.111	0.145
日刀保	1	籠り	72.71	5.31	—	12.79	3.27	3.07	—	1.52	0.45	0.42	62.72	0.045
	2	籠り	62.67	6.81	—	17.25	3.84	4.24	—	2.59	0.66	0.39	51.53	0.061
	3	上り	12.40	11.11	—	59.39	1.67	13.50	—	3.01	0.89	0.19	1.82	0.135
	4	下り	42.85	52.67	—	28.69	2.32	6.55	—	1.86	0.54	1.84	0.13	0.054
永田たたら (鉧)	1	ニュージーランド浜砂鉄	38.83	44.37	—	16.65	11.93	7.82	—	4.94	5.81	2.66	0.73	0.307
	2		41.90	46.48	—	15.10	10.64	7.13	—	4.38	5.12	3.08	0.56	0.254
	3		21.71	22.83	—	25.14	16.69	11.26	—	8.07	8.40	0.91	2.54	0.769
	4		39.02	38.38	—	23.67	6.52	7.25	—	5.25	4.24	1.62	6.16	0.167
永田たたら (銑)	1	ニュージーランド浜砂鉄	34.54	28.69	—	18.56	15.92	11.19	—	3.82	6.63	1.55	8.25	0.461
	2		37.64	28.81	—	16.99	15.82	10.31	—	3.68	6.58	1.70	12.57	0.420
	3		29.80	25.73	—	21.49	16.44	12.47	—	4.14	7.16	1.20	7.58	0.552
	4		34.26	22.08	—	19.01	15.95	11.28	—	3.83	6.73	1.16	14.38	0.466
	5		30.44	29.60	—	21.05	16.77	11.91	—	3.99	6.98	1.41	5.93	0.551
	6		37.80	26.72	—	18.99	14.46	10.64	—	3.37	6.03	1.41	13.58	0.383
柏高		館山砂鉄	36.58	—	—	—	9.83	8.80	0.66	2.95	6.24	—	—	0.269
鎌谷		稲毛砂鉄	14.91	—	—	—	5.06	10.93	0.67	5.78	12.56	—	—	0.339

/(SiO_2%) 比を比較すると，砺波鑪では籠り期では 2.33 と 1.63 の間にありファイヤライトと平衡する組成近傍であるが，次第に SiO_2 濃度が増し 1.63 以下になって SiO_2 と平衡する組成近傍になる．價谷鑪ではファイヤライトと平衡する組成近傍にある．鉄鋼協会復元たたらでは，籠り期で SiO_2 と平衡する組成近傍であるが，下りではファイヤライトと平衡する組成近傍である．日刀保たたらもニュージーランド浜砂鉄を用いた永田たたら炉でも SiO_2 と平衡する組成近傍のノロを生成することがわかる．

図 9-13 の状態図には，鉄器時代初期のボール炉 (B 点)，ローマ時代のドーム炉とたたら炉 (A 点) のスラグ (ノロ) の主要な組成を示した．1350℃で固体鉄とスラグの平衡酸素分圧は 1×10^{-12} 気圧で，永田たたら炉でセンサーを用いて得られた羽口前の値と良く一致している．これらのスラグは鉄と共存しており，鉄が生成していたことを示している．一方，鉄器時代初期のボール炉のスラグは鉄と平衡していないが，3000 年近い年月を経て酸化したと考えられる．

砂鉄は羽口上部の 1000℃から 1200℃の領域で鉄に還元され，さらに木炭と接触して銑になる．1100℃近辺の領域では FeO にまで還元された砂鉄がその中に含まれる SiO_2 と反応してファイヤライトとなり，さらに還元反応で生成した鉄と共存する組成のノロを生成する．砂鉄は SiO_2 が主成分の炉下部の釜土とも反応してこれを少しずつ溶解するので，ノロ中の SiO_2 濃度が高くなり SiO_2 飽和の組成に近づく．操業後半では鉧の成長に応じて炉壁を徐々に溶解させるように砂鉄を装入している．

2) TiO_2 と Al_2O_3 の役割

ノロの組成はファイヤライト組成の近傍にあり，これに砂鉄に含まれる TiO_2 や Al_2O_3 が溶解している．表 9-6 に示した各種のたたら炉で行われた操業のノロの成分組成では，TiO_2/T.Fe 比は表 7-1 に示した砂鉄と比べると数倍から数十倍になっており，TiO_2 がノロ中に濃縮していることがわかる．

図 9-14 に示すように，ファイヤライトの融点は 1205℃で，これに TiO_2 を溶解させると 9.5 mass％含む組成では，1134℃の共晶点を持つ低融点のノロになる．さらに TiO_2 濃度が増すと融点は急に上がり，20 mass％で

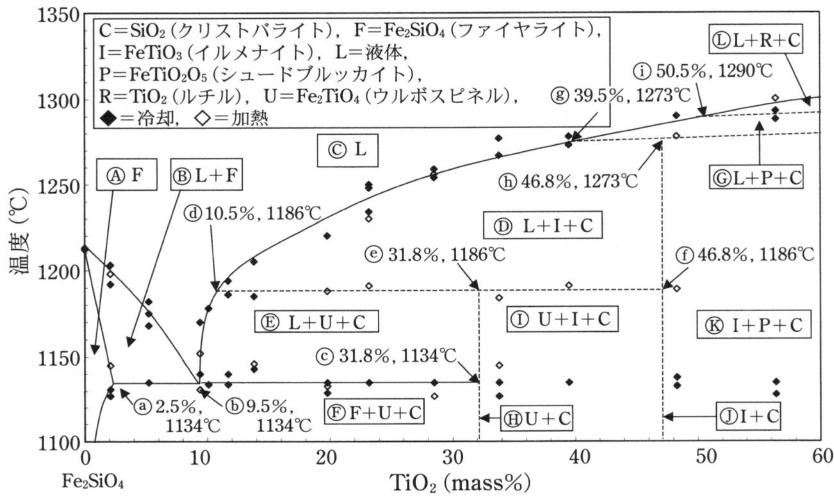

図 9-14　ファイヤライト（$2FeO \cdot SiO_2$）-TiO_2 系状態図 [24)]

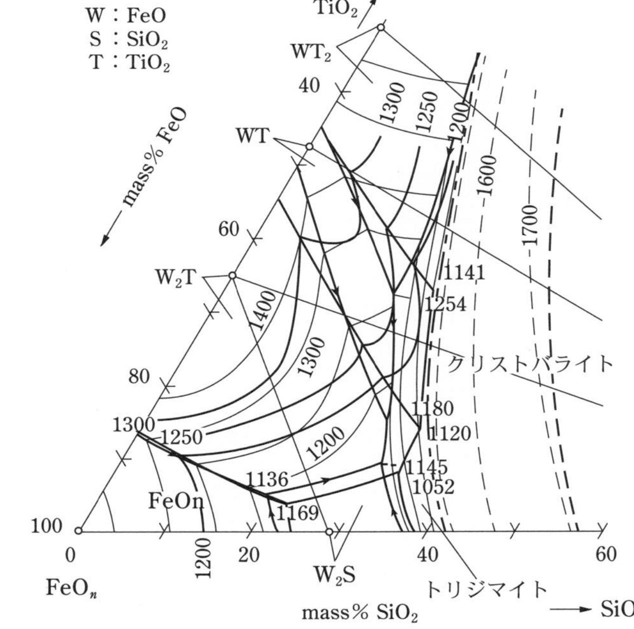

図 9-15　FeO-SiO_2-TiO_2-5mass%Al_2O_3 系状態図（温度の単位は℃）[25)]

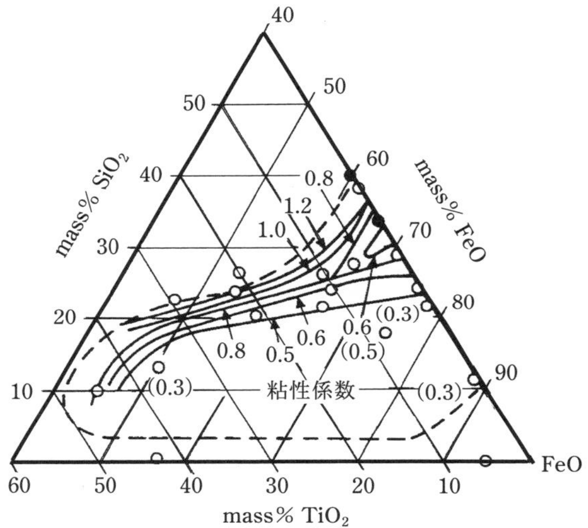

図 9-16 FeO-SiO_2-TiO_2 系スラグの粘性係数 (1400℃)[26] ($p = 10^{-1}$Ps・s)

1230℃と 100℃近く高くなる．砺波鉱，日本鉄鋼協会たたら，日刀保たたらのノロ中の TiO_2 濃度はファイヤライト-TiO_2 系の共晶点以下であり，ノロは低融点で溶けることがわかる．

ノロには Al_2O_3 が 5 ～ 10 mass％含まれている．FeO-SiO_2-TiO_2-5％Al_2O_3 状態図を図 9-15 に示す．この状態図によると FeO-60％SiO_2-10％TiO_2-5％Al_2O_3 近傍に 1052℃の共晶点があることがわかる．すなわち，Al_2O_3 が 5 mass％程度含まれると共晶点の融点はさらに 80℃近く下がる．

一方，銑押しを行った價谷鑪ではノロ中の TiO_2 濃度は 19 mass％あり，小型たたらの銑製造でも 16 mass％ある．しかし，Al_2O_3 が溶解しているので融点が低く抑えられている．

たたら製鉄ではノロの排出が必要で，その流動性がよいことが重要である．図 9-16 に FeO-SiO_2-TiO_2 系の 1400℃における粘性係数を示した．ファイヤライトに TiO_2 が溶解してもそれほど粘性は変化しないが，SiO_2 が増すと粘性は大きくなる．

價谷鑪では FeO/SiO_2 比が 2.51 で FeO の多い組成に調整しているので粘

性は約0.5ポアズと低く，炉から流れやすくなっている．一方，永田たたらの銑製造ではノロの組成はFeO/SiO_2比が約1.5で，SiO_2側にある．したがって，粘性は約1.0ポアズあり，ノロが流れ出難い状態にあることがわかる．

TiO_2濃度が約8 mass％のニュージーランドの浜砂鉄を用いて永田たたらで鉧を製造した場合，操業の前半（No.1, 2）ではノロはFeO濃度が高く粘性は低いので流出するが，後半（No.3, 4）ではSiO_2濃度が高くなり粘性が高くなる．同時にTiO_2濃度が高く融点が高いので，ノロは出口に向かって粘った状態で流れてくるが，温度が下がってノロは出口で固まってしまう．

稲毛海岸の浜砂鉄はCaOとMgO濃度が高い．ノロの成分も特にMgO濃度が約13 mass％と非常に高い．しかし，MgO濃度が高いと粘性はむしろ下がる傾向にある．このノロは操業の後半でSiO_2濃度が高くなり粘性が著しく上がった．

たたら炉の羽口前の温度は1350℃から1400℃ありノロは溶融する．しかし，操業後半でSiO_2濃度が増すと粘性が高くなり，炉から流出させるのが困難になる場合がある．

ノロの重要な役割は，鉧全体を被って空気による再酸化を防止し，保温することである．しかしノロが鉧の上に大量に滞留すると粒鉄がノロ中に分散し，鉧は分裂してまとまりが悪くなるばかりでなく羽口を閉塞するので，できるだけ排出することが重要である．

TiO_2やAl_2O_3は溶剤の役割を果たしており，斐伊川の砂鉄のようにTiO_2濃度が2 mass％程度のものが操業しやすいことがわかる．しかし，一般の河川や浜で採取される砂鉄はTiO_2が5～10％含まれているので，操業は高温で行わねばならず燃料費が嵩むことになる．

5　炉下部における鉧と銑の状態

羽口の窓から観察すると，図9-5に示すように，吸炭した球状の溶銑粒が木炭上に落ち，空気により表面が酸化しFeOで覆われる．金属鉄と金属酸化物のノロは濡れ性が悪いが，表面をFeOで覆われた粒鉄はノロ中に取り込まれる．溶融した粒鉄は互いに凝集して鉧を生成し，あるいは大きな溶融銑粒となってノロ中を沈降する．

鉧生成の場合，平均濃度は最大1.5％程度で固液共存状態にあり，10 ～ 20％の液体が固体鉄を包んでいる．粒鉄は鉧に溶着し，温度の低下に伴ってオーステナイト固相を晶出し，鉧は次第に成長する．同時により炭素濃度の高い溶融銑鉄が晶出してさらに流れ落ちる．したがって，鉧中の炭素濃度は不均質になる．

銑生成の場合，溶融銑鉄粒は溶融したノロ中に落ちる．その平均炭素濃度は約3.7 mass％あるので，温度が低下しても約1200℃まで溶融状態にある．銑粒は互いに溶着し成長しながら溶融したノロ中を降下し，銑中の炭素とノロ中の酸化鉄が反応してCOガスが発生し，それによってノロが撹拌され，熱がノロ全体に伝えられるのでノロが凝固しない．溶融銑は炉底に溜まり裏銑となり，一部が流出して流れ銑となる．

6 「鉧押し」と「銑押し」の操業方法の相違

俵は伯耆国日野郡阿毘縁村砺波鑪を鉧押し炉として，石見国那賀郡下松山村價谷鑪を銑押し炉として調査した．これらのたたら炉ではどのように鉧と銑を作り分けたのであろうか．炉内の還元・吸炭領域の大きさと砂鉄の炉内滞留時間から考察する．

まず，たたら炉の形状を比較する．表9-7に示すように，炉の特徴は銑押し炉では炉壁上部が少し狭まっており，鉧押し炉では逆に上部に少し広がっている．羽口の位置は前者が後者より低く，傾斜は緩やかになっており，その径は後者の方がより細くなっている．

鉧押し炉では天秤鞴の踏み数は毎分27 ～ 40回であるが，銑押し炉では毎

表9-7 價谷鑪（銑押し）と砺波鑪（鉧押し）の炉と羽口の大きさの比較（単位 mm）

たたら名	炉				羽口				
	長さ	幅（上部）	幅（中段）	高さ	高さ（外側）	角度	本数	間隔（外側）	直径（縦×幅）
價谷鑪	2967	860	800	1120	218	26°	19 × 2	136	24 × 9
砺波鑪	2485	635	697	1150	127	9 ～ 10°	16 × 2	145	6 × 3

分 32 ～ 49 回と多くなっている．しかし，送風圧は大気圧との差で水柱高さ 30 mm と同じである．

これらの炉の構造と送風方法を比較すると，銑押し炉では炉の幅を狭くし，送風が炉の中にまで吹き込まれるようにして熱が溜まるようにしている．また，これは高温の還元領域を炉の上部にまで広げることになる．

操業方法の違いから検討してみよう．鉧押しの砂鉄と木炭の装入順序は銑押しとは逆である．砂鉄と木炭の装入方法について俵は次のように述べている．

鉧押し炉では長辺の炉壁から 150 mm 辺りを両側の壁に沿って種鋤で砂鉄を装入し，すぐに箕で木炭をその上に加える．一方，銑押し炉ではまず炉に大塊の木炭を装入し，さらにその間隙を小塊または粉炭で充填し，ツクロイ鋤（木製のスコップ）で木炭の両側の壁際の上面をたたいてこれを平らにならす．そして，その上に砂鉄を装入する．このように，鉧押し炉では木炭の隙間を通って砂鉄が比較的早く降下するが，銑押し炉では木炭を密に充填することによって，砂鉄は木炭の燃焼速度に従って降下し，炉内の滞留時間を長くしている．また同時に熱が炉内に籠るようにしている．

木炭について，鉧押し法では雑木から製造したものを用いるが，銑押し炉では火入れ開始から 3 時間まで松炭を使用する．これは質が柔軟で燃えやすく通風を良くするので炉熱を容易に上げることができる．この後は雑木炭を用いる．このため鉧押し法では 4 時間 40 分後に初ノロが出ているが，銑押し炉では 3 時間 15 分で初ノロが出ている．これは銑押し炉の方が早く温度が上がっているためである．

鉧押し法では最初，赤目小鉄（あこめこがね）の酸化度の大きい小粒の砂鉄を用い，次に籠り小鉄（こもりこがね），真砂小鉄（まさこがね）と順次酸化度の低い砂鉄を用いる．赤目小鉄は還元しやすい砂鉄であると言われている．

一方，銑押し法では最初の 2 回砂鉄を精洗したときの洗い滓を装入する．これは，酸化鉄が少なく珪酸分が多いため適度なノロを作ることができる．その後，浜小鉄に山小鉄や洗い滓を調合したものを装入する．この砂鉄は砂鉄焙焼炉で前もって加熱し酸化度を上げている．

銑押し炉では，溶融した銑をノロとともに炉下部の湯路から流し出し，生成する鉧を引き出して成長しないようにする．一方，鉧押し炉では鉧と炉壁の間を溶融した銑とノロが流れ落ちる．銑は流出し一部は鉧の下部に溜まる．ノロは炉壁を溶解して鉧の成長を助け厚く幅広にするとともに炉底に熱を伝える．したがって，鉧押し炉では炉壁の浸食は銑押し炉より早く，銑押しは鉧押しより1昼夜操業が長い．

第10章　風と炎

村下と裏村下は炉の半分ずつを担当して，炉況を管理する．炎の色，ホドの状態，しじる音，ノロの出方等々から炉況を総合判断し，ホドの掃除や，時には早種を装入しては炉の変化を調整する．湯路近傍にノロが固まって塞いでしまう時はこれをユハネで剥がして取り除きノロを出やすくする．このように村下は常に炉況を判断し，炉を最適な状態に持ってゆく．村下は常に，炉内の風の流れと炎の色を観察して炉内で起こっている反応状態を把握している．

たたら製鉄の送風装置は鞴（ふいご）と呼ばれ，6 世紀後半に製鉄法がわが国に伝わった当時は，箱型の「吹差鞴（ふきさしふいご）」で，手動でピストンを往復させて送風した．その後，中世に「野だたら」と呼ばれる屋外で簡単な小屋掛けをして行われた時代は，「踏（ふ）み鞴（ふいご）」が使われた．これは，大きな板の中心を支点とし，両端を複数の人が交互に踏んで送風した．江戸時代初期の 1691 年に「天秤（てんびん）鞴（ふいご）」が発明され，たたら製鉄は高殿と呼ばれる建屋の中で行われた．これは，2 枚の板の外側の端を支点とし内側の端は天秤棒の両端から下げられた縄で吊されていた．1 人が真中に立ち，足を片方ずつそれぞれの板の内側に乗せて交互に踏んだ．天秤鞴はたたら炉の両側に 1 台ずつ設置され，空気の分配箱の「ツブリ」から炉の片面下部に設置された約 20 個の羽口（ホド）にそれぞれ竹の木呂管を通して空気を送った．たたら歌に合わせて 2 台の鞴の調子を取りながらたたらを踏んだので送風は脈動風となった．明治中期には 4 台の箱型の吹差鞴を水車動力で同期させて動かし脈動風を送った．昭和 52 年 (1977 年) に復元され現在も冬季に操業されている日本美術刀剣保存協会の日刀保たたらでは 4 台の吹差鞴をモーターで動かし脈動風を送っている．一方，昭和 44 年 (1969 年) に日本鉄鋼協会で復元されたたたら製鉄ではブロワーによる連続風が使われた．

1　炎の色と高さ

明治期の砺波鑪の操業は4段階に分けて管理された．籠り，籠り次，上り，下りである．籠り期では，ホド穴に栓をして送風した．表10-1に送風条件を示す．送風開始から約1時間後，ようやく火勢が強くなったら籠り砂鉄を入れ始めた．このときの炎の高さは60 cm程度で色も暗赤色である．4時間10分後にノロと銑が出て，6時間後からは籠り次砂鉄を装入し始めた．この

表10-1　明治期における砺波鑪と價谷鑪の送風条件

砺波鑪（鉧押し）			價谷鑪（銑押し）		
操業時間	鞴踏数（回／分）	風（mmH_2O）	操業時間	鞴踏数（回／分）	風（mmH_2O）
0：00	32	30	0：00	32	
0：53		（籠り）	0：55		（洗い）
1：18	28		1：11	40	
3：10	28		3：15		（初ノロ）
4：10		（初出銑・ノロ）	6：20		（初出銑）
6：00		（籠り次）	8：25		18
10：50	27	（上り）	10：25		30
12：00	31				
25：30	34				
27：30	37				
28：30		（下り）			
29：30	37				
33：30	38 ～ 39				
36：20	34				
46：30		（銑流出終了）			
48：30	33				
52：30	33				
57：00	40		56：15	49	
58：00	34 ～ 37		62：15	46	
60：10	39		84：55		（銑流出終了）
68：00	終了	（鉧取出し）	85：20	終了	

ときの炎の高さは約 90 cm であった．

10 時間 50 分で上り砂鉄を入れ始めた．炉壁が溶解すると，ホドの先端が後退し羽口の穴が次第に大きくなり風速が減じるので少しずつ増風する．ここまでは天秤鞴の踏み数は毎分 27 回程度であるが，12 時間後から踏み数を毎分 31 回に上げ，送風をさらに強めた．このときの炎の高さは約 1.2 m であった．23 時間半で中湯路（なかゆじ）を塞ぎ，左右の四ツ目湯路（よめゆじ）を開けた．送風をさらに強め，28 時間半から下り砂鉄を装入し始め，鞴の踏み数は毎分 37 回であった．壁が次第に浸食されて 32 時間後頃ホド穴の断面積がさらに大きくなり，鞴の踏み数は毎分 38 ～ 39 回に達した．炎の色は暗黄色から紫色になった．34 時間半後に溶銑 250 kg が流出した．この後も適宜流出した．この頃ホド穴の栓を取った．36 時間 20 分後，火焔の長さは 2 から 2.5 m に達して白光を帯びた．次第に炉内に鉧が生成し，炉の温度が下がると炎の高さが減じ，色も暗赤色に変わった．鞴の踏み数は毎分 34 ～ 39 回で変動している．67 時間 40 分で砂鉄装入を止め，68 時間で鉧出しを行った．

炎の色は「キワダボセ」や「ヤマブキボセ」と呼ばれるように，黄色が最も状態の良い色である．日刀保たたらでは，操業が順調な時は籠り期に赤黄色の炎が出て，上り期と下り期には火勢の強い黄色になる．砂鉄を入れすぎて温度が下がると黒味がかった炎が出て，これを「黒ボセ」と呼んだ．また，砂鉄が少ないと木炭が燃焼して赤みがかった炎「赤ボセ」がでる．ホドが詰まって風が流れないと，この上部の木炭から紫がかった炎が出る．これは一酸化炭素の燃焼による炎で「ヤカンボセ」と呼ばれる．

「キワダボセ」や「ヤマブキボセ」の黄色の炎はナトリウムの炎色反応により現れる．炎色反応はアルカリ金属（ナトリウムやカリウムなど）やアルカリ土類金属（カルシウムなど）を強熱すると炎が各金属特有の色の光を発する現象である．特にナトリウムは非常に鋭敏で極微量でも検出され，D 線（波長 589 nm の光）と呼ばれている．食塩にアルコールをしみこませて暗い部屋で燃すと食塩中のナトリウムイオンによる黄色の炎色反応が観察される．図 10-1 に示すように砂鉄にはナトリウムが約 10^4 ppm（0.01％）含まれている．この図は日本全国各地の砂鉄を機器中性子放射化分析法で分析した

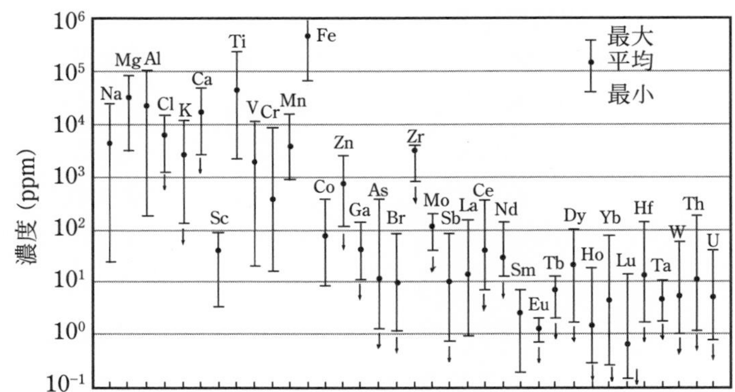

図 10-1　磁石に吸着する砂鉄成分中の各種不純物濃度の平均[27]
（機器中性子放射化分析法による）

結果である．カルシウムやカリウムも含まれているがナトリウムほどの強い光は出さない．木炭の灰の中にもカルシウムやナトリウムが存在する．

ナトリウムは酸化物の状態で含まれているが，砂鉄や木炭の灰には珪砂が含まれているので，安定な珪酸ナトリウム (Na_2SiO_3) として存在している．したがって，これを木炭中で加熱しても Na_2O の蒸気圧は低く，炎中にナトリウムの輝線は現れない．しかし，ここに FeO が溶解すると Na_2O の活量が大きくなり Na_2O の蒸気圧が高くなる．FeO と Na_2O はともに塩基性酸化物であり，FeO 濃度が増すと Na_2O はより活性になり蒸発しやすくなる．すなわち，炎が黄色を帯びるのはノロができていることを示している．

たたら操業中に燃え上がる炎の中には，このほかに赤熱した木炭の粉や，還元鉄粉が酸化して発光する細かい白い火花が見られる．特に湯路からは溶解した銑や局所的に溶解した鋼が生成するとき発生する沸き花が観察される．この火花は枝分かれしておりこの形態から炭素濃度を推定することができる．

2　鞴の送風能力

天秤鞴の概念図を図 10-2 に示す．備後国小鳥原鑪（ひととばらたたら）の土天秤鞴の踏み板の

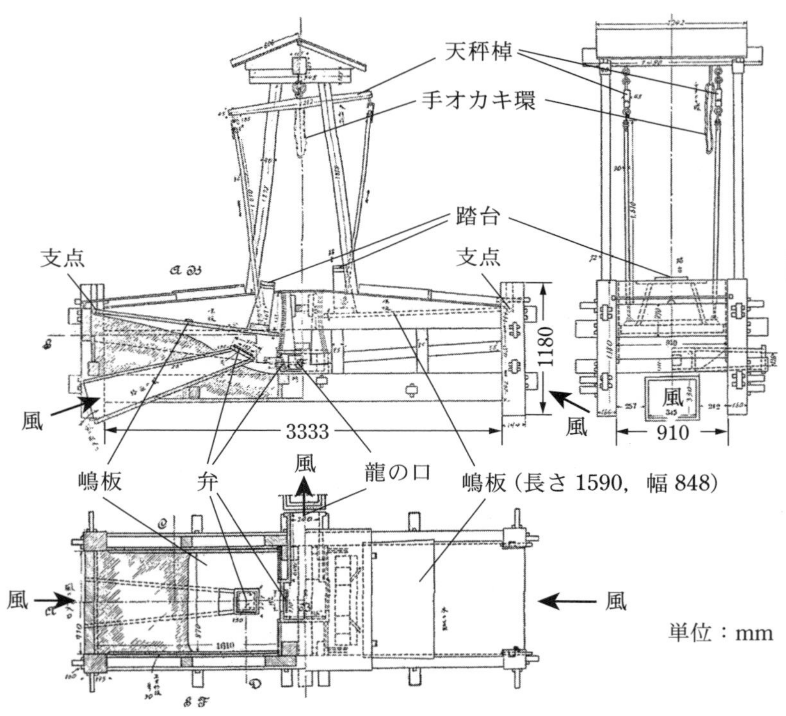

図 10-2　小鳥原鑪土天秤鞴 3)

大きさは長さ 1.59 m，幅 84.8 cm で，踏み込み深さは最大 52 cm である．片方の踏み板の 1 踏みの体積は 0.212 m^3 である．伯耆国砺波鑪では表 10-1 に示すように，操業初期は毎分 28 踏みで後半最大 39 踏みした．天秤鞴の記述はないが小鳥原鑪の土天秤と同じとすると，全送風量は 2 台の天秤鞴で操業初期に 712 m^3/hr である．羽口は片側 19 本なので，羽口 1 本当たり 18.7 m^3/hr となる．操業後半で 992 m^3/hr，羽口 1 本当たり 26.1 m^3/hr である．送風圧力は操業初期で水注 3 cm (294 Pa)，炉壁が半分浸食され羽口の断面積が大きくなると低圧になった．

石見国價谷鑪の櫓天秤鞴では，踏み板の大きさは長さ 1.450 m，幅 91 cm

で，踏み込み深さは 28 cm である．片方の踏み板の 1 踏みの体積は 0.185 m^3 である．操業初期では毎分 40 踏みで後半は 49 踏みした．羽口は片側 16 本なので羽口 1 本当たりの送風量は，操業初期で 27.8 m^3/hr，後半で 40.0 m^3/hr となる．送風圧力は操業 8 時間 25 分後で水柱 1.8 cm (176 Pa)，10 時間 25 分後以降 3 cm (294 Pa) である．この圧力と踏み板の面積から計算すると，番子 1 人が操業初期では 23.7 kg の重さで少し軽めに踏むが，操業のほとんどは 39.6 kg の重さで踏んでいたことがわかる．絵巻「先大津阿川村山砂鉄洗取之図」によると，番子は綱に掴りながら天秤鞴の踏み台を 1 人で踏んでいる．

靖国鑪では水車動力の 4 台の吹差鞴（ピストン型送風機，送風能力 750 ～ 950 m^3/hr）が用いられていたが，日刀保たたらでは同じ大きさの 4 台の吹差鞴を電動モーターで同期させて駆動し，脈動風を炉に吹き込んでいる．表 10-2 に示すように，操業初期の送風の圧力は水柱で 6.5 cm (637 Pa) で，後半は一時 12 cm の時もあるが大半は 9 cm (882 Pa) である．この送風圧は天

表 10-2　日刀保たたら 3 代の送風条件（1999 年 2 月 3 日～ 6 日）

操業時刻		操業時間	送風量 (m^3/hr)	圧損 (H_2O : cm)	湯路温度 (℃)	備考
1 日目	8 : 30	0				操業開始
	13 : 17	5 : 43	775（5.38）			籠り期
2 日目	8 : 38	24 : 08		6.5	1358	上り期
	10 : 07	25 : 37	872（6.05）			
	14 : 03	27 : 33		12		
	18 : 59	32 : 29			1377	下り期
3 日目	10 : 10	49 : 40		9		
	11 : 37	51 : 07			1266	
	14 : 25	53 : 55		ワテ 9，マエ 6	ワテ 1248，マエ 1274	
	18 : 09	57 : 39	904（6.28）			
	20 : 00	59 : 30	872（6.05）			
4 日目	3 : 37	67 : 07	839（5.82）	ワテ 8，マエ 7		砂鉄・木炭終了
	5 : 17	68 : 47				操業終了

注 1）送風量の（　）は羽口 1 本当たりの送風量 (*l*/s)．
注 2）平均砂鉄送料 10,233 kg，木炭総量 10,545 kg，ケラ 2,326 kg．
注 3）送風は電動モーター駆動の 4 台の吹差鞴による脈動風である．

秤鞴の場合より 2 ～ 3 倍大きい．現在，年 3 回冬季に行われている日刀保たたらの操業における送風量と圧損を示した．羽口は合計 40 本である．全送風量は 872 m^3/hr で羽口 1 本当たりの送風量は 21.8 m^3/hr である．水車動力による吹差鞴を用いた場合，河畔に水車を作るため 10 m 以上の長い送風管を必要とした．この管の内径は約 30 cm である．日刀保たたらでは，高殿に隣接する建屋にピストン型送風機が設置してあり，やはり太い管で「龍の口」まで送風している．

図 10-3 に示す踏み鞴は，平成 20 年 (2008 年) 10 月に東京工業大学で小型たたらの送風に用いたものである．板の長さは 2.35 m，幅 63 cm で中心に支点がある．踏み込み角度は約 10° である．片側の体積は 0.0759 m^3 である．毎分 10 回の踏み数の場合，45.5 m^3/hr である．踏み板と箱の隙間にはシール材が入ってなく，0.5 mm 位の隙間があって空気は多少漏れていたので，実質 36 m^3/hr 程度であろう．板の両側に 2 人ずつ乗り 50 kg 重で踏むとす

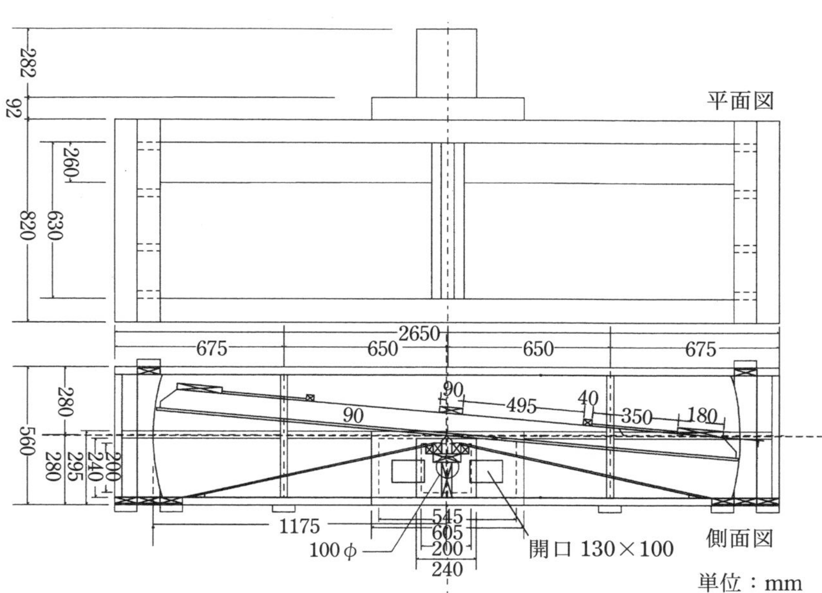

図 10-3　踏み鞴 (羽場睦実氏設計・製作)

ると，圧力は 662 Pa になる．この時の炉に用いた羽口は 1 インチ鉄管 1 本を使った．しかし，内径約 4 cm のホースでは炉内にまったく風が通らず，板の隙間から風が抜けてしまった．そこで，ホームセンターで売っている内径約 10 cm のアルミ製のフレキシブルな管を買ってきて踏み鞴に使ってみたところ，風が通りたたら操業は成功した．送風管の通風抵抗はかなり大きい．

3　風の流れと炎の出方

送風は呼吸するように脈動で行われ，そのたびに炎が高く燃え上がる．炎は図 10-4 (a) に示すように，箱型炉の長手方向の中央から，真中に大きな炎とその両脇に少し低い炎の 3 つが立ち上がっており，図 10-4 (b) に示すように壁際からも小さい炎が立ち上がる．さらに図 10-4 (c) に示すように両端の四ツ目湯路からも炎が噴出す．

図 10-4 (d) に示すように，木炭は炉の壁際に装入されるので中央は常に凹んでおり，羽口から吹き込まれた風のほとんどは，圧力損失の少ない中央を流れる．また，壁際はやはり隙間ができるので一部の風が上昇する．しかし，両方の壁側の木炭層中には風はあまり通らない．

この風の通り方を図 10-5 に示す．羽口前の木炭が燃焼して発熱，消費され，上から新たな木炭が降下して供給される．砂鉄は壁際 15 cm 近傍に装入されるので，強い風に曝されることなく，木炭の燃焼に従って降下してゆく．たたら製鉄では直径 0.1 ~ 0.5 mm 程度の細かい砂鉄が飛散しないように風の主要な通り道と砂鉄の装入位置を分けている．

炉中央部の木炭の層は凹んでおり，熱風はここを通る．空気中の酸素ガスは木炭を燃焼して CO ガスと CO_2 ガスになる．これらのガスと窒素ガスおよび未反応の酸素ガスは加熱されて膨張する．ガスの平均温度を 1200℃とするとガスの体積は室温の時の約 5 倍になる．日刀保たたら炉の内容積は約 2.6 m^3 で，炉内に詰められている木炭の嵩密度を 50%とすると，毎秒 0.25 m^3 で吹き込まれた空気の滞留時間は平均 5 秒程度である．高炉では滞留時間が 1 秒と言われており，これと比較するとガスの上昇速度は約 1/150 であ

(a) ワテから見た炎

(b) オモテから見た炎

(c) 湯路から出るイズホセ

(d) 木炭が凹んでいる炉の中央から主に炎が出ている

図 10-4 たたら操業の炎

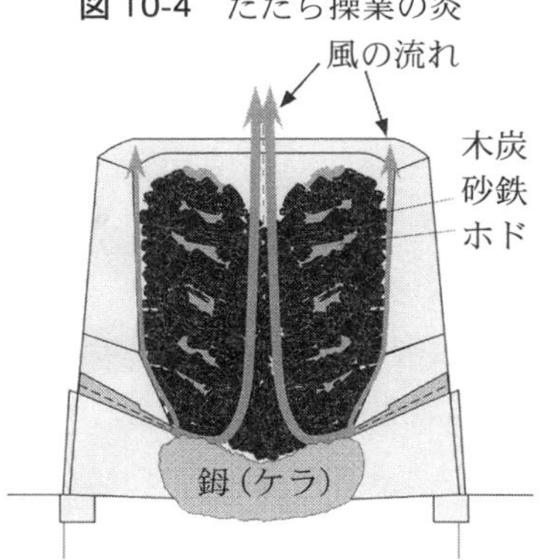

図 10-5 たたら炉内の風の流れ

る．たたら炉では羽口前の風は非常に速く噴出されるが，その後はゆっくりと木炭の間を上昇するので，砂鉄粉が風に巻き上げられ飛散することを防いでいる．また，ガスが炉の中央を流れ，砂鉄が炉壁近傍に装荷されるので，ガスの流れ通路を目詰まりさせることもない．

羽口の形状にも工夫がある．ホドを開けるには「ホド差し」という細長い円錐形の棒を用い，最終的な穴の形状は壁内側で縦6 mm，幅3 mm，外側で縦65 mm，幅30 mmと先細りになっている．木炭で火を起こす時，火吹き竹を使うか口をすぼめて空気を強く吹きつけると風の当たった所は赤熱する．このように，たたら炉では，弱い送風であるが両方の壁に設置した1対の羽口先から速度の速い風を木炭に吹き付け，さらに炉底がV字型になって羽口先端を近づけているため，狭い領域であるが高温を得ることができる．この構造を維持して炉の断面積を広げ，生産量を増大させるために，対の羽口を多数並行に設置した．その結果，炉は箱型になった．

風は「龍の口」から「ツブリ台」に設置された扇形の風箱に送られる．ここから竹製の木呂管でホドに送られる．この木呂管の長さは炉の中央で短く，両側では長い．管が長いほど空気抵抗が大きいので，炉の中央の方が両脇より強く風が吹き込まれる．日刀保たたらでは，炎は3つに分かれており，両脇にも均等に風が供給されるように孔の開け方が調整されていると思われる．俵の記録にも，手加減でその寸法を定めているとある．さらに湯路からの炎の出方も操業の重要な指標である．

4 木炭の燃焼温度と送風速度

たたら炉の炉下部の温度を1350℃にするには，空気の吹き付け速度をどのくらいにする必要があるであろうか．

そこで，永田たたら炉で送風速度と木炭の燃焼温度の関係を調べた．その結果を図10-6に示す．送風速度10 l/sで1360℃が得られる．羽口の径は2.54 cmなので，この送風速度は風速19.7 m/sである．炭素の燃焼反応は

$$C + O_2 = CO_2 \tag{10-1}$$

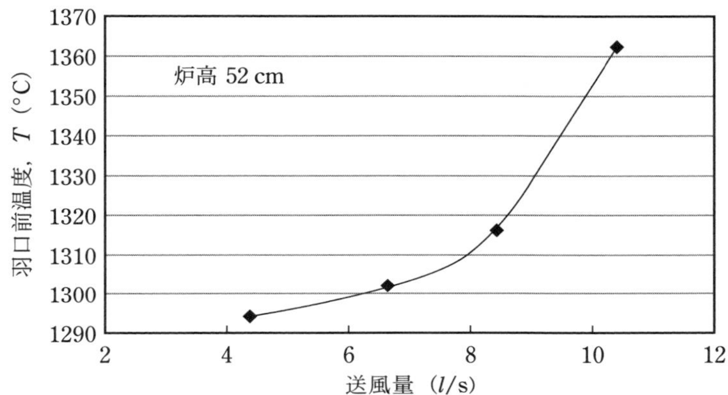

図 10-6　木炭の燃焼時の羽口前温度と送風量の関係（羽口内径 2.54 cm）

で表される．この時の燃焼熱は次式で与えられる．

$$\Delta H^0 = - 394{,}762 - 0.836T \ \text{(J/mol)} \tag{10-2}$$

Tは木炭の表面温度（K，絶対温度）である．木炭では 1 g 当たり 28 ～ 32 kJ である．これは 24.5 l の空気を室温から 1350℃に加熱する熱に相当する．

5　砂鉄の飛散条件

砂鉄が飛散する条件は，風が砂鉄を吹上げる力 F_k と重力により落ちる力 F_s の差が吹き上げる力になる．今，砂鉄を球状とすると，

$$F = - F_s + F_k = - (4/3)\pi R^3\rho_s g + \pi R^2(1/2)\rho_g v_\infty{}^2 f \tag{10-3}$$

の値がプラスの時，砂鉄が吹き上がる．ここで，R は砂鉄の半径，ρ_s と ρ_g はそれぞれ砂鉄と空気の密度（それぞれ 25℃で 5,200 kg/m^3 と 1.18 kg/m^3），v_∞は炉上部における加熱した空気（約 900℃）の速度である．g は重力加速度（9.8 m/s^2）である．fは摩擦係数であり，レイノルズ数（Re）の大きさにより次のように表される．

層流の場合：$f = 24/Re$（ストークス則）

中間流の場合：$f = 18.5/Re^{3/5}$（$1<Re<10^3$）（中間則）

乱流の場合：$f \fallingdotseq 0.44$（$Re>10^3$）（ニュートン則）

ここで，$Re = \rho_g R v_g / \mu_g$ で表される．μ_g はガスの粘性係数（38.3×10^{-6} Pa·s, 600℃），v_g はガスの速度（25℃）である．

ここで，飛散するかしないかの限界の直径 R_c は $F = 0$ の場合で，次式で与えられる．

$$R_c = (3/8)(\rho_g/\rho_s) v_\infty{}^2 f/g \tag{10-4}$$

直径 $2R_c$ より細かい砂鉄は吹き飛ぶことになる．

日刀保たたら炉では，炉中央部の炎の高さから推定して炉中央部でのガスの平均速度は約 3 m/s となる．砂鉄の直径を 0.1 mm とすると Re は 1,500 で流れは乱流である．$f = 0.44$ とおいて上式を解くと，$2R_c = 0.07$ mm，200 メッシュになる．

砺波鑪で使われた砂鉄の粒度分布を図 10-7 に示す．この砂鉄では 60 から

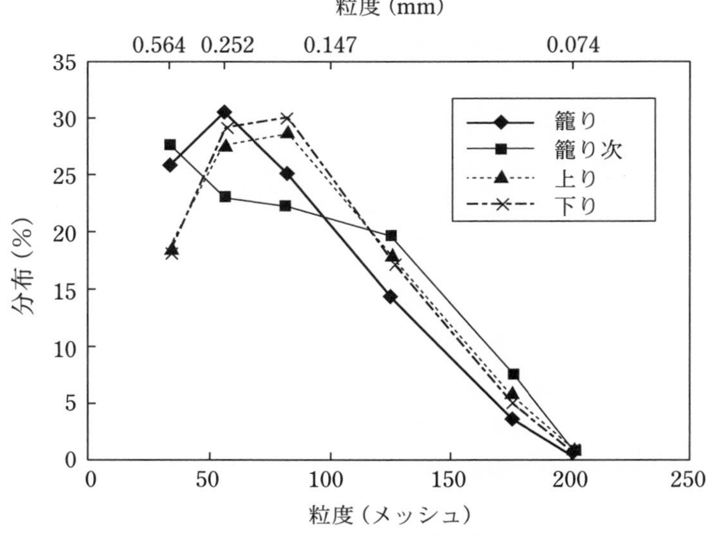

図 10-7　砺波鑪で使われた各種砂鉄の粒度分布

80 メッシュの粒径が最も多くなっている．200 メッシュ以上の細かい粒子は飛散する可能性があり，装入砂鉄はほとんど吹き飛ばない．ただし，砂鉄は球形でないのでいくらかは吹き飛ぶ．砂鉄は直接風に当たらないよう装入されており，さらに脈動送風の場合は風が周期的に弱まるので，吹き上がった粉がその間に炉に戻る可能性があり歩留まりは良い．

連続送風の場合，小型たたらでは炉上部での炎の高さは 2 m ほどあり，ガスの速度は 3 m/s 程度である．砂鉄が細かい浜砂鉄の場合，飛散量は多く 5%程度ある．鉄鋼協会たたらでは連続送風により 11%の砂鉄が飛散した．

6　送風管内の圧力損失

管内を気体が流れる場合，円管内の圧力損失は次式で表される．

$$\Delta P = \lambda \rho_g L {v_g}^2 / 2d \qquad (10\text{-}5)$$

ここで，λ は係数で，層流の場合 $64/Re$，乱流の場合 0.06 である．L は管の長さ，d は内径である．実際のたたら炉では乱流である．管径が滑らかに減少する場合はこれによる抵抗は小さく平均管径で計算する．

一方，急に狭い管に流入する時の圧力損失，逆に広い空間に流出する時の圧力損失は

$$\Delta P = \xi [1 - (A_1/A_2)] 2 \rho_g {v_{g1}}^2 / 2 \qquad (10\text{-}6)$$

で表される．ξ は風上の管（断面積 A_1）から風下の細い管（断面積 A_2）に流入する時は 0.5 である．

管内の送風速度 v_g を送風量 f で置き換え，(1) 木呂管と (2) 羽口外側，(3) 羽口内側による総合の圧力損失を求めると，

$$\Delta P = 8\lambda \rho_g (f/\pi)^2 (L_1/{d_1}^5 + L_2/{d_2}^5 + L_3/{d_3}^5) \qquad (10\text{-}7)$$

で表される．木呂管と羽口外側の L_1, L_2, d_1, d_2 は一定値で，羽口内側の L_3 と d_3 は炉壁の浸食状況に比例させる．すなわち，圧力損失は管の直径の 5 乗に反比例するので，送風管の管径を大きくすることは重要である．次に各た

たら炉についてこの関係を見てみよう.

1) 砺波鑪の場合

伯耆国砺波鑪は片側19本の羽口があり，ツブリから木呂を通して羽口へ空気が送られる．空気は炉の脇にある天秤鞴から一辺が126 mmの角型の通風管（「龍の口」）で導かれ，扇形の「風配り」を差し込み，木呂でそれぞれの羽口に分配している．風配りまでの圧力損失はほとんどない．ツブリは粘土で密閉されている.

木呂管は内径31 mmの竹製の管で，長さは炉中心部で0.58 m，両端で1.18 mである．平均長さは0.896 mである．操業初期踏数が毎分28回なので1本当たりの平均送風量は5.21 l/s，平均速度は，6.90 m/sである．圧力損失は48.9 Paである.

羽口は，木呂差しを用いて元釜中に炉内に向かって下に26°の角度で開けられている．炉外壁面側の入口は上下の高さ65 mmと幅30 mmの楕円形で断面積は1,532 mm^{2}である．内壁面側の出口は上下6 mmと幅3 mmの楕円形で断面積は14.1 mm^{2}である．羽口の長さは450 mmで，図10-5に示すように，その中間で断面積が720 mm^{2}から410 mm^{2}に減少している.

空気の速度は，羽口の外側半分の平均断面積を1,126 mm^{2}として4.63 m/s，内側半分の平均断面積を212 mm^{2}として24.58 m/sである．圧力損失は羽口外側半分で4.5 Pa，内側半分で293.9 Paである．羽口の断面積減少による圧力損失は3.6 Paである．木呂管と羽口で圧力損失は合計350.9 Paになる．圧力損失の80%以上が内壁側の羽口で生じている.

一方，天秤鞴の圧力の実測値は水柱の高さから294 Paなのでこれだけの空気は通っていない．実際の送風量は1本当たり4.65 l/s（16.7 m^3/hr）以下でなくてはならず，空気は鞴の板の隙間から洩れていたと思われる.

俵の記録では操業開始1時間18分後の羽口先端直径は9 mmとなっている．炉壁が浸食されて厚さが薄くなるにつれ羽口先端の径が大きくなるので，鞴の踏み込み深さを徐々に大きくしていったのであろう.

送風圧294 Paで毎分28回鞴を踏み，5.21 l/s（18.8 m^3/hr）の最大で送風ができるのは壁が浸食により12.0 cm減った時点からである．毎分31回の踏み数における送風量 6.03 l/s では，13.6 cm 減った時からである．毎分 37 回踏み，送風量 6.88 l/s (21.7 m^3/hr) では，14.8 cm 減った時からである．俵の記録では，12 時間後に踏み数 31 回，27 時間半に 37 回となっている．日刀保たたらの炉壁の浸食状況を見ると 15 時間から 20 時間で 12 cm 程度浸食している．したがって，羽口の浸食状況に応じて踏み回数を徐々に上げ送風量を増したと考えられる．踏み数 40 回の送風量 7.44 l/s (26.8 m^3/hr) では壁の溶損が 15.0 cm 以上のときである．操業後半で壁が浸食されて半分になる時，踏み数毎分 40 回で羽口 1 本当たりの送風量は 7.44 l/s で，全体の圧力損失は 108.9 Pa である．したがって，この時から鞴の踏み込みはかなり軽くなる．

木呂竹管の先端には鋳鉄製の鉄木呂を取り付け元釜の羽口穴に置く．鉄木呂は長さ 197 mm，先細りで先端の内径は 18 mm であり，管の出口で圧力が下がる．圧縮性流体のベルヌーイの式は水平の管に対し，

$$v_g{}^2/2 + (R\,T_r/M)\ln P = \text{一定} \qquad (10\text{-}8)$$

で表される．ここで R は気体定数，T_r は室温 (298 K)，M は空気の分子量である．鉄木呂先端での速度は 23.6 m/s なので羽口穴で速度が 3.9 m/s に落ちると圧力は 0.3％程度下がる．したがって，羽口上部の穴から空気が漏れることはない．

2) 價谷鑪の場合

石見国價谷鑪では，木呂管は 16 本でその長さは炉中心で 747 mm，両端で 1188 mm である．管内径は不明であるが，砺波鑪と同じとすると 31 mm である．平均長さは 967.5 mm である．平均送風量を 6 l/s とすると風速は 7.95 m/s である．圧力損失は平均 70.1 Pa である．木呂管の先端には，長さ 333 mm，外側の内径は 42 mm，先端の内径は 18 mm の鉄木呂が取り付けてある．

羽口は炉内壁面で 24 × 9 (mm)，外壁面で 21 × 18 (mm) の大きさの楕円である．長さは 331 mm で途中に段差はない．風速は 25.7 m/s である．この場合，羽口での圧力損失は 451.5 Pa となり，木呂管との合計は 521.6 Pa となって鞴での圧力 680.5 Pa 以下となり，風は通る．

3) 永田式小型たたらの場合

永田式小型たたら炉では，管の長さが 2 m，内径が 4 cm のビニールホースを用いている．送風量を 10 l/s として速度は 12.6 m/s である．この管による圧力損失は，282.0 Pa である．また，1 インチ鉄管（内径 2.54 cm，長さ 30 cm）の羽口では風速が 19.7 m/s となり，圧力損失は 162.8 Pa である．内径 4 cm の管から 1 インチ羽口管（2.54 cm）に空気が入ると，羽口管入り口では 28.0 Pa の圧力損失が起こる．したがって，全体の圧力損失は 472.8 Pa となる．送風にはこれ以上の圧力を出す送風機が必要である．

このビニールホースを用いた場合，踏み鞴では送風はほとんどできなかった．踏み鞴の圧力は 1324 Pa あるが，空気はほとんど漏れてしまったためである．そこで，内径 10 cm で長さ 2 m の管を用いた．管内の空気の速度は 1.27 m/s で乱流である．圧力損失は 1.0 Pa となる．羽口との接続は長さ 10 cm のじょうご型の塩ビパイプを使った．この場合，圧力損失はほとんど生ぜず 1 Pa 程度である．1 インチ羽口管の圧力損失を入れると，全体の圧力損失は 164.8 Pa となり，圧力損失はほとんど羽口管で生じる．

送風管による圧力損失は管の長さに比例し，管径の 5 乗に反比例する．したがって，管径を大きくし，炉の近くに設置しなければならない．天秤鞴や踏み鞴を用いたたたらでは炉のすぐ脇に設置し，耐火壁で鞴を保護している．明治以降に水車動力が使われたが，圧力が掛けられるピストン型の吹差鞴が使われたので，高殿から離れた場所に設置し，太い長い管で送風した．

第 11 章　物質収支と熱収支への脈動送風の影響

1　たたら製鉄操業における脈動送風の効果

1) たたら製鉄の操業と炉況

脈動風と連続風によるたたら製鉄操業を比較するために，天秤鞴で脈動風を送風した明治後期の砺波鑪の操業と，ブロワーによる連続送風を行った日本鉄鋼協会たたらの操業を取り上げる．

この 2 つのたたら炉の大きさはほぼ同じである (表 6-1)．釜土の成分も SiO_2 を比較すると砺波鑪は 65.59%，日本鉄鋼協会たたらは 66.03% である．砂鉄の組成は下り期に使われる砂鉄中の T.Fe 濃度もほぼ同じである．

操業時間は砺波鑪が 66 時間 27 分，日本鉄鋼協会たたらは 71 時間 21 分で後者が長い．日本鉄鋼協会たたらの操業では籠り期が 20 ～ 30 時間で他のたたらの 2 倍近い時間をかけている (表 4-2)．

羽口 1 本当たりの平均送風速度は，砺波鑪では操業前半で 5.21 l/s，後半で 7.44 l/s である．これに対し，日本鉄鋼協会たたらの 1 代では，前半 6.25 l/s，後半 13.44 l/s でかなり強く吹いている．2 代と 3 代は送風圧を示す水柱の高さは約 20 mm 程度である．

日本鉄鋼協会たたら炉のホド穴から測定した温度は 24 時間後には 1400℃に達し，18 時間後には 1500℃を越している．日刀保たたら炉で放射温度計を用いて測定した温度は 1350℃から 1400℃程度である．日本鉄鋼協会たたらでは送風量が多い割には羽口の数が少ないため，1 本当たりの羽口の送風量が多くなったためであろう．送風圧は水柱 15 ～ 40 mm 高さであるが，これは羽口前温度と直接的な関係はない．なぜなら，送風圧は羽口先端の径など送風管経路の形状とそれから生じる圧損によるからである．

日本鉄鋼協会のたたらでの籠り砂鉄と真砂砂鉄の組成は砺波鑪のものと良

く似ている．赤目砂鉄の粒度は＋100メッシュが57.2％で，砺波鑪の籠り砂鉄の80％と比べるとやや細かい．一方，真砂砂鉄の粒度は＋100メッシュが99.2％で，砺波鑪の80％に比べ粒が大きい．

図4-6に日本鉄鋼協会たたらの砂鉄と木炭の装荷経過を示した．砂鉄は種鋤1杯で約3 kg，木炭は箕1杯約11.3 kgである．操業中，木炭の挿入量は1代で平均3杯，2，3代では平均4杯で一定している．しかし，砂鉄装荷量はいずれも籠り期までは安定しているが，下り期に入ると大きく変動している．これは炉況が不安定になったことを示している．日刀保たたらの場合でも，炉況が不安定になった操業では下り期において砂鉄装入量が大きく変動している．

操業時間，砂鉄と木炭の原料装入量および銑と鉧，ノロの生成量を表11-1に示す．連続送風の日本鉄鋼協会たたらでは，砂鉄と木炭の装荷量は各代で大きな変動はなく，鉄に対する砂鉄と木炭の重量比は操業が安定した2代が1：4.28：4.57，および3代が1：4.34：4.86である．一方，脈動風の砺波鑪では1：3.56：3.75で，比較すると日本鉄鋼協会たたらの方が砂鉄量と木炭の消費量がより多くなっている．

日本鉄鋼協会たたらで木炭が多く使われていることは，木炭の燃焼熱が原料の加熱や反応エネルギーに使われず放出されている割合が大きいことを示している．しかし砂鉄使用量が多い割にはノロの排出量は日本鉄鋼協会たたらの方が少ない．砺波鑪では排出されるノロのうち52％は炉の釜土が溶解したことからくる量である．一方，日本鉄鋼協会たたらでは21％である．炉壁は後者では前者の半分も溶けていなかったことになる．

表11-1　砺波鑪と日本鉄鋼協会たたらにおける木炭と砂鉄の消費量および銑・鉧・ノロの生成量

たたら炉名	代	操業時間	砂鉄 (kg)	木炭 (kg)	銑 (kg)	鉧 (kg)	ノロ (kg)	鉄：砂鉄：木炭
砺波		66時間27分	12,825	13,500	790	2,810	15,200	1：3.56：3.75
日本鉄鋼協会	1	76時間04分	6,656.6	7,566.9	210	1,750	—	1：3.48：4.41
	2	71時間21分	7,228.1	7,689.4	310	1,380	4,804	1：4.28：4.57
	3	68時間45分	5,722.5	5,686.9	165	700	—	1：4.34：4.86

日刀保たたらの復元時は，鉄生産物に対する砂鉄と木炭の使用量の割合が多いが，平成 11 年 (1999 年) の実績は日本鉄鋼協会たたらと同様である．しかし，明治 31 年 (1898 年) に操業されていた砺波鑪や價谷鑪では砂鉄と木炭の使用量は少ないことがわかる．これは，明治の頃まではたたら操業を通年で行っていたが，日刀保たたらは冬季 3 代のみ，日本鉄鋼協会のたたらでは一時期に操業が行われ，そのために地下構造の乾燥が十分でないことによる．

砂鉄の組成と種類，銑と鉧の組成およびノロの組成をそれぞれ表 7-1，表 7-4 および表 9-6 に示す．生産物の銑と鉧の組成では，日本鉄鋼協会たたらの方がリンの濃度がやや高くなっている．

ノロの組成変化を見ると，砺波鑪では籠り期，籠り次期，上り期，下り期で FeO 濃度が次第に下がり，SiO_2 濃度が上がる．一方，日本鉄鋼協会たたらでは，この傾向が逆になっている．

ノロ中の T.Fe 濃度は砺波鑪の上り期で 34.40%，下り期で 27.20% であり，一方，日本鉄鋼協会たたらでは，籠り期で 35.29%，下り期で 46.50% となっており，連続送風の方が脈動送風より多い．SiO_2 濃度は逆に脈動送風の方が多い．生成物の鉧と銑中の Si 成分の組成は砺波鑪ではそれぞれ 0.04% と 0.025%，日本鉄鋼協会たたらではそれぞれ 0.02% と 0.001% であり，日本鉄鋼協会たたらの方がいずれも Si 濃度が低くなっている．これらの結果から炉内酸素分圧は連続送風の方が高くなっていることがわかる．

2) 吹き込み空気の利用効率

脈動送風と連続送風で吹き込み空気中の酸素の利用効率を比較検討する．まず，日本鉄鋼協会たたらについて連続送風で吹き込まれた空気による木炭燃焼効率を計算する．2 代の木炭の消費量は 7,689.4 kg で，毎回の装荷量は一定である．木炭はクヌギやコナラ等から作られており，固定炭素濃度は 66.31%，揮発成分は 25.88% の 20% の炭素が燃焼に寄与すると，炭素換算で濃度は 71.4%，炭素重量で 5,490 kg になる．鉧の炭素濃度は 0.80% であり，銑は籠り期で 3.58%，下り期で 3.21% で，平均 3.40% である．したがって鉧と銑の炭素量は 22 kg である．この分を差し引くと燃焼に使われた炭素量は 5,468 kg となる．

排ガスの採取位置は炉壁から 20 cm 炉の内側で炉壁上端から 20 cm 上で行われた．籠り期のガス分析結果は 3 代を参考にすると体積％で平均 CO 27.27％，CO_2 3.6％，H_2O 0.9％，N_2 68.35％で温度は 898℃であった．下り期のガス組成は平均で CO 30.7％，CO_2 4.4％，H_2O 0.9％，N_2 64.0％で温度は 868℃であった．この CO と CO_2 ガス組成雰囲気下では 800℃から 1500℃の範囲で金属鉄とウスタイト (FeO) が共存する近傍の金属鉄安定領域にある．

燃焼した炭素量は 5,468 kg (455.6 kmol) である．これを燃焼するために要する酸素ガスの量を求め，必要な空気の体積を計算する．CO ガスと CO_2 ガスそれぞれ 1 mol を生成するには酸素ガスをそれぞれ 0.5 mol と 1 mol を要する．籠り期 (22 時間 46 分) と下り期 (48 時 35 分) のガス組成を用いて，気温 21.5℃とすると, 空気は籠り期では 9,340 m^3, 下り期で 20,088 m^3 を要する．一方，1 代では送風量は籠り期に 720 m^3/hr と下り期に 1,548 m^3/hr なので，総送風量は籠り期で 16,387 m^3，下り期で 75,207 m^3 である．これは，籠り期で空気中の酸素の 43.0％が，下り期で 73.3％が木炭の燃焼に関与せずそのまま炉を通り抜けていることになる．

一方，天秤鞴で脈動風を送風した砺波鑪ではどうであろうか．木炭消費量は 13,500 kg であり，木炭の炭素含有量を 71.4％とすると炭素量は 9,639 kg である．2,810 kg の鉧と 790 kg の銑の炭素濃度はそれぞれ 0.89％と 3.58％なので，鉧と銑中の炭素は 53 kg である．燃焼した炭素量は 9.586 kg (799 kmol) である．排ガスの分析値はないが，炉内雰囲気は，金属鉄とウスタイト (FeO) が共存する近傍の金属鉄安定領域にあるとして良いであろう．そこで，排ガスの成分組成を日本鉄鋼協会たたらの籠り期と下り期の値を用いる．籠りと籠り次期は 10 時間 50 分で鞴の踏み回数は平均毎分 28 回，上りと下り期は 55 時間 20 分で平均毎分 33 回である．踏み 1 回の送風量は 0.289 m^3 である．ここで踏み板の踏み込み深さを 0.315 m として計算した．籠り期から籠り次期では，炭素燃焼に必要な空気量は 8,408 m^3 であり，送風量は 10,532 m^3 である．これは送風空気中の酸素が 80％燃焼に使われたことになる．上り期から下り期では，炭素燃焼に要する空気量は 43,262 m^3 で送風量は 63,330 m^3 である．送風空気中の 31.7％が燃焼に関与せず吹き抜けていることになる．

連続送風と脈動送風を比較すると，前者の方が燃焼に関与せず吹き抜ける空気が多いことがわかる．このことは連続送風の場合，加熱された排ガスがより多くの熱を放散していることになる．

3）砂鉄の飛散量

脈動送風と連続送風における砂鉄の飛散量を計算する．装入した砂鉄と溶解した炉壁中の鉄重量の和からノロ中の鉄の重量を差し引いた値により飛散した砂鉄の重量を求めることができる．

明治期の砺波鑪は天秤鞴で脈動風を送風していた．表 11-2 に操業に使われた砂鉄の重量を示す．操業は「籠り」，「籠り次」，「上り」，「下り」の 4 期に分かれており，それぞれに異なった砂鉄が用いられた．それらの砂鉄中の SiO_2 の量は合計 818.6 kg である．

一方，ノロの排出量は表 11-3 に示すように，上り期に 2,400 kg，下り期に 12,800 kg で合計 15,200 kg を排出した．それらのノロ中の SiO_2 の濃度はそれぞれ 30.16％と 41.30％なので，SiO_2 の量は合計 6,010.2 kg である．また，表 11-4 から銑と鉧中の Si の SiO_2 換算量は 2.8 kg である．排出された SiO_2 は合計 6,013.0 kg である．これから砂鉄中の SiO_2 量を差し引いた 5,194.4 kg は溶解した炉壁から得られている．表 11-5 から釜土中の SiO_2 濃度は

表 11-2　砺波鑪と日本鉄鋼協会たたらで使用した砂鉄重量と砂鉄中の全鉄量および SiO_2 量

たたら炉名	砂鉄種類	砂鉄重量 (kg)	砂鉄組成（mass％）		全鉄量 (kg)	SiO_2 量 (kg)
			T.Fe	SiO_2		
砺波（脈動送風）	籠り小鉄	787.5	58.05	6.24	457.1	49.1
	籠り次小鉄	562.5	58.64	5.03	329.9	28.3
	上り小鉄	3,375	60.37	4.61	2,037.5	155.6
	下り小鉄	8,100	60.38	7.23	4,890.8	585.6
	合計	12,825	—	—	7,715.3	818.6
日本鉄鋼協会（連続送風）（2 代）	籠り（赤目砂鉄）	1,900	54.06	9.24	1,027.1	175.6
	下り（真砂砂鉄）	5,328	61.21	4.24	3,261.3	225.9
	合計	7,228	—	—	4,288.4	401.5

表 11-3 砺波鑪と日本鉄鋼協会たたらのノロの排出量とノロ中の全鉄量および全 SiO_2 量

たたら炉名	操業期	操業時間	排出量 (kg)	排出量合計 (kg)	成分組成 (mass%)		鉄量 (kg)	SiO_2 量 (kg)
					T.Fe	SiO_2		
砺波	籠り	4時間40分	初ノロ					
	上り	11時間12分 27時間30分	1,200 1,200	2,400	34.40	30.16	825.6	723.8
	下り	34時間30分 46時間30分 58時間00分 60時間30分 66時間30分	1,200 3,600 5,000 600 2,400	12,800	27.20	41.30	3,481.6	5,286.4
	合計			15,200			4,307.2	6,010.2
日本鉄鋼協会 (2代)	籠り	22時間46分		686.5	35.29	29.57	242.3	203.0
	下り	71時間21分		4,117.5	46.50	21.11	1,914.6	869.2
	合計			4,804			2,156.9	1,072.2

表 11-4 砺波鑪と日本鉄鋼協会たたらの鉧と銑中の全鉄量と Si の SiO_2 換算量

たたら炉名	生産物	重量 (kg)	鉄濃度* (mass%)	鉄重量 (kg)	Si 濃度 (mass%)	SiO_2 換算量 (kg)	C 濃度 (mass%)
砺波	鉧[&] 銑[$]	2,810 790	99.1 96.3	2,784.7 760.8	0.04 0.025	2.4 0.4	0.89 3.58
	合計	3,600		3,545.5		2.8	
日本鉄鋼協会 (2代)	鉧 銑鉄[#]	1,380 310	99.14 96.52	1,368.1 299.2	0.02 0.001	0.6 0.0	0.80 3.40
	合計	1,690		1,667.3		0.6	

*：炭素と珪素，マンガン，リン，硫黄の不純物濃度を100%から差し引いた．&：玉鋼，$：上り期と下り期の平均，#：籠り期と上り期の銑の成分組成の平均

表 11-5 砺波鑪と日本鉄鋼協会たたらの炉の釜土の成分組成 (mass%)

たたら炉名	SiO_2	Fe_2O_3	T.Fe
砺波	65.59	4.82	3.38
日本鉄鋼協会*	66.03	2.50	1.75

*真砂土と赤粘土を7：3で混合した釜土の組成

65.59％なので溶解した釜土の量は 7,919.5 kg である.

表 11-2 から砂鉄中の鉄の量は 7,715.3 kg である. 表 11-5 から釜土中の T.Fe 濃度は 3.38％なので溶解した炉壁中の鉄は 267.7 kg である. 合計 7,983.0 kg の鉄が炉に入った.

一方, 表 11-3 からノロ中の全鉄量は 4,307.2 kg であり, 表 11-4 から銑と鉧中の鉄の量は 3,545.5 kg なので合計 7,852.7 kg の鉄が炉から出た. したがって, 入出の差 130.3 kg が吹き飛んだ砂鉄中の鉄になる. 表 11-2 から全砂鉄 12,825 kg 中の鉄は 7,715.3 kg なので, 吹き飛んだ砂鉄は 216.6 kg である. これは全砂鉄量の 1.7％である.

次に連続送風で操業された日本鉄鋼協会たたらで検討する. 表 11-2 から砂鉄中の SiO_2 は 401.5 kg である. 表 11-3 からノロ中の SiO_2 量は 1,072.2 kg, 表 11-4 から銑と鉧中の Si の SiO_2 換算量は 0.6 kg なので, 合計 1,072.8 kg の SiO_2 が排出された. この差 671.3 kg が溶解した炉壁からのものである. 表 11-5 から釜土中の SiO_2 濃度は 66.03％なので, 溶解した炉壁は 1,016.7 kg である.

砂鉄中の全鉄量は表 11-2 から 4,288.4 kg であり, 溶解した炉壁中の T.Fe 濃度は 1.75％なので鉄は 17.8 kg, 合計 4,306.2 kg の鉄が入った. 一方, ノロ中の鉄は表 11-3 から 2,156.9 kg, 表 11-4 から銑と鉧中の鉄の量は 1,667.3 kg で, 合計 3,823.9 kg の鉄が出た. この差 482.3 kg の鉄は飛散した砂鉄である. 表 11-2 から全砂鉄 7,228 kg 中の鉄は 4,288.4 kg なので, 吹き飛んだ砂鉄は 812.9 kg である. これは全砂鉄量の 11.2％である.

たたら炉の発展形態である角炉は連続送風で, 約 20％の砂鉄が飛散し回収装置を設置して排ガスから砂鉄を回収している.

脈動風の砺波鑪と連続風の鉄鋼協会たたらを比較すると, 連続風は木炭の燃焼に関与せず吹き抜ける空気が多く, その分木炭の燃焼熱が空気とともに炉外に放出されている. その結果, 炉内酸素分圧も高くなる. さらに砂鉄の飛散量も多くなる.

2　小型たたら操業における脈動風と連続風の比較

1）永田たたら炉と脈動風発生装置

小型たたらで送風パターンによる操業結果の違いを検討した．炉は第 9 章で述べた鉧製造用永田たたらを用いた．操業方法も同じである．

連続風は電動のブロワーを使用した．脈動風発生装置は，内径約 6 cm の塩化ビニル製パイプの中に弁を付け，これを電動モーターで回転させた．このパイプの風の出口に回転式風速計を設置した．送風機は電動のブロワーを用い，これに脈動風発生装置と風速計（回転羽通風断面積 2.56×10^{-3} m^2）を接続し，そこから羽口までは直径 10 cm，長さ 2 m のアルミ製パイプで繋いだ．

砂鉄は磁力選鉱したニュージーランド・タハロア産の浜砂鉄約 30 kg である．成分組成を表 11-6 に示す．SiO_2 を 8.15％，TiO_2 を 6.57％含んでいる．これに珪砂を 3%混ぜた．木炭は岩手産の松炭である．

2）操業結果

脈動送風による炉内温度変化は脈動に同期して変動したが，その変動幅は ± 10℃程度であった．図 11-1 に脈動送風の毎分の脈動回数と最大送風速度，その時の羽口前，炉底，羽口上の温度，木炭と砂鉄の装荷量を示した．図 11-2 には，連続送風の操業結果を同様に示した．

表 11-7 には操業で使用した木炭と砂鉄の総量および得られた鉧の重量と砂鉄量に対する収率を示した．砂鉄の飛散量は目視であるが，脈動送風が約 2%，連続送風が 12%程度であった．

3）脈動送風による木炭の燃焼効果

脈動送風は弁の回転で送風が 0 から最大送風速度まで周期的に変化しているので，平均の送風速度は最大送風速度の半分である．最大送風速度が約 12 m/s なので平均送風速度を 6 m/s として送風量は 15.4 l/s（55.4 m^3/hr）である．

一方，連続送風では前半 10 m/s であるが温度が上がらないので 100 分以降は徐々に上げ最後は 16.3 m/s に達した．平均約 13 m/s とすると 33.3 l/s（120 m^3/hr）である．すなわち，脈動送風は半分の送風量で操業を行ったこ

表 11-6　ニュージーランド・タハロア浜砂鉄の成分組成

T.Fe	Fe_3O_4	SiO_2	TiO_2	Al_2O_3	MgO	CaO	P_2O_5	MnO	その他
53.39	73.80	8.15	6.57	4.53	3.06	2.21	0.67	0.64	0.37

注：表 7-1 のデータとは採取時期が異なる.

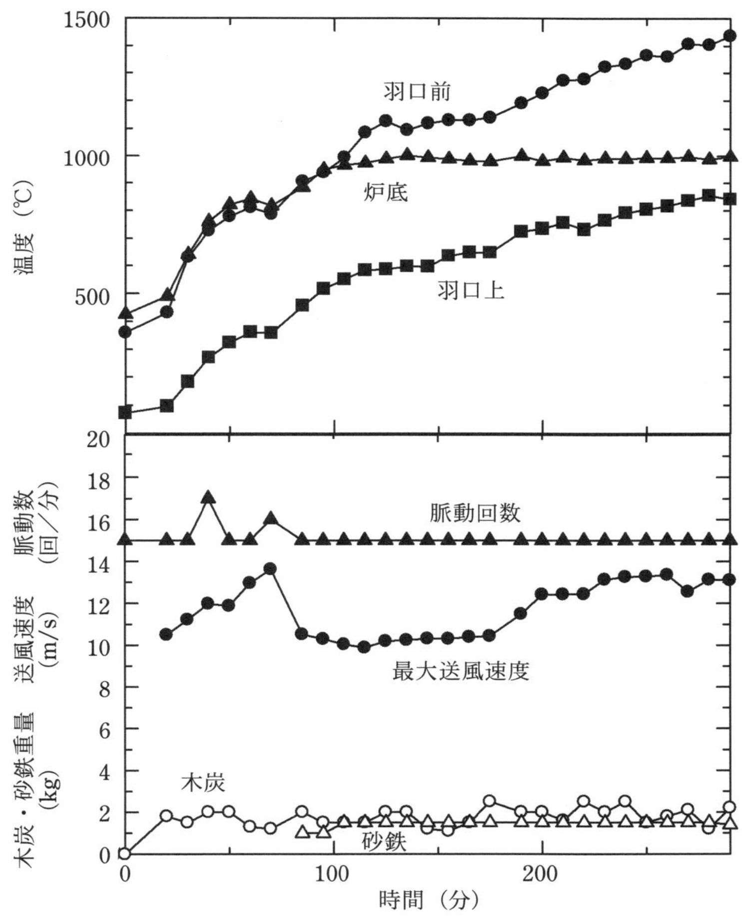

図 11-1　脈動送風による永田たたら炉内の温度変化と送風条件および砂鉄と木炭の装荷状況

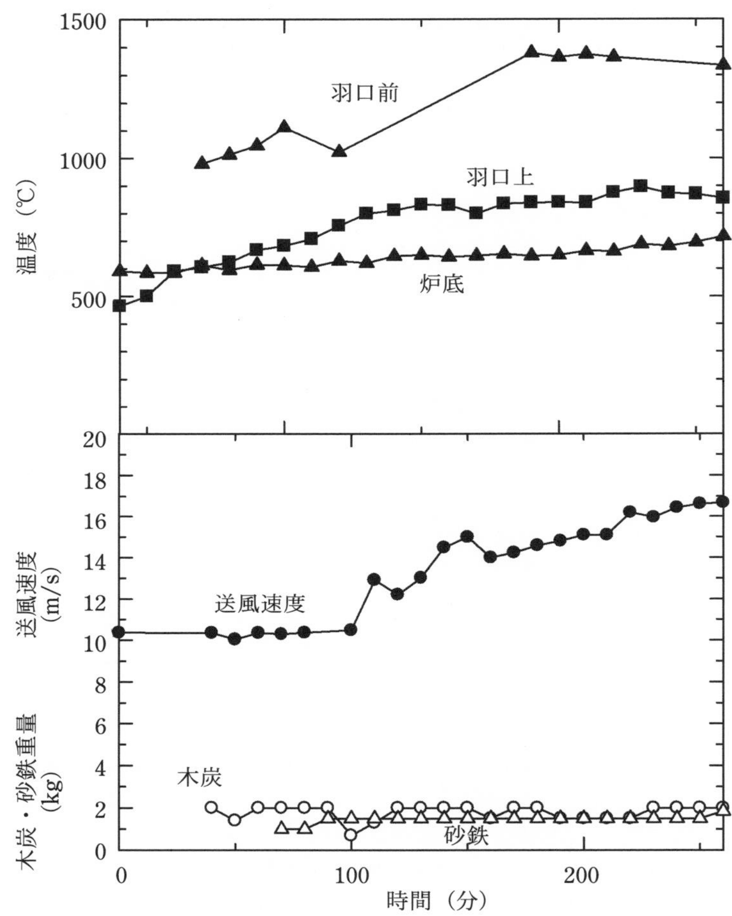

図 11-2　連続送風による永田たたら炉内の温度変化と送風条件および砂鉄と木炭の装荷状況

表 11-7　脈動送風と連続送風による永田たたらの操業結果

代	送風法	砂鉄 (kg)*	木炭 (kg)#	鉧 (kg)	収率 (%)	木炭／砂鉄
1	脈動	29.5	38.2	8.3	28.1	1.29
2	連続	28.5	35.5	4..6	16.1	1.25

＊：ニュージーランド浜砂鉄重量，これにシリカ粉を 3%混合した.
＃：砂鉄装荷中に消費した木炭量

とになる．砂鉄に対する木炭の総使用量の比は，脈動送風で 1.29，連続送風で 1.25 とほぼ同じである．

空気の利用率を計算する．脈動送風で砂鉄を入れ始めてからの木炭の使用量は 38.2 kg である．飛散分を差し引いた砂鉄は 28.9 kg 使用した．生成した鉧 8.3 kg の炭素濃度を平均 1.0％とすると 0.083 kg の炭素が鉧に溶解している．排ガス中の成分ガス組成を本章の 1 の 2) に示した日本鉄鋼協会たたら 3 代の下り期と同じと仮定する．木炭中の炭素は 30.7：4.4 で CO と CO_2 になるので，CO と CO_2 に必要な酸素ガス量は 1.79 kmol である．この酸素は吹き込まれる空気と砂鉄中に含まれている．

砂鉄の一部は還元されて鉄になるが，他は FeO まで還元されてノロになる．砂鉄 28.9 kg 中の T.Fe 濃度は 53.4％なので鉄は 15.5 kg あり，鉧中の鉄は 8.2 kg なので砂鉄中の鉄の 53％が鉧に，47％がノロになった．ノロ中の FeO になった Fe_3O_4 中の酸素は酸素ガス換算で 0.022 kmol が放出され，Fe に還元された Fe_3O_4 からは酸素ガス換算で 0.098 kmol が放出されて CO と CO_2 になった．したがって，空気中の O_2 は 1.67 kmol を必要とした．これは 25℃の空気で 194 m^3 である．一方，砂鉄装荷時の 210 分間に 194 m^3 の空気が吹き込まれた．したがって脈動送風における空気中酸素の利用率は 100％である．

一方，連続送風では，飛散分を差し引いた砂鉄 25.1 kg を用い 4.6 kg の鉧を得た．砂鉄装入時の木炭量は 35.5 kg であった．酸素ガス換算で 1.66 kmol が木炭の燃焼に関与し，このうち酸素ガス換算で 0.081 kmol が Fe_3O_4 から鉧とノロになる時 CO と CO_2 として放出された．結局，184 m^3 の空気が木炭の燃焼に必要であった．一方，砂鉄装荷時の 190 分間に吹き込まれた空気は 376 m^3 で，空気中酸素の利用率は 48.9％である．すなわち半分の空気は吹き抜けていたことになる．したがって，連続送風の場合，吹き抜けた空気で持ち出される熱は脈動送風の倍になり，炉の温度が上がり難いことがわかる．

4) 鉧の状態に及ぼす脈動送風の影響

図 11-3 に脈動送風と連続送風で得られた鉧の断面を示した．明らかに脈

動送風で操業を行った方が収率も高く，良く纏っている．この鉧の状態は炉底に熱が十分供給されており，温度が上がっていることを示している．図 11-1 と図 11-2 を比較すると脈動送風の方が炉底温度が高く保たれていることがわかる．

炉壁近傍の温度は，脈動送風の風速が 0 m/s から最大風速まで 4 秒周期で周期的に変化していることに対し，約± 10℃の変動で追随している．こ

(a)

(b)

図 11-3　永田たたらの操業で得られた鉧の (a) 脈動送風と (b) 連続送風による比較

の変動は木炭やレンガの熱容量による蓄熱が影響している．脈動送風は連続送風と比べ，炉内のガスの平均滞留時間が2倍になっている．風速が最大の時最も大きな発熱が起こり，熱は空気を加熱すると同時に木炭とレンガの温度を上げる．2秒後風速が0 m/sになった時，木炭とレンガに蓄えられた熱が停滞した空気の加熱に使われる．連続送風では木炭の燃焼に関与しない酸素ガスの割合が大きくなり，空気が吹き抜けている．一方，脈動送風では送風量が半減するので木炭とガスの接触時間が2倍になる．したがって，木炭の燃焼効率とガスの加熱効率が大きくなり空気の酸素利用率は100％に近づく．

脈動送風はたたら炉のように炉高が1.2 mと低い場合は大きな意味を持つ．高炉では反応ガスと鉄鉱石の接触時間は炉高の高さで確保しているが，炉高が低いたたら炉の場合は送風を脈動させることにより長い接触滞留時間を得ている．接触時間は高温ガスと原料の間の熱交換率に影響する．また，脈動送風は，微粉の砂鉄の飛散を防止する効果がある．強い送風時に舞い上がった砂鉄は数秒後には送風が止まることにより炉に落ちる．

3　たたら製鉄の熱収支

鉄鋼協会復元たたらの2代についてたたらの熱収支は，定常状態を仮定した解析が報告書に記載されている．この解析では，発熱の95％が木炭の燃焼熱であり，出熱の約50％は排ガスによるとしている．ここではマグネタイトの熱炭素還元反応と本章1の2)と3)の質量収支を用いて熱収支を計算する．

計算の基礎となるモデルでは，21.5℃の空気と原料の木炭と砂鉄が炉に装荷されて，木炭の燃焼による発熱と砂鉄の熱炭素還元による吸熱が起こり，そして594℃の排ガスと1520℃の銑と鉧が生成する．その他，炉壁や炉底からの放熱がある．

1）発熱量

木炭中の炭素は空気中の酸素と反応してCOガスとCO_2ガスを発生し反応熱を発生する．

$$C\,(固体) + 1/2O_2\,(ガス) \rightarrow CO\,(ガス) \tag{11-1}$$
$$C\,(固体) + O_2\,(ガス) \rightarrow CO_2\,(ガス) \tag{11-2}$$

21.5℃の炭素と酸素が反応して594℃の排ガスになる時発生する熱量を計算すると，(11-1) 式は −93,027 J/mol，(11-2) 式は −367,148 J/mol で発熱である (付録の3)．排ガス中の CO ガスと CO_2 ガスは 30：4 の割合で発生するので発熱量は 131.036 kJ/mol になる．燃焼に用いられた木炭中の炭素量は 5468 kg なので全発熱量は 59.71 GJ である．

2) 吸熱量

①還元反応

マグネタイトの還元反応は (9-1) 式～ (9-3) 式で表される．(CO%) / (CO% + CO_2%) = $\boldsymbol{n}$ と置くと，総括反応式は次式で表される．

$$\frac{1}{3}Fe_3O_4(s)+\frac{2}{3}\frac{1}{1-n/2}C(s)$$
$$\rightarrow Fe(l)+\frac{2}{3}\frac{1-n}{1-n/2}CO_2(g)+\frac{2}{3}\frac{n}{1-n/2}CO(g) \tag{11-5}$$

21.5℃の Fe_3O_4 と C が反応して 1520℃の銑鉄が生成し，594℃の排ガスが出る場合の熱量は次式で表される．炭素の鉄への溶解熱は小さく無視できる．

$$\Delta H_5^0 = 58.964 + \frac{254.83(1-0.02625n)}{(2-n)} \quad (kJ/mol) \tag{11-6}$$

排ガス中の CO ガスと CO_2 ガス 30：4 から n = 0.882 で，ΔH_0 = 281.6 kJ/mol となり吸熱反応である (付録の3)．表 11-4 より T.Fe が 1667.3 kg なので還元反応で 8.41 GJ のエネルギーを要したことになる．

②窒素ガスと未反応酸素ガスの加熱

吹き込まれた空気量は，50,801 m^3 で，この中に窒素ガスは 40,133 m^3 あり，さらに未反応の酸素ガスが 13,055 m^3 ある．これらのガスが 21.5℃から 594℃に加熱される時に必要な熱量はそれぞれの熱容量を 294.5 K から 867 K まで温度で積分する．結果は，窒素ガスの加熱に 28.84 GJ，未反応酸素ガスの加熱に 9.81 GJ，合計 38.65 GJ 使われた．

③ノロの加熱

砂鉄の一部や砂鉄中に含まれるシリカなどの脈石成分，元釜の炉底部は溶解してノロとして炉外に排出される．2 代では 4,804 kg が排出された．その温度の測定はないが，湯路近傍のホド穴の温度は 1480 ～ 1520℃であった．ノロの平均組成は表 9-6 から籠り期と上り期について得られる．ノロの排出量は表 11-3 から籠り期で 686.5 kg，下り期で 4,117.5 kg である．ノロを加熱するに必要な熱は，それぞれの成分の組成を考慮して，熱容量を 21.5℃から 1520℃まで積分した値の総計である．各成分の融解熱と溶融熱は小さいので考慮していない．結果は，5.86 GJ の熱がノロの生成に使われた．

以上，①から③の総計は，52.92 GJ となる．発熱量と吸熱量の差 6.79 GJ は炉体からの放熱と地下への熱放散である．木炭の燃焼で発生した熱は，14％が還元反応に使われ，10％がノロの生成に，65％が窒素ガスと未反応の酸素ガスの加熱に使われ，そして残りの 11％が炉体から放熱しまた地下へと散逸した．

4　たたら製鉄の非効率性の原因

連続送風を用いた日本鉄鋼協会たたら製鉄では，砂鉄中の鉄の歩留まりは 31.9％で，砂鉄の約 11％は飛散し，他はノロとして廃棄している．銑と鉧 1 トンを作るのに砂鉄 4.28 トン必要とする．また，木炭は 4.57 トン必要である．排ガスの温度は 900℃近く，炉高が低いため装入物との熱交換が十分行われず，発熱の 65％が排ガスの顕熱として廃棄されている．また，送風空気中の酸素の 68％が還元反応に使われず，潜熱を持ったまま通り抜けてしまっている．

脈動送風を用いた砺波鑪や日刀保たたらの熱収支はデータがないので評価できないが，空気中の酸素の利用効率が高いので熱は熱炭素還元により有効に使われていると考えられる．

一方，炉体は珪石の多い粘土で作られているが炉壁が次第に浸食されノロとなるため，炉の寿命は 70 時間程度で炉を解体しなければならない．これが操業効率を悪くする最も大きな原因である.

たたら製鉄の特徴は，酸化鉄が還元する程度の酸素分圧で弱還元性雰囲気なので脈石成分の酸化物は還元されず不純物濃度の低い銑や鉧ができる．さらに，高い酸素分圧下にも関わらず還元鉄と木炭との接触で吸炭が起こり 30 ～ 40 分で銑が生成される．微粉末の鉄鉱石が利用でき，脈動送風を用いて砂鉄飛散量を 1.7％程度に抑えている．すなわち，たたら製鉄は木炭を燃料とし微粉の鉄鉱石の還元と吸炭により銑鉄の製造を非平衡状態で高速で行っている.

一方，高炉は塊鉄鉱石しか利用できず反応に時間がかかる．炉高を高くすることによってこの問題を解決しているが，圧壊粉化を避けるために強度のある優良な鉄鉱石やコークスを必要とする．また，炉高が高くなるので炉下部の酸素分圧が下がり強還元性雰囲気になって脈石が還元され，銑鉄中の不純物濃度が高くなる.

これらの諸問題のため高温ガスで原料を加熱する方法には限界があり，1 m^3 当たり 1 日に生産する銑鉄のトン数を表す出銑比は，たたら製鉄で約 0.5 トン，18 世紀の木炭高炉で約 1 トン，現在の高炉でも 2 トン程度である．これは本質的に 4000 年の間製鉄原理が変化してこなかったことを意味している．高温ガスによらないエネルギーの供給方法が開発されると新しい原理の製鉄法が出現するであろう.

第12章　たたらを現代に

1　第3の製鉄法

たたら製鉄は「第3の製鉄法」である．間接製鉄法は，高炉で塊鉄鉱石から溶銑を作り転炉で脱炭する．直接製鉄法は，団鉱にした鉄鉱石粉を天然ガスで還元して還元鉄を作りそれを電気炉で溶解する．たたら製鉄は微粉鉄鉱石である砂鉄から溶銑を作り，大鍛冶で脱炭し鍛造する．大きな違いは，第1に鉄鉱石が塊状か粉状かであり，第2に還元材が木炭やコークスか天然ガスかである．これらの違いが異なった製錬原理を生み，それぞれの地域に独特な技術を発展させた．塊鉱あるいは団鉱を用いる間接製鉄法と直接製鉄法に対して，微粉鉄鉱石を使うたたら製鉄は第3の製鉄法である．

エネルギー源を全てコークスに依存する現代製鉄法は大量の炭酸ガスを排出し続け，地球温暖化に伴う気候変動に大きな影響を及ぼしている．コークスの燃焼による高温ガスによらない新しい製鉄エネルギーの供給方法とコンパクトで安価な高速銑鉄製造装置の開発が重要である．これからの製鉄システムは需要地に密接した少品種生産で，いわゆるミニミルが発展するであろう．鉄スクラップのリサイクルによるサーキュラー・エコノミー（CE）である．この時問題となるスクラップに含まれる不純物の希釈材として銑鉄を適時必要なだけ生産する製鉄法が要求される．

粉鉄鉱石を原料に使えば反応は早く進み炉をコンパクトにできるが，高温ガスでエネルギーを供給する高炉では通気性を阻害し粉が飛散する．粉鉄鉱石と高温ガスは相矛盾する組み合わせである．一方，たたら製鉄法はこれをうまく両立させた．

たたら製鉄炉とルッペを製造したヨーロッパの古い炉は，ともに炉高が1.0 ～ 1.2 m程度で一致しており，さらにスラグは $FeO\text{-}SiO_2$ 系のファイヤライト近傍の組成である．前者は原料の砂鉄に混入している TiO_2 を溶剤とし，後者は木炭に含まれる CaO を溶剤とした．酸化鉄濃度は約 60％と高く，炉内酸素分圧は酸化鉄が還元され鉄が生成する程度に高く維持されるのでシリカや酸化マンガンなど脈石の還元が抑えられ，銑鉄や鋼中のリンや硫黄など不純物の濃度は非常に低い．さらに木炭を燃料に用い，炉内温度は 1350℃程度に低く保たれたので，このこともリン濃度を低くしている．

このように，たたら製鉄は多くの利点を備えており，「低温高速高純度製鉄法」である．この製鉄原理を現代の技術で蘇らせることができないだろうか．

2　粉鉄鉱石から銑鉄を作る新製鉄法

粉鉄鉱石と石炭を混合して加熱すると短時間で溶融銑鉄が生成する．神戸製鋼所はこの混合物を直径約 2 cm の炭材内装ペレットにして回転炉床上で輻射熱により加熱する方法を開発した．加熱されたペレットは，還元鉄を生成し，さらに炭材と接触して銑鉄粒を生成する．銑鉄粒は凝集して大きな粒になる．15 分ほどで 1 回転する回転炉床の最後の段階で銑鉄は凝固し，炉外に掻き出される．数 cm 大の粒状銑鉄は篩(ふるい)でスラグと分離する．このプロセスは「ITm3」と呼ばれている．この「3」は第 3 の製鉄法である．10 年ほど前，鉄鋼関係の業界新聞でこの混合物ペレットを加熱して還元鉄を製造する FASTMET という新プロセスの記事が紹介されていた．その中に，一部は溶けて銑鉄になる場合があるという記述があった．筆者は，これはたたら製鉄の原理と同じと気付き，後日，同社でこの関連性を話した．この時，私はこの製鉄法が，間接製鉄法や直接製鉄法と異なる原理の製鉄法で「第 3 の製鉄法」であると説明した．後日，ITm3 にこの数字が付けられたと聞いた．

筆者らは，電気炉を用いてこの炭材内装ペレットを窒素ガス中で急速に 1350℃に加熱した．図 12-1 に示すように，最初から 100 秒経つと石炭から揮発成分や煤が発生し，ペレットが見えなくなった．しばらくすると煤が消え，ペレットが見えた．10 分ほどで直径 20 mm のペレットの表面が揺らぎ始め，表面から砂粒のような脈石がはじき出され，15 分で突然崩れて銑鉄になった．

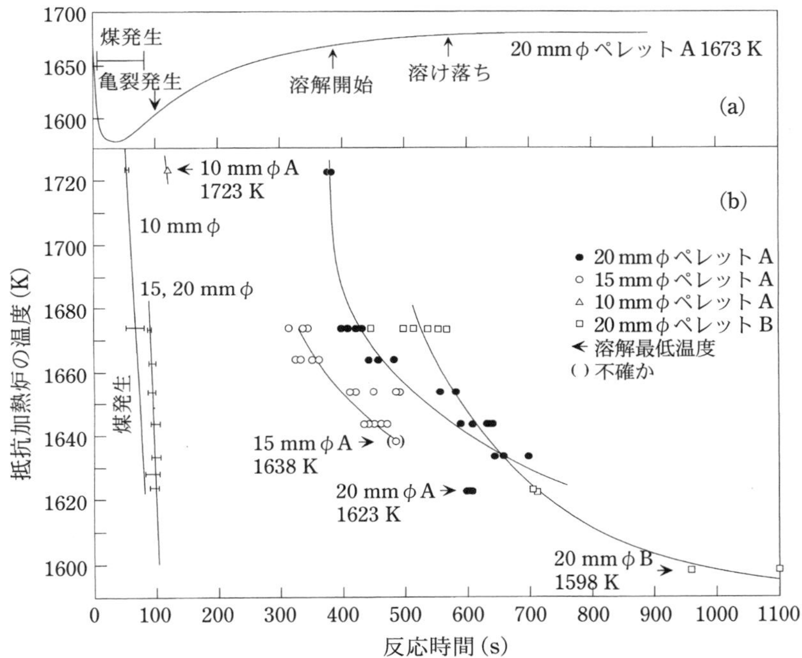

図 12-1　炭材内装ペレットの急速加熱による銑鉄の製造 (窒素ガス中)：(a) ペレット近傍の温度変化，(b) 各種ペレットの溶解開始温度と加熱時間の関係：ペレット中の灰分 A8.8%，B10.1%
(*ISIJ. Int.*, **41** (2001), 1316)

図 12-2 に示すように，ペレットの中心と表面の酸素分圧と温度を直径 3 mm の酸素センサーと熱電対で測定した (付録 2)．図 12-3 に示すように表面の温度は急速に上昇したが，中心の温度は 1000℃近傍から上昇速度が遅くなった．これは吸熱反応によるものである．表面では温度と酸素分圧が急上昇し，鉄と酸化鉄 (FeO) の平衡酸素分圧近傍まで高くなった．これは，炭素と 1 気圧の CO ガスとの平衡酸素分圧より 3 桁大きい値である．

中心の酸素分圧は遅れて上昇し，同様に平衡酸素分圧より 2 桁高い値を示した．酸素分圧が高いのは酸化鉄の還元反応 (9-1 式, 9-2 式) がブードワー反応 (9-3 式) より速いためである．この高い酸素分圧のために不純物酸

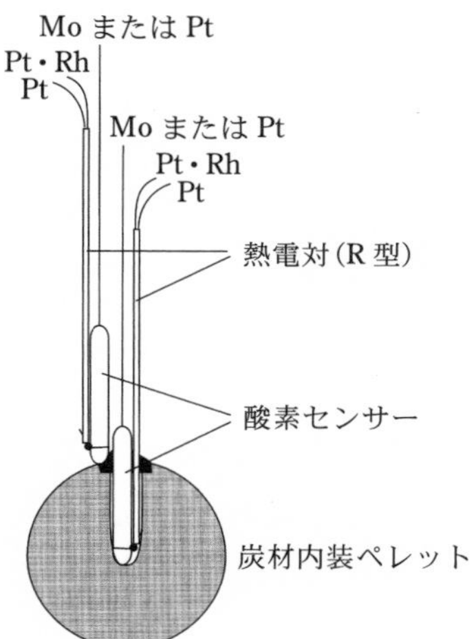

図 12-2　炭材内装ペレットの中心と表面の酸素分圧と温度の測定方法 (*ISIJ. Int.*, **41** (2001), 1316)

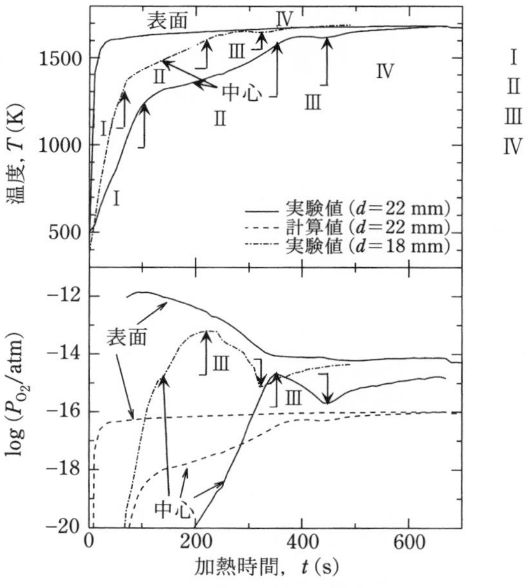

図 12-3　炭材内装ペレットの急速加熱による中心と表面の酸素分圧と温度の変化 (窒素ガス中). 炉の温度 1673K. 平衡酸素分圧は固体炭素と 1 気圧の CO ガスから計算. (*ISIJ. Int.*, **41** (2001), 1316)

化物が還元されず，銑鉄中の不純物濃度は非常に低くなった．また，この高い酸素分圧下でも還元鉄と炭材の直接接触により吸炭が起こり，速やかに銑鉄が生成した．

ITm3 では，ガスバーナーで炉の天井を加熱しそこから発生する輻射熱で加熱する．輻射熱は電磁波であり波長 1 μm 程度の波長の短い光であり，照射された面だけが加熱される．陰になった部分は加熱されず，固体では加熱された表面から熱伝導で熱が伝わるので非常に加熱効率が悪い．さらに鉄鉱石の炭素還元により吸熱反応が起こるので熱供給律速になる．したがって，回転炉床上にはペレットを 1 層にしか並べられない．一方，アーク炉や反射炉では輻射熱を利用し金属の溶解に使われている．金属の溶解では，液体に対流が起こるため表面で吸収された熱は効率よく内部に運ばれるからである．結局，固体の鉄鉱石から固体の還元鉄を輻射熱で生成する方法は非常に効率が悪い．

しかし，ITm3 の方法は興味深い原理を提示している．すなわち，原料の加熱と反応に要する熱と，鉄鉱石から酸素を取るために要する炭素を分離していることである．たたら製鉄や溶鉱炉では加熱と反応のエネルギーも還元材もすべて炭素によっている．ITm3 の考え方は，昭和 2 年に安来製鋼所所長の工藤治人博士が考案した放電アークの輻射熱による加熱で砂鉄から海綿鉄を製造する方法に現れている．

3　マイクロ波加熱連続製銑法

このように，原料の加熱と反応に必要なエネルギーと酸化鉄の還元にマスバランス上必要な炭素を分ける考え方は，前者のエネルギーを，電気を用いて発生させるマイクロ波で与えれば，その分石炭の消費を減らすことができる．

2.45 GHz のマイクロ波は波長約 12 cm の電磁波で輻射熱より 10^5 倍長い．金属には数 μm 浸透し反射されるが，絶縁物には表面から数 10 μm 浸透する．さらにマイクロ波は粉体の隙間を通って非常に深く浸透して吸収され，試料内部から発熱する．面白いことに金属の粉末でも内部から発熱し焼結する．

マイクロ波は磁場と電場が存在するので，水のような分極物質が発熱するばかりでなく，磁性や半導体的性質を持った化合物やほとんどの物質が発熱する．さらに異なる誘電率や透磁率を持つ物質からなる混合物では局所発熱が起き，平均温度は低いにもかかわらず見かけ上反応が進行する現象がみられる[28)]．

マグネタイトや炭材はマイクロ波を良く吸収する．ヘマタイトも300℃以上でマイクロ波を吸収するようになる．シリカはマイクロ波を透過するので発熱しない．アルミナやマグネシアは室温ではほとんどマイクロ波を吸収しないが，1000℃程度の高温になると突然自己発熱し内部から溶解することがある．これをサーマル・ランナウエイという．

そこで，マグネタイト鉱石と炭材の混合粉末にマイクロ波を照射したところ，短時間で銑鉄が生成することがわかった．表12-1にマグネタイト鉱石（ロメラル）と炭材の成分組成を示す．

図12-4に5 kWの2.45 GHzマルチモード型マイクロ波炉を示す．炉の中心に炭材内装ペレットを置き，断熱効果を高めるために断熱材で覆った．この断熱材はマイクロ波を通すが輻射熱を反射する材料で，アルミナボードなどが用いられる．炉内の雰囲気は窒素ガスである．温度は断熱材の天井に開けた穴を通して放射温度計で測定した．また，断熱材側面に覗き窓を開け反

表12-1　ロメラル鉄鉱石（磁鉄鉱）とグラファイトの成分組成（mass%）および混合物粉砕後の粒度分布[29)]

ロメラル鉄鉱石

Total Fe	Fe_3O_4	SiO_2	MgO	Al_2O_3	CaO	SO_3	MnO	P
67.95	93.91	2.77	1.27	0.82	0.37	0.37	0.03	0.03

グラファイト

固定C	揮発分	灰
99.41	0.50	0.09

混合粉砕後の粉の粒度分布

粒径（μm）	>100	100～75	75～63	63～38	＜38
mass%	3.0	41.8	29.7	19.2	6.3

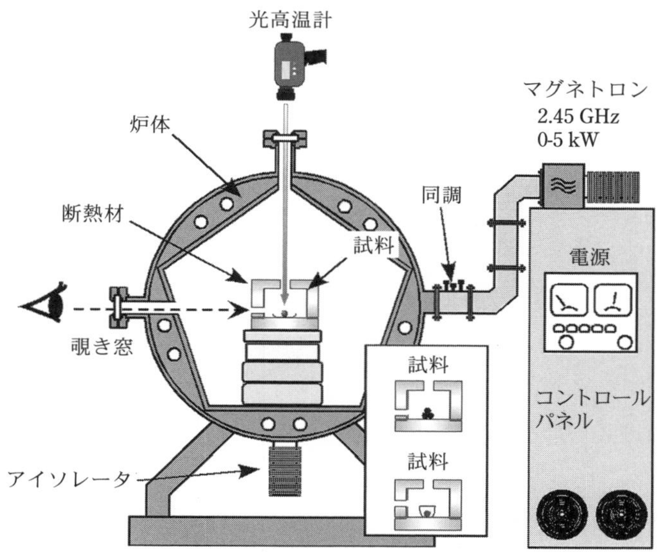

図 12-4　5 kW マイクロ波炉（*ISIJ. Int.*, **46** (2006), 1403）

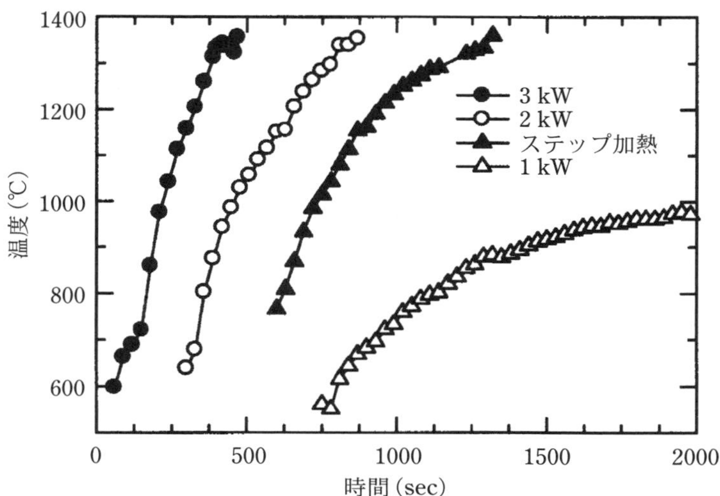

図 12-5　炭材内装ペレットのマイクロ波加熱による温度上昇
（窒素ガス中，ペレット直径 20 mm，重量 10 g）

応状況を観察した．図12-5に示すように，直径20 mmの炭材内装ペレットの表面の温度は，炉の電力を大きくすると上昇速度が大きくなり3 kWでは5分程で室温から1350℃を超え溶融銑鉄を生成した．この反応では1000℃近傍での吸熱反応による昇温速度の遅れはない．これは原料そのものが発熱するので熱供給律速にならないためである．

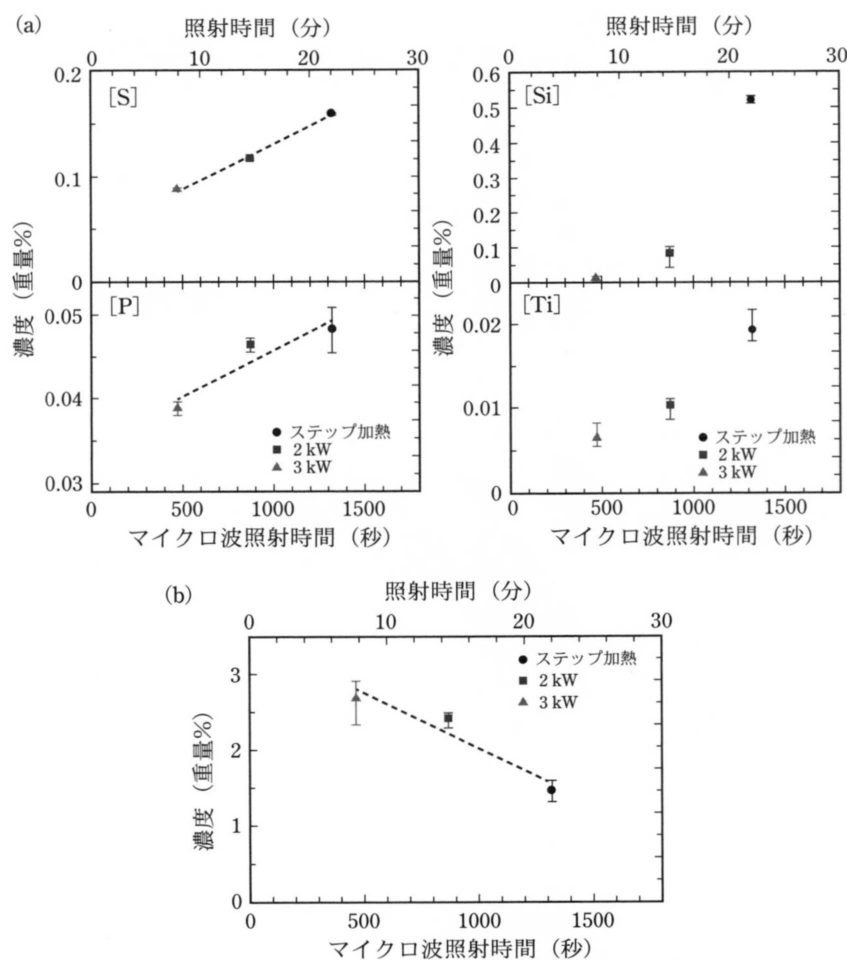

図12-6　銑鉄中不純物濃度のマイクロ波加熱速度の影響（窒素ガス中）

図 12-6 に示すように，昇温速度が大きいほど銑鉄中の不純物濃度は低くなる．この結果は，昇温速度が大きいほどペレット内の酸素分圧が Fe/FeO 平衡の値に近づくためである．これは式 (9-3) に示すブードワー反応が FeO の還元速度より遅いからである．一方，炭素濃度が高くなるのは，鉄鉱石と炭材の接触点で発熱するので前述したように液相が生成し急速に吸炭するためである．

図 12-7 は, 20 kW マイクロ波連続製鉄炉を示す．この炉は 2.45 GHz の 2.5 kW マルチモード型マイクロ波発生装置 8 台を用い，マイクロ波を炉の中心に置いた反応炉に集中させて効率を上げる工夫がなされている．マグネタイト鉱石と炭材の混合粉末を供給し連続的に銑鉄を生成した．図 12-8 は銑鉄が流れ落ちる様子を示している．興味深いことに溶融銑鉄が生成する時発光する．この光は，鉄原子が励起され基底状態に戻るとき発生する．この炉で作った銑鉄の成分組成を表 12-2 に示す．不純物濃度は現代高炉で製造される銑鉄より低く，特にリン濃度が非常に低く気化している．この場合もスラグはほとんど生成せず脈石のまま銑鉄とともに炉外に出ている．

図 12-7 20 kW マイクロ波集中型炉 [29]

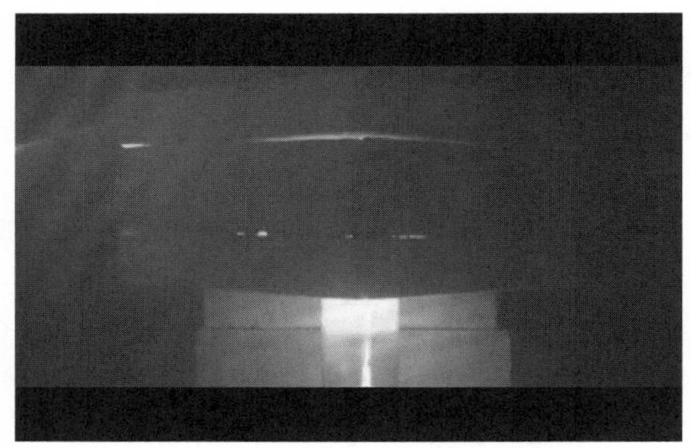

図 12-8　マイクロ波製鉄における連続出銑[29]

表 12-2　マイクロ波製鉄と高炉で製造した銑鉄とスラグの成分組成

(mass%)

	組成 (mass%)	C	S	P	Si
銑鉄	マイクロ波炉	2.234	0.0912	0.0064	0.1839
	マイクロ波炉	2.847	0.1598	0.0039	0.0843
	君津高炉	4.5	0.027 ～ 0.029	0.106 ～ 0.111	0.49 ～ 0.80
	鹿島高炉	4.5	0.038 ～ 0.040	0.107 ～ 0.109	0.48 ～ 0.65
	加古川高炉	4.5	0.033 ～ 0.043	0.078 ～ 0.081	0.63 ～ 0.72

	組成 (mass%)	SiO_2	MgO	Al_2O_3	CaO	FeO	MnO
スラグ	マイクロ波炉	49.7	20.8	13.9	10.7	1.3	0.69
	高炉	30 ～ 40	5 ～ 10	10 ～ 20	30 ～ 40	<1	<2.0

図 12-9 は，2.45 GHz120 kW のマルチモード型マイクロ波連続製鉄炉である．30 kW クライストロン 4 台を設置し，マイクロ波を炉の中心に照射している．図 12-10 は生成した銑鉄である．44 kW の出力で日産 240 kg の生産能力がありマイクロ波の利用効率は 40%である．

電力からマイクロ波を発生させる装置にはマグネトロンやクライストロン等があるが，発生効率は 50%程度で半分は熱損失になる．近年，GaN を用いた高速スイッチング素子が開発され，これを用いた半導体マイクロ波発

図 12-9　120 kW マイクロ波炉

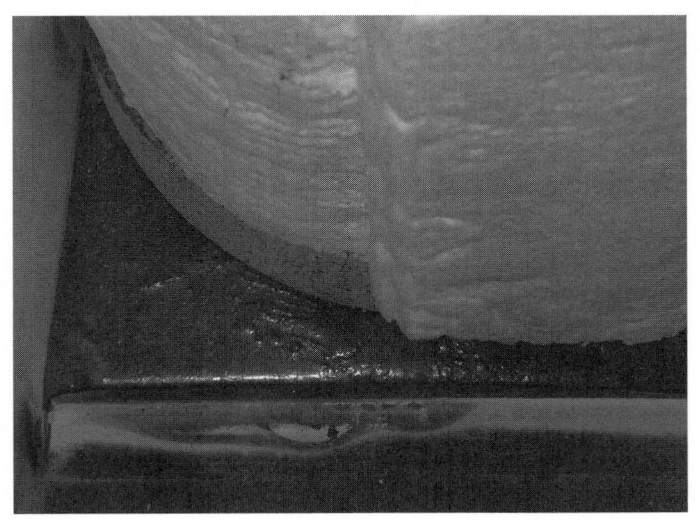

図 12-10　120 kW マイクロ波炉で製造した銑鉄（240 kg/ 日）
（耐火物，**64** (2012)，392）

生装置が開発された．発生効率は 80％近くある．出力は 500 W 程度であるが，これを多数個集積させることにより大きな出力を得ることができる．マイクロ波の伝送方法は，従来導波管を用いたが 30 kW が限界である．近年，フェーズドアレイによるマイクロ波ビーム伝送が研究されている．半導体マイクロ波発生装置と組み合わせた大出力の炉が考えられている．

4　マイクロ波製鉄による炭酸ガスの排出抑制

マイクロ波製鉄法の経済性を検討する．

総括的な還元反応は次式で表される．

$$Fe_3O_4 + 2C = 3Fe + 2CO_2 \qquad (12\text{-}1)$$

$$Fe_2O_3 + (3/2)C = 2Fe + (3/2)CO_2 \qquad (12\text{-}2)$$

$$C + CO_2 = 2CO \qquad (12\text{-}3)$$

排ガスは CO と CO_2 が発生する．反応初期では 80％の CO_2 組成が測定されるが，銑鉄生成時には CO ガスの発生が多くなる．この排ガスは圧延工程の均熱炉の燃料などに使うことができ最終的には CO_2 ガスになる．

いま，マグネタイトと炭素の混合粉末から 1350℃で 3％炭素を含む銑鉄が生成し，500℃の CO-50％CO_2 排ガスが生成すると仮定する．この場合，銑鉄 1 トン当たり 4.1 GJ を要す．電力に換算すると 1,150 kWh である．工業用電力価格を 7 円 /kWh とすると約 8,000 円である．電力がマイクロ波に変換される効率を 80％，さらにマイクロ波が反応物に吸収される割合を 80％とすると，原料の加熱と反応に要する電気エネルギーは 1,797 kWh となり約 12,600 円である．同じ計算をヘマタイトについて行うと電力は銑鉄 1 トン当たり 13,300 円である．電炉のように低額な夜間電力の利用が重要である．このためには，需要に応じて操業と停止ができる製鉄炉が必要である．マイクロ波炉はこれに適している．

1 トンの銑鉄を製造する場合，マグネタイトを還元するために必要な炭素は 190 kg，銑鉄に含まれる炭素は 30 kg なので，マスバランス上必要な炭素は 220 kg である．一方，必要な電力を発生させるための炭素は，電力中の石炭火力発電の割合を 25％，石炭からの発電効率を炭素換算で約 64％とすると，発電に要する炭素は銑鉄 1 トン当たり 90 kg である．合計 310 kg の炭素が消費される．電力が全て化石燃料以外から作られる場合は，必要な炭素は220 kgである．ヘマタイトの場合は244 kgである．マイクロ波製鉄では，鉄鉱石粉末と炭素粉末を用いるため原料の機械的強度を要しない．化石燃料以外の炭材，例えば間伐材やゴミなどを炭化した炭材の利用が考えられる．

5　エネルギー利用の革新的転換

コークスや木炭を燃焼させ，熱エネルギーで化学反応を起こさせる方法は，カルノーの法則で，その変換効率は高温熱源と低温熱源により制約される．

例えば，火力発電で使われている蒸気タービンは，石炭を燃焼してボイラーで高温高圧の蒸気を発生させその力でタービンを回し発電機で電気を発生させる．タービンを回した後の蒸気は低温のコンデンサーで冷却され水になって再びボイラーに戻される．高温のボイラーの高温からコンデンサーの低温に水蒸気を使って熱を流す．その熱の流れからタービンを使って仕事を取り出している．仕事を取り出す効率は，高温と低温の温度差を高温の温度（絶対温度）で割った値より小さく40％程度である．

溶鉱炉では炉下部で発生した高温ガスが炉上部に上昇して温度が下がる間にCOガスによる鉄鉱石の還元と銑鉄の生成の化学反応が起こり，さらに炉体を水冷している．この効率は40％程度である．

一方，電磁波は動力でありエネルギーではない．電磁波を物質が吸収し機械的仕事や化学反応，熱に変換する効率は，ジュールの法則により原理的に100％である．

太陽光は電磁波であり，植物は光を吸収し炭酸同化作用の化学反応により炭素物質として蓄える．この変換効率は非常に小さいが，長い時間をかけて成長してきた．この一部が数億年かけて石炭になっている．

太陽光発電の発電効率は現在20％で，植物と比べると格段に高い効率である．この電力でマイクロ波を発生させ化学反応を起こす方法は太陽光の高い利用効率が期待できる．

マイクロ波製鉄炉を設計するにあたり，高温の原料から発生する輻射熱を遮断する工夫が重要で，マイクロ波は透過するが輻射熱は反射する材料で反応炉を構築することにより高い生産効率を得ることができる．

炭酸ガス排出削減のため製鉄ではスクラップの利用が主流になるといわれている．そこで，スクラップ中の不純物濃度を薄めるために，不純物濃度特にリン濃度の低い銑鉄が必要とされるであろう．さらに，製鉄設備の分散化が進むとコンパクトな製鉄炉が評価される．マイクロ波製鉄炉はこのような状況に適している．

付　録

1　地下構造の物性値の測定方法（第6章）

地下構造の熱流を計算機でシミュレーションするにあたり必要な物性値を以下の方法で測定した．試料採取と同時に採取場所（本文6章図6-7）No.9と10の深さ約50 cmまでの灰（木炭粉），土居の深さ60 cmの土壌および小舟底面の土の室温における熱伝導度を細線加熱法で測定した．この測定装置は，長さ20 cm，幅10 cm，厚さ5 cmの熱伝導度がわかっているレンガの片面に直径0.15 mmの白金細線を貼り付け，シリカ膜で薄く被覆したものである．この細線を試料面に押し付け，一定電流を流すとジュール熱が発生し，細線の温度が上昇する．この温度上昇をフーリエの熱伝導方程式の非定常解を用いて解析し，試料の熱伝導度を求めた．

塩ビ管で採取した試料の灰を5 cm間隔で切断した．土居の土壌試料を含め，これらの試料は，嵩（かさ）密度と乾燥による重量減少の測定から水分濃度を決定した．乾燥は，恒温槽を用い200℃で1日行い，重量変化しないことを確認した．また，No.9の深さ20 cmにおける試料および土居の試料の定圧熱容量を，DTA（示差熱分析）を用いて100℃における値を測定した．XRD（X線回折）による成分同定はNo.9の深さ5 cmごとの試料と土居の試料について行った．

2　酸素センサー（第9章）

図付録-1に酸素センサーの構造を示す．センサーはZrO_2·9mol% MgOの一端閉管型固体電解質で，参照極に空気あるいはCrとCr_2O_3の混合粉末を用いた．電極は太さ0.5 mmのPt電極を電解質先端に巻き炉内雰囲気に露出するようにした．この電極にR型熱電対を溶接し温度を測定した．セ

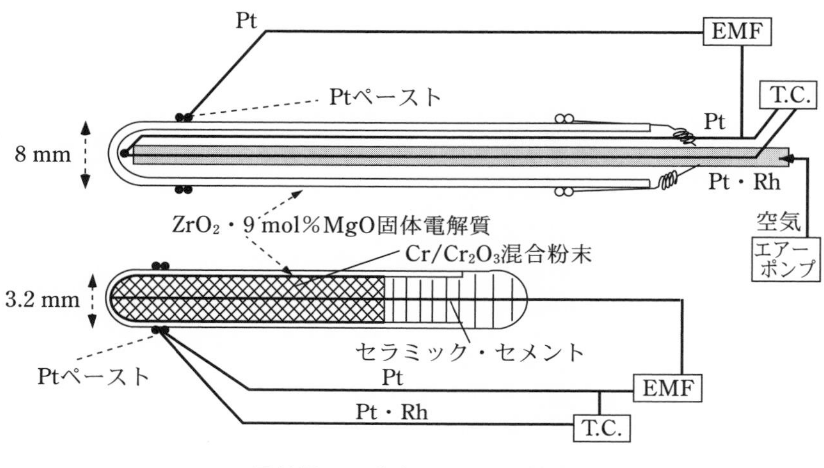

図付録-1　酸素センサーの構造

ンサーはMgO管に入れて保護した．固体電解質内の参照極側の白金線を負極とし，外側の測定極の白金線との間に生じる起電力を測定して，炉内の酸素分圧 p_{O_2} を次式で計算して得た．

$$p_{O_2} = p_{O_{2r}} \exp\frac{46428 \times E}{T} \quad \text{(atm)}$$

ここで，E は起電力，T は絶対温度である．$p_{O_{2r}}$ は空気極の場合は 0.21 atm，Cr と Cr_2O_3 の混合粉末を用いた場合は，次式で得られる．

$$p_{O_{2r}} = -\frac{8832}{T} + 19.83 \qquad \text{(atm)}$$

・高温の炉内を見る方法

緑色の光を通すセロファン紙やプラスチック板は，炉内から出てきた赤色の光を吸収し 360° に散乱する．赤色の光が減少するので緑色に見える．1000℃以上の高温の炉内からは強い赤色の光が出てくるが，この光が減少するので中がよく見える．

3　炭素の燃焼熱とマグネタイトの炭素還元反応熱（第 11 章）

(11-1) 式と (11-2) 式による炭素の燃焼熱はそれぞれ次式で表される.

$$\Delta H_1^0 = \Delta H_{f\,298,\mathrm{CO}}^0 + \int_{294.5}^{298}\left(C_{p,\mathrm{C}} + \frac{1}{2}C_{p,\mathrm{O_2}}\right)dT + \int_{298}^{867} C_{p,\mathrm{CO}}dT$$

$$\Delta H_2^0 = \Delta H_{f\,298,\mathrm{CO_2}}^0 + \int_{294.5}^{298}\left(C_{p,\mathrm{C}} + \frac{1}{2}C_{p,\mathrm{O_2}}\right)dT + \int_{298}^{867} C_{p,\mathrm{CO_2}}dT$$

$\Delta H^0{}_{f\,298,i}$ は i 成分の 298 K における標準生成熱，$C_{p,\,i}$ は i 成分の熱容量，T は絶対温度である.

(11-5) 式によるマグネタイトの炭素還元反応熱は次式で表される.

$$\Delta H_5^0 = \frac{2(1-n)}{3(1-0.5n)}\Delta H_{f\,298\mathrm{CO_2}}^0 + \frac{2n}{3(1-0.5n)}\Delta H_{f\,298\mathrm{CO}}^0 - \frac{1}{3}\Delta H_{f\,298\mathrm{Fe_3O_4}}^0$$
$$+\int_{294.5}^{298}\left(C_{p,\mathrm{Fe_3O_4}} + \frac{2(1-n)}{3(1-0.5n)}C_{p,\mathrm{C}}\right)dT + \int_{298}^{1793} C_{p,\mathrm{Fe}(t)}dT$$
$$+\int_{298}^{867}\left(\frac{2(1-n)}{3(1-0.5n)}C_{p,\mathrm{CO_2}} + \frac{2n}{3(1-0.5n)}C_{p,\mathrm{CO}}\right)dT$$

これらの熱力学的数値 $\Delta H^0{}_{f\,298,\,i}$ (kJ/mol) と $C_{p,\,i}$ (J/mol･K) は次のデータから得られる.

$\Delta H^0{}_{f298\mathrm{CO}} = -\ 110.530$，$\Delta H^0{}_{f298\mathrm{CO_2}} = -\ 393.510$，$\Delta \mathrm{H}^0{}_{f298\mathrm{Fe_3O_4}} = -1{,}116.710$

$C_{p,\mathrm{C}} = 17.154 + 4.268\times10^{-3}T - 8.786\times10^{5}T^{-2}$,

$C_{p,\,\mathrm{O_2}} = 29.957 + 4.184\times10^{-3}T - 1.674\times10^{5}T^{-2}$

$C_{p,\,\mathrm{CO}} = 28.409 + 4.10\times10^{-3}T - 0.460\times10^{5}T^{-2}$,

$C_{p,\,\mathrm{CO_2}} = 44.141 + 9.037\times10^{-3}T - 8.535\times10^{5}T^{-2}$

$C_{p,\,\mathrm{Fe}(l)} = 35.400 + 3.473\times10^{-3}T$，$C_{p,\mathrm{Fe_3O_4}} = 91.546 + 201.669\times10^{-3}T$

(Y. K. Rao: Stoichiometry and Thermodynamics of Metallurgical Processes, Appendix C, Cambridge Univ., 1985 より)

あとがき

たたら製鉄は，微粉の難還元性鉄鉱石である砂鉄を原料に銑鉄を製造する歴史的にも世界でユニークな製鉄法であり，わが国で発展した技術である．

不純物濃度の低い銑（銑鉄）や鉧（鋼塊）ができる原因は，酸化鉄は還元して鉄になるがシリカなどの脈石は還元しない高い酸素分圧下で反応が起きていることにある．さらに還元鉄と木炭との接触により高酸素分圧下においても吸炭が起こる．すなわち大きな非平衡状態で反応が進行している．

砂鉄は比表面積が塊鉱石に比べ非常に大きいため酸化鉄の還元が非常に速く，30 分ほどで 1350℃の低い温度で銑鉄が生成した．さらに銑鉄は流れ銑として炉外に速やかに排出するためノロ（スラグ）との接触時間が短い．これらの条件は硫黄やリンが気化し，さらにノロとの接触により不純物が鉄に入ることを防止している．

たたら製鉄や西洋で発展した前近代製鉄では，FeO と平衡する状態で鋼が溶融と凝固を短時間で繰り返すので，液相に溶解した 0.2％程度の酸素が固相内に過飽和に固溶する．この酸素は熱や湿気がトリガーになり分解して，表面に FeO や緻密な結晶構造のマグネタイトの薄膜を形成する．黒錆である．このため錆の進行が抑制され，錆びなくなる．

一方，たたら炉は 3 日 3 晩の操業ごとに壊され，粘土製のため数日かけて炉を再構築しなければならず，操業の効率は悪かった．さらに炉内酸素分圧が高く，鉄鉱石中の鉄の半分はノロに溶け込むため歩留まりは悪かった．この非効率さのため明治になり近代製鉄技術が導入されるとたたら製鉄は駆逐されてしまった．わが国はそれまでレンガの技術がなかったが，粘土製の炉内の水分を操業中に除去する精巧な設備として地下構造が発展した．

たたら製鉄の高速高純度製銑法の原理を現代技術で実現したのがマイクロ

波加熱製銑法である．原料の加熱と還元反応熱を高温ガスではなくマイクロ波照射で行うため粉体は飛散しない．また，原料が自己発熱し高速で昇温するためたたら製鉄と同じ炉内状態が得られる．溶鉱炉法は石炭から作るコークスを使うため地球温暖化の原因物質である炭酸ガスを大量に大気中に放出しており，早急に新技術を開発しなければならない．マイクロ波加熱は，製鉄における炭酸ガス発生量を半減することができ，また，粉体を使うため，溶鉱炉に必要な高強度の特殊な炭材を必要としない．今後，ごみや廃材などからの炭材開発が重要になると思われる．

たたら製鉄の技術を新製鉄法に生かす．温故知新である．

たたら製鉄はたたら炉で銑を生産し，それを大鍛冶で脱炭して低炭素鋼の包丁鉄にする間接製鉄法である．大鍛冶と製品を鍛造で作る小鍛冶の技術論は「金属」（アグネ技術センター）の拙文「わが国古来の鍛冶の技術論」を参照されたい．

本書を執筆するにあたり多くの方々のご協力を得た．ここに感謝の意を表する．

参考文献

1) 高橋一郎：出雲の近世企業たたらの歴史―錬鉄が主要製品であった，ふぇらむ，**1** (1996) No.11, p.1763.

2) 高橋明善 編：『高橋一郎と奥出雲の人・歴史・文化』，平安堂，(2013).

3) 俵 國一：『古来の砂鐵製錬法 (たたら吹製鐵法)』，丸善，(1933)；館 充 監修，穴澤義功，天辰正義ほか 編：『古来の砂鉄製錬法（たたら吹製鉄法)』 復刻・解説版，慶友社，(2007).

4) 下原重仲著，館 充 訳：『現代語訳 鉄山必用記事 (鉄山秘書)』，丸善，(2001).

5) 日本鉄鋼協会 編：『たたら製鉄の復元とその鉧について：たたら製鉄復元計画委員会報告 (特別報告書 No.9)』，日本鉄鋼協会，(1971).

6) 鈴木卓夫:たたら製鉄の復元と「日刀保たたら」の操業技術の解明（学位論文)，東京工業大学，(2001).

7) R. F. Tylecote: “History of Metallurgy, 第 2 版 ”，Inst. Mater., (1992) .

8) G. Agricola 著 , H. C. Hoover and L. H. Hoover 訳：“DE RE METALLICA”, Dover Pub., NY, (1950).

9) 雀部 実，館 充，寺島慶一 編:『近世たたら製鉄の歴史』, 丸善プラネット, (2003).

10) 永田和宏：『人はどのように鉄を作ってきたか―4000 年の歴史と製鉄の原理』(ブルーバックス)，講談社，(2017).

11) 小塚寿吉:日本古来の製鉄法“ たたら ”について，鉄と鋼，**52** (1966)，p.1763.

12) 工藤治人：日本刀の原料；雄山閣 編：『日本刀講座 第 2 巻 科学編』，雄山閣，(1934).

13) 山田吉睦:『古今鍛冶備考』補刻, 第 1 章「鉄山略弁」, 秋水舎, (1900, 明治 33 年)；『古今鍛冶備考』，須原屋茂兵衛，前川六左衛門，江戸，文政 13 年，(1830).

14) 田部清蔵：『語り部（私家本)』，(1997).

15) 島根県頓原町教育員会編：「弓谷たたら」，志津見ダム関連埋蔵文化財発掘調査報告書，頓原町教育委員会，(2000) pp.28-29，第 27 図.

16) 広島大学大学院文学研究科考古学研究室 編：『中国地方製鉄遺跡の研究』，溪水社，(1993).

17) 杉原清一：たたら炉床構造推移について，たたら研究，たたら研究会，**27** (1985)，p.14.

18) 鈴木卓夫，永田和宏：たたら生産物「玉鋼」の性質に及ぼす「籠り砂鉄」使用の影響，鉄と鋼，**85** (1999) No.12，911-916.

19) 角田徳幸：『たたら製鉄の歴史』(歴史文化ライブラリー)，吉川弘文館，(2019).

20) 岸本定吉，杉浦銀治，鶴見武道 監修：『エコロジー炭やき指南』，創森社，(1995).

21) 島根県横田町教育委員会 編：『大炭窯築造製炭技術解説—製鉄用製炭従事者“山子”の技術伝承』，横田町教育委員会，(2003).

22) 柳沼力夫：『炭のかがく』，誠文堂新光社，(2003).

23) 山本真之助：たたら製鉄の技術的考察，たたら研究，たたら研究会，**2** (1959)，p.1.

24) 雀部実，山下智司，宇津野伸二，館充：Fe_2SiO_4-TiO_2 系酸化物の平衡状態図，鉄と鋼，**91** (2005) No.1，33-38.

25) H. Itaya, T. Watanabe, M. Hayashi and K.Nagata：Phase Diagram of FeO-TiO_2-SiO_2-5%Al_2O_3 Slag (Phase Diagram of Smelting Slag of Titanium Oxide Gearing Iron Sand), *ISIJ Int.*, **54** (2014) No.5, p.1067.

26) P. Kozakevitch: *Rev. Metallug. Mem.*, **8** (1949), 505.

27) 伊藤和寛：“機器中性子放射化分析法による砂鉄中の微量元素の挙動に関する研究”修士論文，武蔵工業大学，(1989)，p.37.

28) 竹内和彦，和田雄二 監修：『マイクロ波化学プロセス技術 II』，シーエムシー出版，(2013).

29) K. Nagata, K. Hara and M. Sato：Continuous process of Pig ironmaking using Focused Microwave beams at 2.45 GHz, *ISIJ Int.*, **59** (2019) No.6, p.1033.

30) 島根県古代文化センター 編：『たたら製鉄の成立過程』，島根県教育委員会，(2020).

索　引

[あ]

赤ボセ　40, 183
赤目小鉄　178
赤目砂鉄　125
朝日たたら跡　109
價谷鑪（あたいだにたたら）　177, 195
圧力損失　193, 194
跡坪　100
雨川炉　112
洗樋　127
洗舟（小鉄舟）　128, 129
粟ぼうそう　153, 171
安山岩　127
硫黄　170
イズホセ　36
イルメナイト　127
上小舟　106
ウスタイト（FeO）　199
打ち貫き　41
ウッドマンステッテン組織　139
ウラ　27
裏銑（うらずく）　47
裏村下　5, 26
永代たたら（鑪）　ii, 112
えぶり　143
炎色反応　183
大池　127
大鍛冶　85
大銅　18
大峠たたら跡　109
大原炉　112
おいだし　31
オキタメ　110
押し棒　33
火尻（おじり）　106
乙池　127
オモテ　27
折返し鍛錬　85
卸鉄（おろしがね）　47
隠地第1製鉄炉床　109
温度（炉内の）　156

[か]

海綿鉄　73
過共析パーライト組織　139
角石　106
かぐらさん　71
角炉　19, 23
花崗岩　46, 127
火成岩　127
風配り　194
かたい風　87
『語り部』　68, 86
火中試験　126
鉄池（かないけ）　71
かなしばり　33
かな引張り　33
金屋子神（かなやこじん）　15

金屋子鑪（かなやこたたら） 49
蟹ノロ 42
金花（かねばな） 135
釜がえ 31
釜土 30, 75, 88
柄実（からみ） 46
軽吹き 95
川砂鉄 126
川手の真砂 125
川舟 129
カワラ（ホド穴の底部） 28, 42
還元鉄 213
還元反応 210
間接製鉄法 213
鉄穴（かんな） 127
鉄穴流し 52, 58, 75
鉄穴山 125
木鋤（きすき） 26
古屋谷鑪（きやんだにたたら） 112
吸炭 168
吸熱反応 20, 210
木呂管（きろかん） 30, 195
キワダボセ 40, 183
薬粉鉄（くすりこがね） 89
下り 20, 34
雲板 33
グラファイト結晶 150
栗石 102
黒錆 165, 231
黒ボセ 40, 183
鉧（鋼塊）（けら） ii, 14, 82
鉧押し（法） 18, 29, 87, 94, 153, 177
鉧銑（けらずく） 47
鉧出し 17
玄武岩 127
高速銑鉄製造装置 213
高炭素鋼 21
氷目銑（こおりめせん） 59
小垣（こがき） 103
小型たたら炉（鉧製造用） 154, 204
小鉄置場（こがねおきば） 128
小鉄町（こがねまち） 13, 26
コークス 225
黒炭（こくたん） 145
『古今鍛冶備考』 80
古代製鉄法 22
固定炭素濃度 199
こどもたたら教室 10
小灰（こばい） 105
小舟 17, 28, 103
籠り 20, 34
籠り小鉄 58, 178
籠り砂鉄 20, 132, 137
籠り次 20, 34
『古来の砂鐵製錬法』 46, 49, 82

［さ］

座石 106
砂鉄 ii, 125
砂鉄の飛散量 201
砂鉄の粒度分布 192
酸素センサー 156, 215, 227
酸素の利用効率 199
酸素分圧 156, 160
CO ガス 170
しじる 4, 37, 43, 158
下灰（したばい） 30
実験考古学 22
湿度・温度センサー 116
磁鉄鉱 127
しなえ 30
初析セメンタイト 139

しらべざし 31
シリケートスラグ 21
磁力選鉱 75
芯鉄（しんがね） 62
「新作刀を育てる会」 74
浸炭 21
水車動力 21, 186
水晶砂 46
鋤板 129
銑（銑鉄）（ずく） ii, 18, 82
銑押し（ずくおし） 18, 29, 87, 153, 177
筋金（すじがね） 31
捨てカワラ 101
砂溜 127
炭掻き熊手 30
炭焚（すみたき） 26
炭町（すみまち） 26
炭焼き窯法 146
スラグ 21
赤鉄鉱石 ii
セルロース 150
前近代製鉄法 iii
銑鉄 21
閃緑岩 127
操業効率 212
送風圧力 186
送風量 194
袖小舟（そでこぶね） 106

［た］

第3の製鉄法 213, 214
大師穴（たいしあな） 144, 147
高殿（たかどの） 13
たたら学校 10
たたらサミット 6, 9
たたら炭 143
たたら養成員講習会 86
脱炭 21
種鋤（たねすき） 13
玉鋼 i, 1, 47, 61, 133, 139
鍛錬 21
地下構造 ii, 28, 55, 57, 76, 97
直接製鉄法 213
ツクロイ鋤 178
土刀（つちがたな） 31
土町（つちまち） 27
ツブリ 30, 32, 181
ツブリ台 190
釣上床（つりあげとこ） 102
D線 183
鉄木呂（てつきろ） 32, 195
鉄山師（たたら経営者） 18
『鉄山必用記事』 23, 46, 87, 88, 103, 126, 137, 143
出前たたら 6, 7
てらし落とし 107
電磁波 217
天秤鞴 30, 110, 181
天秤山 30
とうじ 32
銅下（どうした） 47
床しめ（曲木） 32
床釣り 28, 97
床焼き（床照らし） 105, 110, 112
土天秤鞴（どてんびんふいご） 184, 185
砺波鑪 31, 49, 61, 127, 177, 194, 197
トモ木 31
トロンプ 57

［な］

中池 127

中板 31
中カワラ 102
永田たたら（永田式小型たたら）
5, 154-159, 173, 190, 196, 204-208
中湯路（なかゆじ） 30, 183
流れ銑（ながれずく） 47
生鉱降（なまこうおり） 41
ナメクジ 36, 112
軟鉄 21
日刀保たたら
1, 13, 19, 25, 50, 61, 73, 94, 132, 181
日本鉄鋼協会 49
日本鉄鋼協会たたら 61,64,181,197
日本刀鍛錬会 51
日本美術刀剣保存協会（日刀保）
13, 50
ヌタ作業 106
熱収支 209
ネバ土 75
錬小鉄（ねりこがね） 59
野だたら 26, 109, 181
上り 20, 34
ノロ 15, 44, 170

［は］

灰えぶり 30
灰すらし 107
灰床 77
灰もそろ 30
灰持 106
白炭（はくたん） 145
はぐれ 31
走（はしり） 127
はしれ 71
蜂目銑（はちめせん） 59
初種（はつだね） 34, 80
発熱量 210
羽内谷（はないだに）鉱山 34, 74
浜砂鉄 126
早種（はやだね） 15, 44, 95
番子（ばんこ） 186
半導体マイクロ波発生装置 222
火落とし 102
比重選鉱法 75
ピストン型鞴 57
小鳥原鑪（ひととばらたたら）
100, 103
樋ノ廻鑪（ひのさこたたら） 49, 93
比表面積 152
瓢箪（ひょうたん） 106
火渡し 102
ファイヤライト 21, 45, 171, 173, 175
ファン 57
鞴（ふいご） 29
吹子水車 53
フェーズドアレイ 224
フェライト組織 139
フェロチタン磁鉄鉱 127
フェロチタン鉄鉱 127
ふききり 31
吹差鞴（ふきさしふいご） 181, 186
輻射熱 217
伏桶 109
伏せ焼法 144, 145
ブードワー反応 167
踏み鞴（ふみふいご） 181, 187
粉鉄鉱石 213
平衡酸素分圧 160
ヘビーチャージ 40, 41
ヘミセルロース 150
ペレット（炭材内装） 214, 218
包丁作りツアー 5

萌芽更新（ほうがこうしん） 147
放射温度計 25
坊主石 28, 57
ほうち 26
包丁鉄 62
ホド（羽口） 15
ホド穴 15
ホド差し 190
ホド突き 15, 34
ホド蓋 32
本床 28, 103, 112
本床釣（ほんどこつり） 100

［ま］

マイクロ波 217
マイクロ波加熱連続製銑法 217
マエ 27
マグネタイト 116, 209, 229
マグネトロン 222
マグマ 127
真砂（まさ） 30, 129
真砂小鉄（まさこがね） 178
真砂砂鉄 20, 125
マスバランス 224
マランゴニ対流 170
水縄 31
水汰り試験 126
3日押し 18
脈動（送）風 iii, 181, 197, 199
叢雲鑪（むらくもたたら） 49
村下（むらげ） 13, 15, 26, 85
村下座（むらげざ） 26
目白（めじろ） 47
木炭 225
木炭の燃焼効果 204
元釜（もとがま） 28, 31

［や］

ヤカンボセ 40, 183
八雲鑪（やくもたたら） 49
櫓天秤鞴（やぐらてんびんふいご） 185
ヤスキ鋼 23
靖国鑪 25, 28, 49, 50, 53, 61
やつめうなぎ 144
ヤマブキボセ 40, 183
やまぶし 40
湯ハネ 43
弓谷たたら 100, 110
よく清めた砂鉄 95
横尺 31
夜仕舞 59
4日押し 18
四ツ目湯路（よつめゆじ） 30, 183

［ら］

ライトチャージ 40, 41
リグニン 150
粒度（砂鉄の） 198
龍の口 30, 187
流紋岩 46
リン 170
ルッペ 21, 213
連続（送）風 iii,1 82, 199
レン炉 21
ロウ石レンガ 154

［わ］

沸き花 184
和鋼記念館（現和鋼博物館） 49
ワテ 27
藁箒（わらぼうき） 32
割鉄（包丁鉄） 85

永田和宏（ながた　かずひろ）
1946年岐阜県生まれ．1969年東京工業大学工学部金属工学科卒業，1975年同大学院理工学研究科博士課程修了，工学博士．ベネズエラ国立科学研究所主任研究員，マサチューセッツ工科大学（MIT）客員助教授，東京工業大学教授，東京藝術大学教授を経て，東京工業大学名誉教授，日本鉄鋼協会名誉会員．鉄冶金学の研究からマイクロ波加熱高速製鉄法を発明する一方，たたら製鉄および古代製鉄の技術を研究し，永田式たたらを考案．子供たちや一般の人たちに科学の面白さを伝えている．

たたら製鉄(せいてつ)の技術論(ぎじゅつろん)
日本古来(にほんこらい)の鉄作(てつづく)りが現代(げんだい)によみがえる

2021年4月10日　初版第1刷発行

著　　者　永田(ながた)　和宏(かずひろ)
発 行 者　島田　保江
発 行 所　株式会社アグネ技術センター
〒107-0062　東京都港区南青山5-1-25
電話（03）3409-5329／FAX（03）3409-8237
振替　00180-8-41975
URL https://www.agne.co.jp/books/
印刷・製本　株式会社平河工業社

ISBN 978-4-86707-004-8 C3057